中国乡村民居设计图集

陶岔村

中国新农村建设书系

孙君 王磊 著

中国轻工业出版社

图书在版编目（CIP）数据

中国乡村民居设计图集. 陶岔村 / 孙君，王磊著.
— 北京：中国轻工业出版社，2018.4
ISBN 978-7-5019-9987-3

Ⅰ. ①中… Ⅱ. ①孙… ②王… Ⅲ. ①农村住宅 – 建筑设计 – 淅川县 – 图集 Ⅳ. ①TU241.4-64

中国版本图书馆CIP数据核字（2014）第 269555 号

责任编辑：李亦兵　　责任终审：劳国强　　封面设计：奇文云海
版式设计：永诚天地　　责任校对：吴大鹏　　责任监印：张　可

出版发行：中国轻工业出版社（北京东长安街 6 号，邮编：100740）
印　　刷：北京富诚彩色印刷有限公司
经　　销：各地新华书店
版　　次：2018 年 4 月第 1 版第 1 次印刷
开　　本：889 × 1194　1/20　印张：12
字　　数：346 千字
书　　号：ISBN 978-7-5019-9987-3　　定价：58.00元
邮购电话：010-65241695
发行电话：010-85119835　传真：85113293
网　　址：http://www.chlip.com.cn
Email：club@chlip.com.cn
如发现图书残缺请与我社邮购联系调换
130616K2X101ZBW

新农村建设三字经

新农村，先规划。村成团，好格局。

人抱团，气象新。钱互助，家兴盛。

拒标语，墙洁净。讲卫生，家和谐。

有垃圾，要分类。村如家，要勤扫。

路要曲，河要弯。街要窄，路牌清。

护古树，好乘凉。村有桥，步步高。

庭院花，人更美。坡有林，堰有鱼。

山禁伐，林木盛。鸟回村，喜事来。

田集中，高效率。果成片，高效益。

水静养，莫排污。庄稼好，燕儿伴。

马路边，禁修房。少围墙，多安全。

沙石路，脚感好。房有檐，家干燥。

房无沟，寒潮重。贴瓷砖，不透气。

清水墙，宜健康。白玻璃，明又亮。

禁农药，人有益。拒毒剂，积善缘。

减化肥，粮价高。环境好，万物欣。

《中国新农村建设书系》编委会

《中国乡村民居设计图集》编委会

（以姓氏笔画为序）

王　莹　中国乡建院执行院长

王　磊　中国乡建院总工程师

孙　君　中国新农村建设专家、乡村建设设计师、画家

沈　迟　国家发改委城市与小城镇改革发展中心规划院院长、总规划师

李兵弟　住房和城乡建设部村镇建设司原司长、中国城市科学研究会副会长、中国国际城市化发展战略研究委员会副主任

李昌平　中国乡建院院长、中国著名“三农问题”专家

宋微建　上海微建（Vjian）建筑空间设计有限公司董事长 / 首席设计师、中国建筑学会室内设计分会副理事长

徐新桥　武汉大学特聘研究员、湖北省鄂西圈办公室专职副主任、诗人、博士

《陶岔村》编写人员

主　编　孙　君　王　磊

参　编　刘　爽　方洪军　马　迪　陈金陵　薛振冰
施　晶　张　华　严刚汉　孙晓峰　孟　斯

乡村文化的延伸

中国城市科学研究会副会长
住房和城乡建设部村镇建设司原司长
中国乡建院顾问

李兵弟

中国改革开放三十多年来，广大的农村地区在经济高速发展的同时陆续出现了一些令人担忧的现象。一方面随着当地经济高速发展，工业化、城镇化不断向广大农村延伸，农民获得了经济利益。同时，农村生态环境和生存状况也在悄然改变。一个个更加类似城镇的村庄不断出现，随之而来的农村传统文化特质和地域文化特征慢慢被蚕食，存在了几百年数千年的乡村文化、村落自然布局、田园天然生态环境和乡民道德规范被慢慢敲碎，地方生态资源、人态环境被不断摧垮。农民和基层干部，还有那些已经进了城的"城里人"突然发现，老辈留下的已传承几百数千年、原本再熟悉不过的生活习俗、生存环境在不以他们意志地被重新改写，有的已经不复存在了。

改革开放的进一步深入，推动着农村各项事业的不断发展，必然历史性地选择了新农村建设。党的十八大进一步规划了城乡统筹与新农村建设的蓝图，各地新农村建设特色纷呈。据统计，我国农村目前还有近 60 万个行政村，近年来每年中央各部门投入的农村发展建设资金高达数千亿元，这一公共财政向农村转移支付的力度还会不断地加大。

我们的政府官员、基层农村干部、农民们的视野和利益都被放到这一崭新的平台上，谁都想着为农村发展多出力。然而，不少地方政府，尤其是县、乡镇两级政府官员在新农村建设中，经常苦于找不到满意的专业规划设计团队，无法做出适合当地农村特点、生态环境、农民意愿，有传承、有价值、有前瞻性的新农村建设专业规划设计。在新农村建设中科学地规划当地的乡镇村庄环境，设计出农民能接受并喜爱的民居，推动村庄经济社会发展，已经越发成为政府呼吁、农民期望的一件大事和实事。

六年前，孙君、李昌平率领一批有识之士、有志之士创建了中国乡建院，走上了绿色乡村建设的道路。据我所知，这是中国内地第一家民间发起民间组织专门从事农村规划设计，并全程负责规划设计项目建设落地的专业机构。

乡建院发起人之一、中国著名三农问题专家李昌平明确说到，乡建院主张在新农村建设中，始终坚持农民是主体、主力军的基本原则，政府给予辅助和指导，其他社会力量协作，确保农民利益放在第一位。乡建院要为“适应城市化和逆城市化并存之趋势建设新农村”。他们结合当地产业结构调整、生态环境保护、地域文化特质等重要元素，做出符合当地客观条件的新农村建设综合规划，设计出农民喜爱、造价低廉，更能传承地域文化特点的新型民居。他们视“绿色乡建”为事业，为使命，为责任，“把农村建设得更像农村”。事不易、实不易、笃行之。

《中国乡村民居设计图集》系列图书的作者孙君，他是一位画家，却扎根农村十多年。他有很多农民朋友，春节时都是与他们一起度过。农村发展农房建设现已成了他笔下的主业，在农村乡舍小屋闲暇之时的作画却成了余兴，画作的收入又成了支持主业发展的资金。当年他在湖北襄樊市（今襄阳市）谷城县五山镇堰河村做新村建设，从垃圾分类、文化渗透、环保先行、产业调整入手，依托村干部，发动农民，协助政府，扎扎实实做出国内有相当影响力的“五山模式”。随后在湖北王台村，山东方城镇，四川什邡市渔江村，湖北宜昌枝江市问安镇、郧县樱桃沟、广水桃源村，河南信阳平桥区郝堂村，以及南水北调中线取水地丹江口水库所在的淅川县等村镇，积极探索新型乡村建设的绿色之路、希望之路。孙君以艺术家的视角挖掘并竭力保留农村仅存的历史精神文化元素，运用于农民房屋设计、村落景观规划，以尊重农民的生活和生产为主旨的建设理念，受到广大农民朋友的拥护爱戴，得到当地政府的理解支持。

《中国乡村民居设计图集》系列图书集中了作

者孙君以及乡建院同事的智慧和力量，在扎实调研、深入走访了解农民需求，结合当地政府对新农村建设的具体要求，发掘河南、湖北等地浓厚的汉文化、楚文化特质，设计出农民欢迎喜爱、当地政府满意的具有鲜明中原大地特质的乡村规划、新型民居。使乡建院和孙君等人的中国新农村建设理念，扎扎实实“做了出来”，充分展现了新农村建设中的生态文明自然之美、和谐之美。

《中国乡村民居设计图集》系列图书的出版将为中国新农村建设提供独特的乡建与绿色思路，提供为各级政府容易理解、广大农民朋友喜欢并接受的实用性很强的新型民居户型图集。孙君说，他们就是要给相关政府官员、农民朋友提供按照这套实用型系列图书图集，能很快“做出来”的“样本”。

祝愿孙君和他的同事们，祝愿中国乡建院在探索中国新农村建设的道路上，走得更远、更稳。

2017 年 7 月

对乡村建筑的几点意见

中国新农村建设专家
乡村建设设计师
画家

孙　君

我在农村为农民建房已有十几年，经常看到的是农民建房没有专业的乡村设计人才，他们只能看城市的样子，还有就是由城市规划设计人员按城市的样子给他们做的设计，抑或农民比划着村里别人家新房子的样子建。我在贵州威宁县草海镇就发现有村民盖的二层楼没有楼梯，结果别的村民跟着学盖的也没建设楼梯，建完后用一个木楼梯上二层。

农民还是贫穷，他们也请不起专业设计师和施工队，只能请村里的能工巧匠，或周边熟人小施工队。这些施工人员均是本地农民，盖房子的质量、结构、美观度、舒适性可想而知。2008 年我参加了汶川大地震重建工作，看到许多城乡结合部与农村倒塌的房子均属于这样的房子。

有的农民盖的房子过大，三口之家有的农户能盖到300～500平方米，多的能盖到上千平方米，这些房子常常是盖了一半就没有钱了，他们又出去打工挣钱，有了钱又盖一层，很多房子盖好了，门窗装不起，盖房子仿佛成了他们的人生目标与理想。

还有很多农民建的房子功能差。中国农村大部分地区依然是不通自来水，通的地方也只是接上水库和山上的涧水，更多的是在家门口打地下井，供水时间、水的稳定性、水的质量均有问题。农民建房时不会把卫生间与厨房设在家里。有的房子没有阳台，没有走廊，窗户过大或过小，屋檐过短，瓦面分水过小，房子过深，有的门还建成卷帘门，绝大多数房子周围没有排水沟等。

施工质量差的问题很普遍，近十几年盖的房子往往是近百年来施工最粗糙、质量监督最不严格的；乡村如此，城市更甚。这个年代对付粗糙和质量不严的方法就是外装潢，贴瓷砖。农村房子水泥标号不够，钢筋配比不够，砖头质量不够。农民不管这些，只要贴上瓷砖，外面美就可以了。

近三十年来，农民最大的错误就是把房子建到马路两边，这些房子的主人二十年后绝大多数会再次搬回到村里，因为马路两边的房子在安全、污染、噪声、水电设施、基础配套、农民文化生活与亲戚之间的互助等方面均存在问题，渐渐也转变成一种严重的乡村社会“马路问题”。几千年形成的村庄形态有它的合理性，随着农村社会水平的提高，马路两边农民房的主人们会渐渐地回归到村中。

建筑是艺术，是一种有归属的文化，其有文化遗传性，有明显地方特点，可惜中国这三十年忽略了建筑艺术的归属感性，更没有传承几千年以来农民建房的宝贵经验。近三十年农民所建的房子是近三千年以来中国建的最丑的房子。中国从南到北，从东到西，城市是一样的，乡村也是一样的，没有特点，没有文化性，更谈不上艺术性。我们有的是西方的建筑文化，是远离我们民族文化的建筑，这些建筑在西方很美，放在中国就成了东拼西凑的“艺术”。用不了三十年，设计这些房子的设计师就不好意思再回头看自己的作品。我们也可通过建筑折射中国近三十年的文化与生活，这些是一脉相承的。

我之所以比较反感今天的建筑与规划，是在于我们面对五千年悠久历史的中华文明，无地自容。

2011年我与李昌平等几个朋友成立了“中国乡建院”，就是希望中国乡村有一些好的房子，有一些属于乡村自己文化与艺术的房子。

2013年7月3日于雅安地震灾区

目录

contents

新农村，先规划。
村成团，好格局。
人抱团，气象新。
钱互助，家兴盛。
拒标语，墙洁净。
讲卫生，家和谐。
有垃圾，要分类。
村如家，要勤扫。
路要曲，河要弯。
街要窄，路牌清。
护古树，好乘凉。
村有桥，步步高。
庭院花，人更美。

中国风情小镇——陶岔

Zhongguofengqingxiaozhen—taocha

坡有林，堰有鱼。
山禁伐，林木盛。
鸟回村，喜事来。
田集中，高效率。
果成片，高效益。
水静养，莫排污。
庄稼好，燕儿伴。
马路边，禁修房。
少围墙，多安全。
沙石路，脚感好。
房有檐，家干燥。
房无沟，寒潮重。
贴瓷砖，不透气。
清水墙，宜健康。
白玻璃，明又亮。
禁农药，人有益。
拒毒剂，积善缘。
减化肥，粮价高。
环境好，万物欣。

村庄概况

一、地理位置

九重镇陶岔村位于淅川县东南部，地处豫鄂两省四县市（河南邓州、淅川，湖北丹江口、老河口）接合部，属淅川县东南“窗口”镇和丹江口水库东岸的库区镇。淅川县地处北纬 32°55′ ~ 33°23′，东经 110°58′ ~ 111°53′，属北亚热带向暖温带过渡的季风性气候，气候温和，四季分明，雨量充沛，境内有丹江、灌河、淇河、滔河、刁河五大河流，年均降水量 804 毫米左右，年地表径流量 5.6 亿立方米。

陶岔村坐落于亚洲第一大淡水湖丹江口水库东岸，汤、禹、杏三山之间，位于南水北调中线引水渠首，被中外水利专家誉为“天下第一渠首”，也有“渠首第一村”之称（图 1-1）。南水北调中线工程干渠全长 1227 千米，南阳段全长 185.5 千米，穿越南阳市淅川县、邓州市、镇平县、卧龙区、高新区、宛城区、方城县 7 个县市区 27 个乡镇（图 1-2）。

受南水北调工程影响，将在原址东南侧建设规划新村，规划农户 360 户，总人口约 700 人，常住人口约 400 人。陶岔新村位于原陶岔村的南部，总体南高北低，中间地势低凹，地势呈自然平缓坡降，利于排水（图 1-3）。

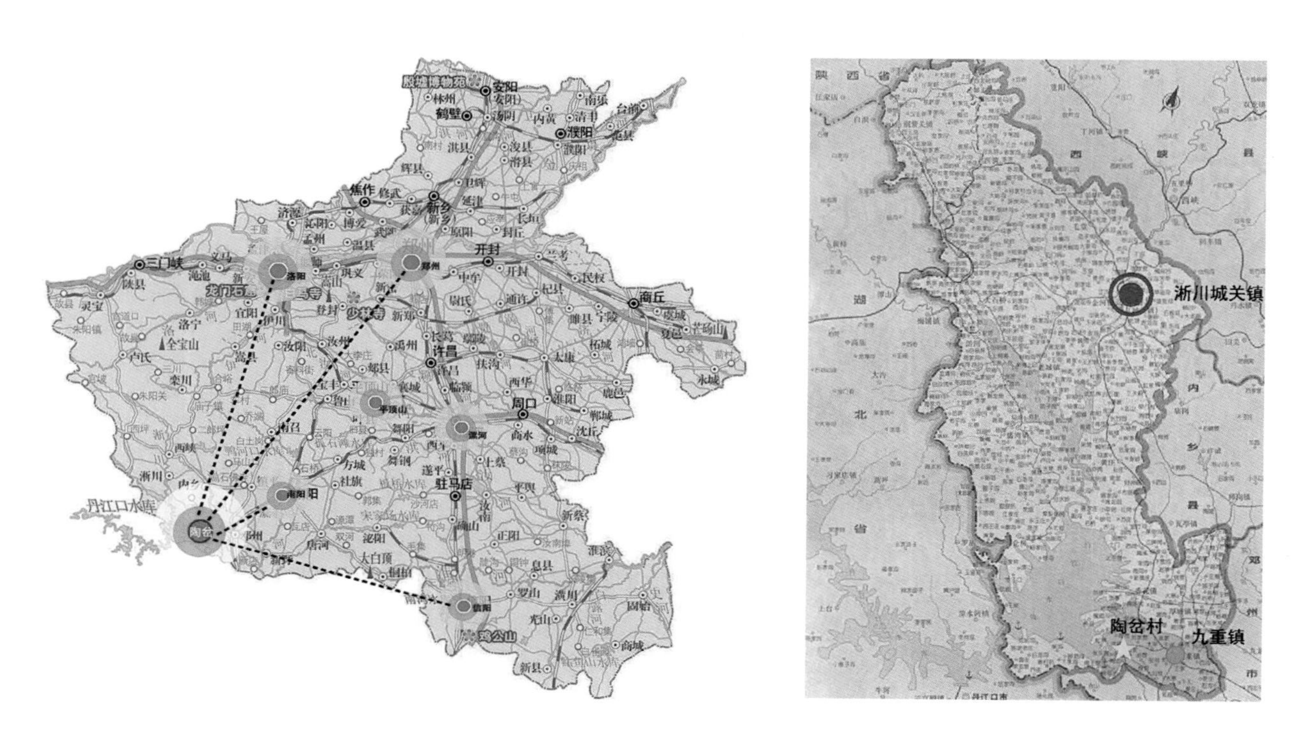
安阳
鹤壁
濮阳
焦作
新乡
三门峡
开封
商丘
许昌
周口
驻马店
淅川城关镇
陶岔村
九重镇

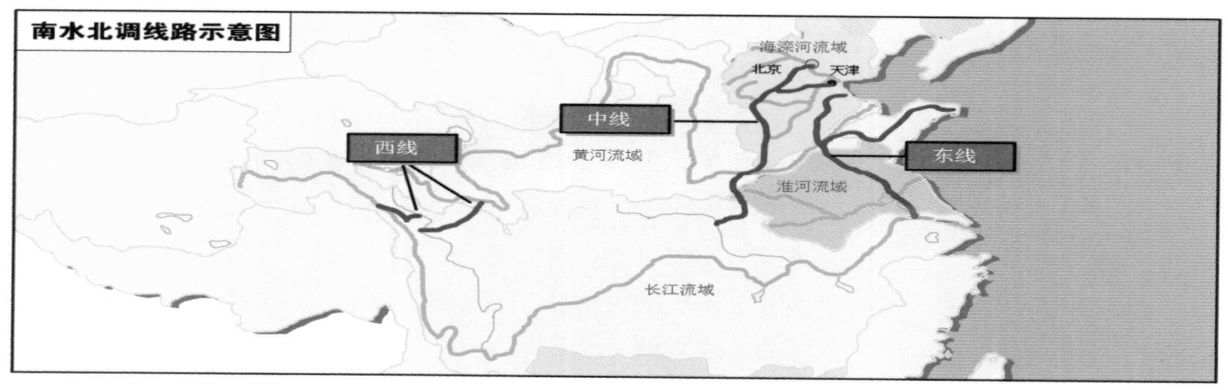
南水北调线路示意图
海滦河流域
北京
天津
中线
西线
东线
黄河流域
淮河流域
长江流域

↑ 图 1-1　陶岔村区位

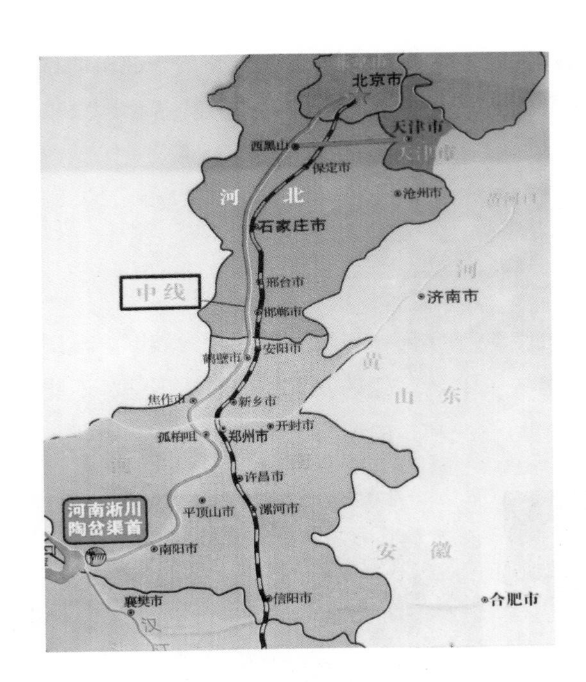

← 图 1-2　陶岔新村在南水北调工程的位置

↑ 图 1-3　陶岔新村基地范围

南水北调成败在水质。为了保证“大水缸”的水质，保证一江清水北送，渠首的生态建设尤为重要。生态建设、保护环境成为陶岔发展规划的第一要务，全力把陶岔建设成一个人与自然和谐相处、经济与环境协调发展的生态区域成为发展的目标。打造生态林工程、丹江口水库湿地自然保护区、污染治理、水质监控的基础设施建设，丹江口水库生态风景区、森林公园是陶岔规划与建设的必备要素。

生态环境的保护是南水北调的首要工作，这也是在陶岔规划中政府首先提出的要求，同时也是乡建院规划理念之体现。

二、建筑现状

陶岔村现有建筑较为破旧，村庄环境差，村民自行新建的安置住房品质不佳，不能体现“渠首第一村”的形象（图 1-4）。

↑ 图 1-4　建筑现状

三、历史文化

（一）古楚文明

淅川县历史悠久，拥有灿烂的文化。早在七十万年前，人类就在这里繁衍生息。舜帝时淅川为尧子丹朱的封地，春秋时期为楚国属地。楚国的早期都城（丹阳）就在这里，所以淅川是名副其实的楚文化的发祥地。这一带古称商於，40多年前，这里还是一马平川的大平原，如今举世瞩目的南水北调中线工程的渠首就坐落于陶岔。

《史记·屈原列传》中说“秦发兵击之，大破楚师于丹淅”，丹淅就是当今淅川的丹江流域。据说屈原的名篇《国殇》就是他在这里凭吊阵亡的8万楚国将士而作。楚国是世界历史上古中国春秋战国时期南方最大的诸侯国，楚人是华夏族南迁的一支，繁荣于春秋战国时期，在浩瀚历史长河中，楚国先人用自己的勤劳与智慧创造出了无数令世人瞩目的灿烂文化。

关于古楚国，当年的纵横家苏秦曾这样描述：“楚，天下之强国也……西有黔中、巫郡，东有夏州、海阳（今山东半岛南部），南有洞庭、苍梧，北有汾陉之塞郇阳（今陕西旬阳），地方五千余里，带甲百万，车千乘，骑万匹，粟支十年，此霸王之资也。”（《战国策·楚》）。《淮南子·兵略训》则赞美：“楚人地南卷沅湘，北绕颖泗，西包巴蜀，东裹郯淮。颖汝以为洫，江汉以为池，垣之以邓林，绵之以方城。山高寻云，谷肆无景，地形便利，士卒勇敢”。把当年楚国地域的辽阔，经济的富饶，军力的强盛，形容得淋漓尽致。

（二）水文化

陶岔原是一条长峡谷，位于汤、禹两山之间，那时丹江距此还有20余千米，且水面与陶岔海拔相差20余米，汤、禹二山挺拔突兀，遥遥相对（图1-5）。

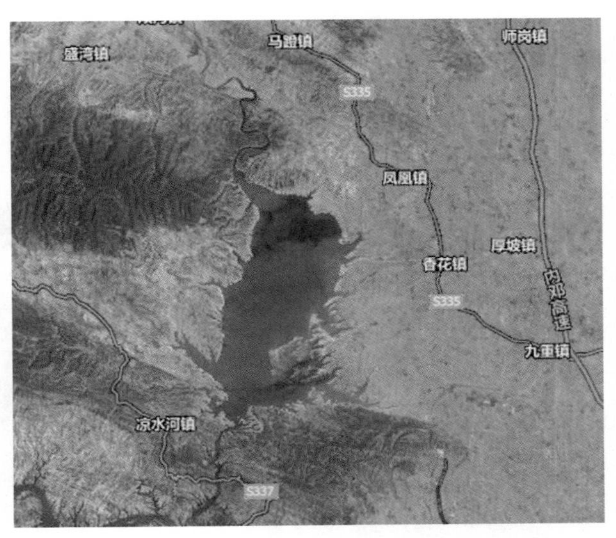

图1-5　陶岔地形

1971 年，丹江大坝建成蓄水，顺阳川变成了一望无际的湖水，湖水顺着峡谷入陶岔。南阳人以“远景南水北调，近景引丹灌溉”为蓝图，动用 7 县 10 余万群众，展开了陶岔大会战，历时 6 年，建成了现在的引丹工程。工程充分利用汤禹二山之间的峡谷，引丹江水入谷，丹江水经过渠首，沿禹山边沿向东南方向延伸，流至邓县、新野、唐河等县市，为这些县市提供了充足的水源。整个工程气势宏伟，设计精巧，令人惊叹。渠首闸为 5 孔涵洞式，孔宽 6 米，高 6.7 米，底板高程 140 米，坝顶 162 米（图 1-6）。渠首人民在最特殊、最艰苦的年代，用最原始的工具创造了人间奇迹。

南水北调中线干渠总长 1227 千米，规划年调水规模为 130 亿立方米。2009 年 12 月 28 日，渠首枢纽工程在陶岔村开工建设（图 1-7），2014 年 10

↑ 图 1-6　渠首闸

↑ 图 1-7 建设中的陶岔渠首枢纽工程（图片来源：水信息网）

月，将从陶岔渠开闸引水，重点解决北京、天津、石家庄等沿线 20 多个大中型城市的缺水问题。陶岔渠首工程包括库区引渠、陶岔控制闸和总干渠三部分。渠首新闸位于老闸下游约 80 米处，闸坝顶高程 176.6 米，坝顶长 285 米。

丹江口水利枢纽大坝从 162 米加高到 176.6 米，意味着淅川 16.2 万移民的家园将被埋水底，他们将别无选择地惜别故土，踏上异乡。在移民的村民中上至百岁老人，下至襁褓中的儿童，他们为了南水北调的大局、责任，舍小家，顾大家，选择远离故土，改变自己的生产生活习惯，为确保一江清水送京津做出了巨大牺牲（图 1-8）。

↑ 图 1-8　南水北调移民

项目总体分析与定位

↑ 图 1-9　规划鸟瞰

整体布局依山就势，高低随地形走向变，住宅自然排布，避免兵营式呆板，绿脉渗透，营造“农村”的感觉，体现生态与自然的居住环境（图 1-9）。

南水北调作为中国一项超大型水利工程。项目地陶岔紧邻丹江口水库南水北调中线取水口，为中线渠首。渠首水源地的生态保护、居民生计、移民等问题不仅涉及大面积的农村居民生活、生产，更涉及南水北调的供水水质保障，因此项目具有了独特而非凡的意义。

南水北调工程中相关的生态、生计、移民、重建和稳定等问题，都是中国与世界关注的话题，如何解决好这些问题，淅川县等移民区域的政府都在竭尽全力探索和实践。此次，淅川县政府特邀中国乡建院来陶岔再做规划，并强调生态、生计、移民、重建和文化的重要性，就是一次重要的实践。

淅川县在近 30 年的规划和建设中，存在的问题与全国各地基本一样。诸如规划定位落后城市发展，建筑缺少个性和地域文化，城市色彩混乱，对城市和乡村发展中的价值观判断不明确等问题不同程度的存在，这些表面的问题和现象实际体现着一个城市的思想和观念。最突出的问题之一是淅川民房设计。淅川民房从 100 多年前到 20 世纪 70 年代都有明显的建筑个性和文化，80 年代之后，基本就开始步入一个没有文化，缺少功能，建筑质量存在严重问题的时代。但是，今天更大的问题是人们已经适应了这些建筑，习惯把丑的当美的，这种思想与观念上的问题是最难解决的。

淅川县政府希望在这一轮规划中，不求大，不求快，不求高，而是脚踏实地地寻找一条适合淅川人民的，又能符合市场经济规律的新的建设途径。实际上，要实现这个过程是很艰难的，全国很多地方都有这样的想法，可是真正到了实施的时候，传统观念和保守意识又会占据上风，这也是问题的要害所在。

陶岔是一个极为普通的村庄，在第一轮的规划中，原定为拆旧村建新村，经过地方政府反复研究感觉不妥，最后同意中国乡建院的方案。在中国乡建院的定位中，陶岔是一个完整性的村庄，是一个有历史，整建制的行政村，下设六个自然村，人口 1200 人，历史上村与街道一体，村民善于做些小生意，村界内有两个码头。

一、规划定位

新规划分为遗址村、旧村、新村三个部分（图 1-10）。

遗址村：一次性拆迁，并在拆迁前先完成遗址公园的设计，移民与村庄遗址是淅川县特有的文化与历史，并且淅川的每一个人都记忆犹新，故拆建一个真实的村庄遗址公园是一举两得的事情。

旧村：村中依然保留着 100 多年前的民房，从 100 年前到今天的建筑基本完整。在建设新村的同时，如何保护旧村，其不仅仅是旧房的概念，而是我们对历史与文化的尊重，更是让我们的后人能看到被拆除的村庄和旧村的样子。如何保护旧村，让旧村重新成为最有价值的商业区，让历史与文化重新体现价值，这是我们在规划与建筑中要完成的任务。

新村：新村的建设要接受和具有时代的特质，如太阳能、环保砖、旧建筑材料的再次利用、中水利用等。最为重要的是新村要明显看到旧村中文化与历史的传承，新村建设不仅要尊重地方建筑

图 1-10　陶岔新村规划

中的民俗与习俗，还要能体现这个城市中的文化与主体。

二、总体布局

商业开发区中保留着100多年前以及近几十年不同年代的民房，建筑基本保存完整。规划设计方案在充分考虑利用原有建筑的基础上结合艺术设计，使陶岔的商业开发区引领社会、文化、市场经济（图1-11）。同时也体现了对历史和文化的尊重，更是让我们的后人看到拆除的村庄和旧村的样子，旧村的商业开发使历史和文化重新体现价值。故而，成为陶岔接待中心村最具市场价值的地方。

陶岔的未来既不是城市，也不是农村，陶岔是一个特殊时代新型农村社区，在社区规划设计方面要充分体现乡村环境价值，同时观光农业涉及的旅游服务、农家乐、环境管理、有机农业、商店经营、运输、田园种植等岗位，帮助陶岔社区中国乡村小镇建成后农民实现第一产业向第三产业转型（图1-12）。

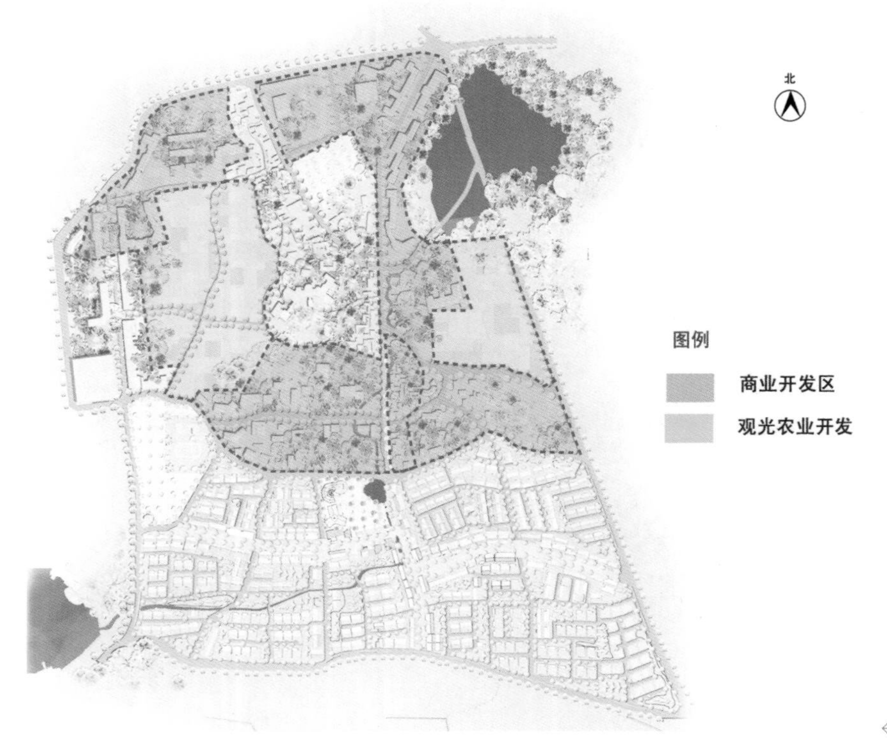

← 图1-11　商业开发规划分析

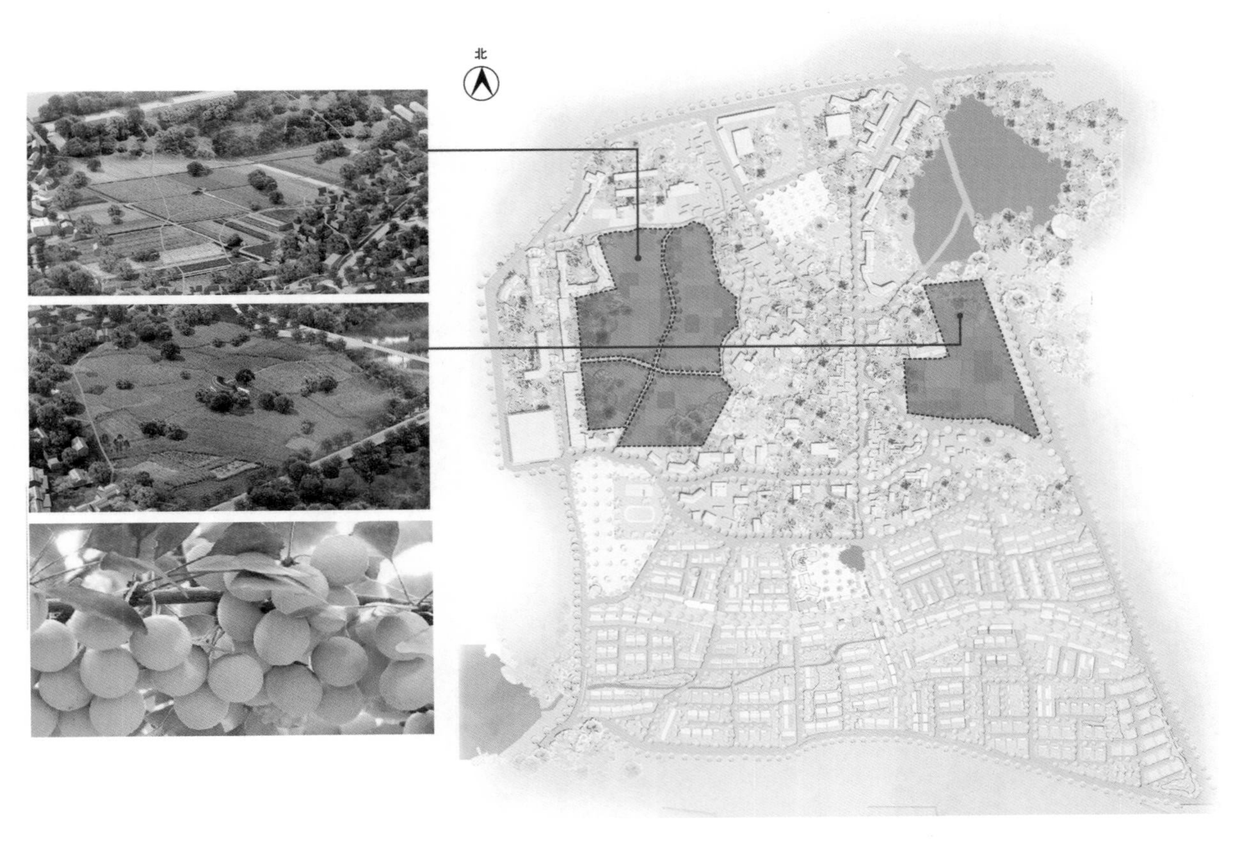

↑ 图 1-12　观光农业规划分析

新建的陶岔村保留原有的自然村落形态，自然形成七个组，有利于村民自治及和谐相处（图 1-13）。

道路设计控制在 3 ～ 6 米，使邻里之间有很好的交流，同时也能满足私密性需求。新建社区的房子朝向形成视觉上的通畅，避免成排的兵营式城市建筑形象，保留乡村的记忆感。

新建居住区保持将乡村元素、楚汉文化修复融入田园乡村。

首先，可以减少投入。

其次，将人工环境与自然环境很好地融合，减少了自然环境未来的维护成本。

第三，可以充分体现陶岔的风情文化、山水文化、人文文化。在营建环境美的陶岔新型农村社区时，也实现人与人之间的互助和关爱，体现了传统中国乡村的美德。

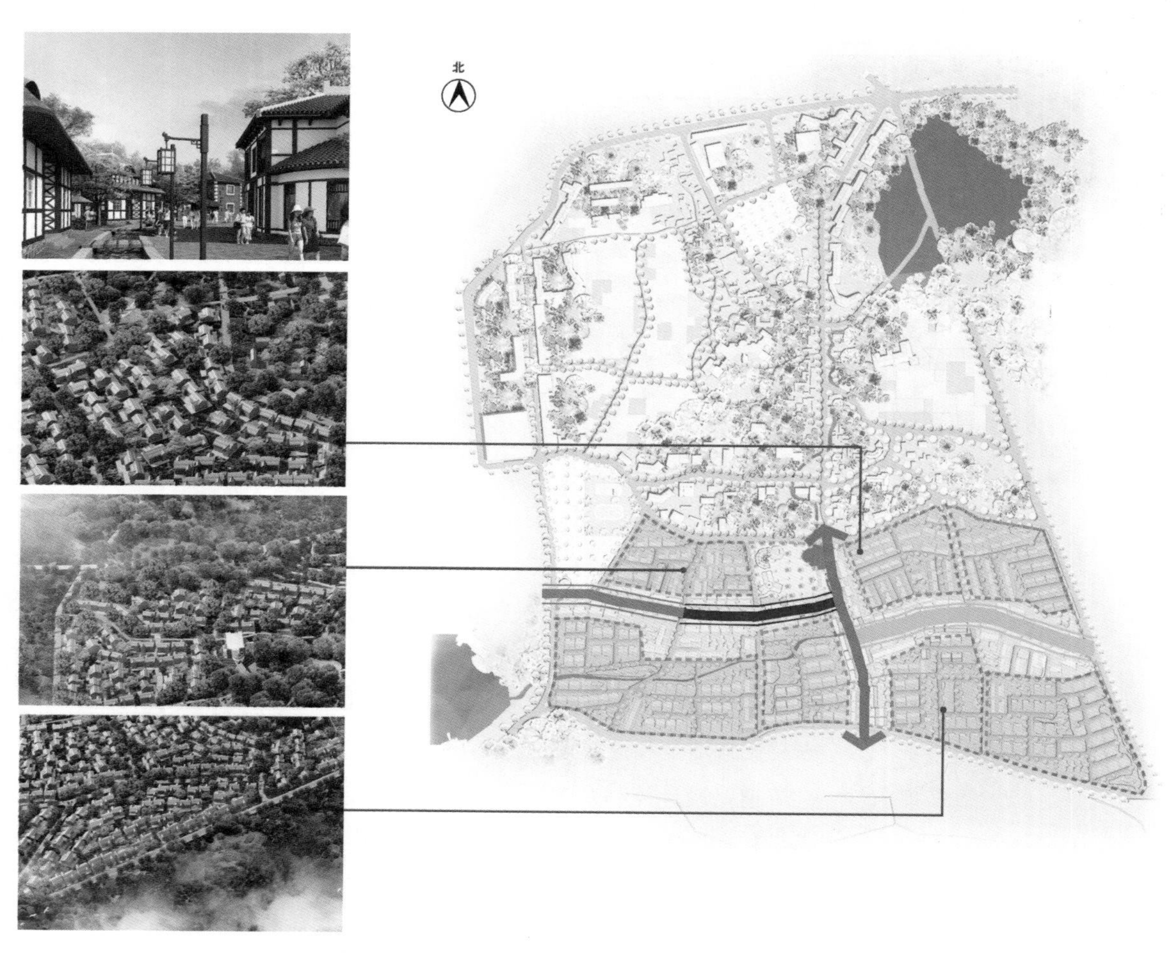

↑ 图 1-13　居住区规划分析

居住区规划设计兼顾到市场开发潜力，设置了工艺品街、餐饮街、乡村客栈街、土特产街，使陶岔原有的小集市更加有特色，更加有品位。

三、建筑风格

陶岔新房建设核心理念是归位楚汉，敬天应地，灰色基调，内涵文化，以厚重精致为重要特点。

陶岔建筑另一个特点是具有一定的世道特征，如后现代建筑的艺术性，艺术会引领社会，引领文化，引领市场经济。淅川县所存的旧房，目前新建的民房，从质量、功能、实用性和文化性都存在一些问题。因此新改造的旧房中，不仅要解决以上存在问题，更加重要的是让旧房回避 5 ～ 10 年又要拆除重建的恶性循环中，所以旧房改造又显得意义重大。

四、生态规划

生态性是建筑中的核心，生态的本质的天人合一，是旧村与新村并行，是传统文化与现代文明重叠，是艺术与市场同步，具备这三个条件，生态才能建立。

生态环境保护在南水北调工程中具有至高无上的地位和意义，把渠首淅川建成中国的环保高地、中国绿谷是淅川县政府和乡建院的共同目标。陶岔的规划设计中从多方面考虑了生态环保因素。

全部建筑采用住建部要求的环保型水泥免烧砖，这种砖的优点是承重性好、透气性强。目前淅川的免烧砖质量较差，政府应该监督生产质量。

旧村在建设中，尽最大努力不砍树、不填塘，保持村庄与环境的平衡。尤其对 60 年以上的房子进行保护性改造。

生活污水与粪便分离。生活污水和粪便水经专业处理技术与生态湿地相结合，进行资源的回收与二次利用。诸如，粪便堆肥，用于庭园花卉与菜园。

全面使用太阳能热水器、太阳能灯、旧村使用沼气池。

确保景区土地 70% 的透气性和活性，建设宜居好环境。

资源有分类，陶岔要建立一个全国性的环境与资源分类展示中心（家庭型）。这里对资源要进行最严格的分类，约分 16 种资源。

建筑垃圾，不进行外运，不需要填埋。一部分再利用于公共建筑（如中线咖啡厅），一部分用于遗址公园建设，一部分用于新房建设。

陶岔在景观和绿化时，不使用外来物种，全部使用本地树种和花卉，包括农作物也做到有机种植要求。

环境规划

一、道路系统

依托原有道路，顺应地形，分级设置道路系统，主干道红线宽30米，硬化路面12米，次干道红线宽20米，硬化路面8米，支路6米，入户路4米（图1-14）。

村（外）路9米，为村的快速路，以车为主体。村路要保证畅通无阻，这是村与外界的重要通道。村道为6米，以人与农用车为主体。村道一定要采取相应措施控制行驶速度和大车进入，否则村庄很不安宁，并会严重影响村庄经济发展。村巷为4米，保证消防车的通行，村巷以人行为主体。

街道，通而不畅为街，路宽在4～6米，这是从市场与购物者的心态来设计商业。这条路设计时要极为科学，要能通畅，要让人与车能够停下来。让购买的人有较长时间留在街上，要给足够的时间和空间让售卖者与购物者交流。

环保停车场间隔栽植一定量的乔木等绿化植物，形成绿荫覆盖，将停车空间与园林绿化空间有机结合。上有大树：为车庇荫，降低车内温度，减少能源消耗，增加人的舒适感。下能透水：让雨水回归地下，调节地面温度，减少排泄量，提升地下水位，兼作绿化灌溉。绿树环抱：吸尘减噪，提升景观品质，缓解炎炎夏日下的烦躁心情，提升城市环境质量。交通通畅：车位布局充分考虑村内居民和旅游观光的需求，达到用地经济。布局合理，交通便捷，符合停车各项规章制度。

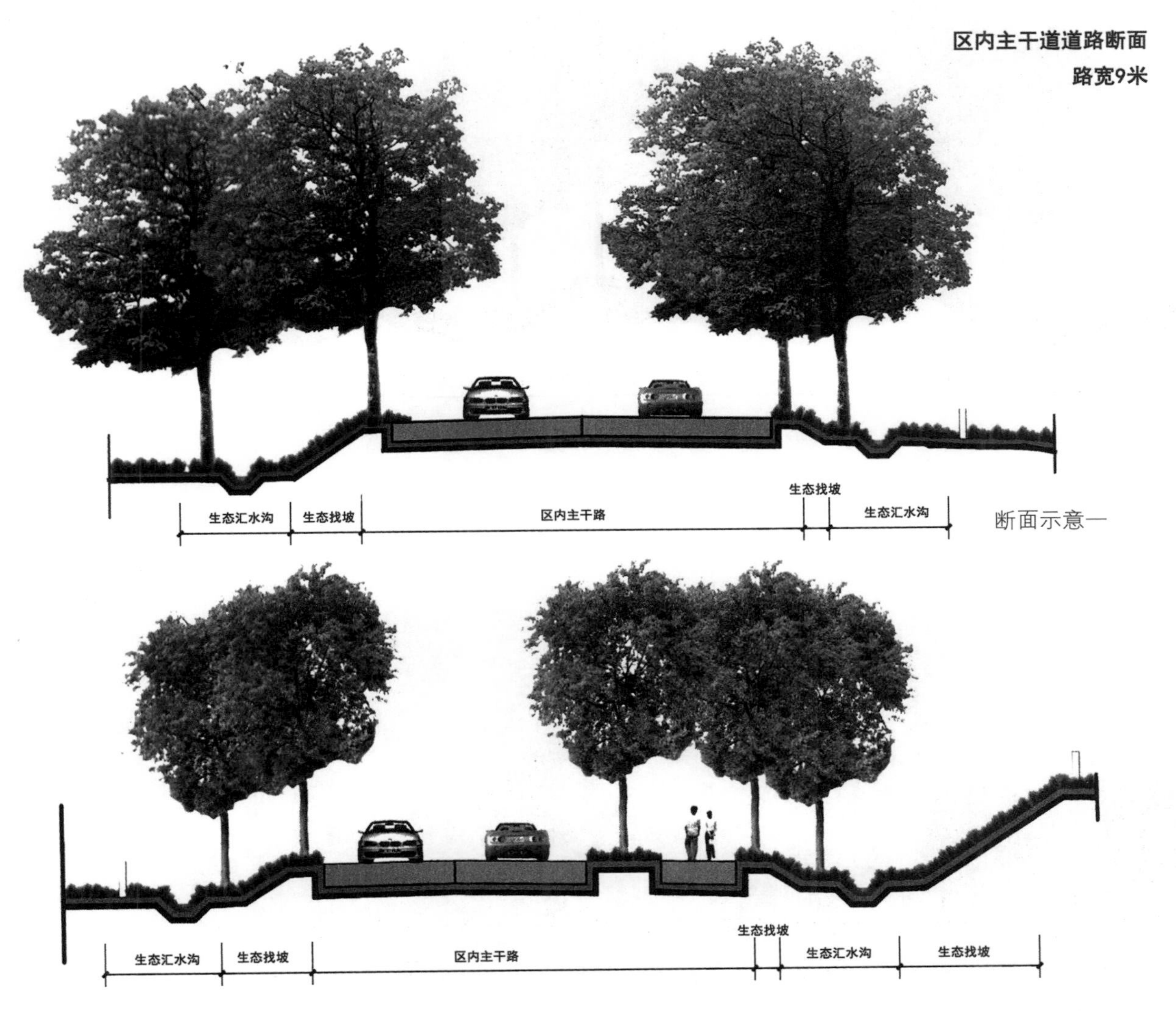

断面示意一

断面示意二

村外路 9 米，为村的快速路，以车为主体，要保证畅通无阻，这是村与外界的重要通道。

区内次干道道路断面示意
路宽6米

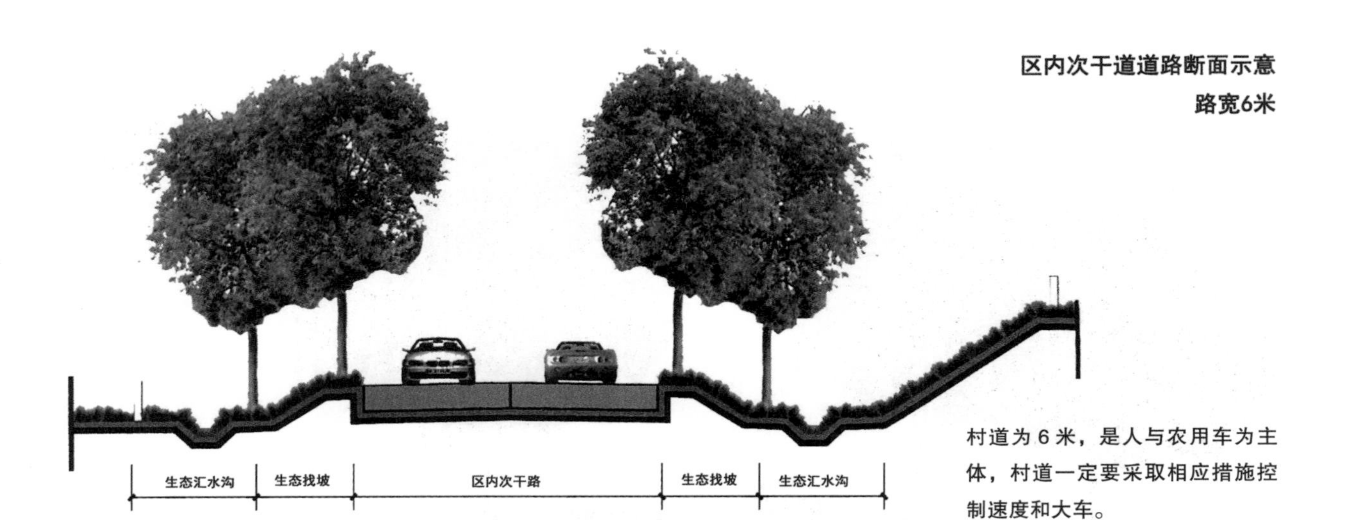

村道为 6 米，是人与农用车为主体，村道一定要采取相应措施控制速度和大车。

区内支路断面示意
路宽4米

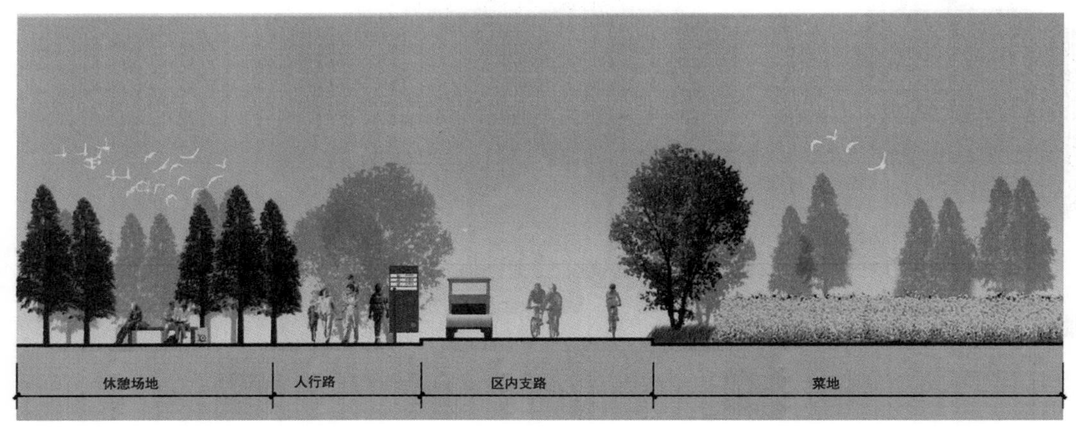

村巷为 4 米，保证消防车的通行，村巷以人行为主体。

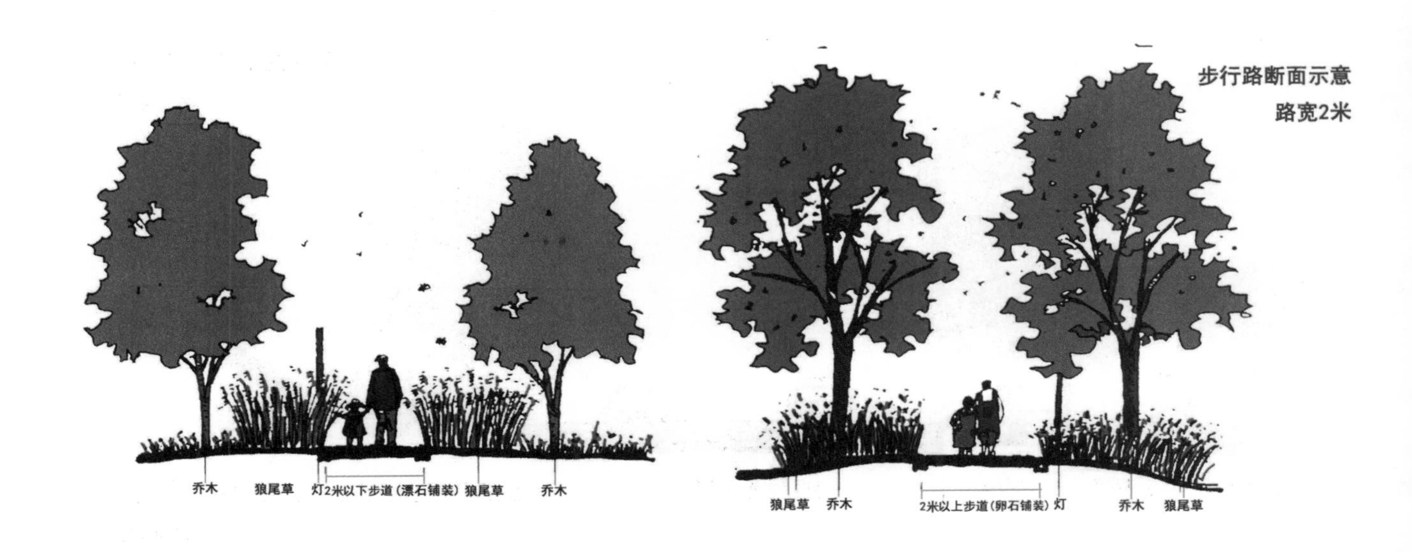
步行路断面示意
路宽2米
乔木
狼尾草
灯2米以下步道（漂石铺装）狼尾草
乔木
狼尾草
乔木
2米以上步道（卵石铺装）灯
乔木
狼尾草

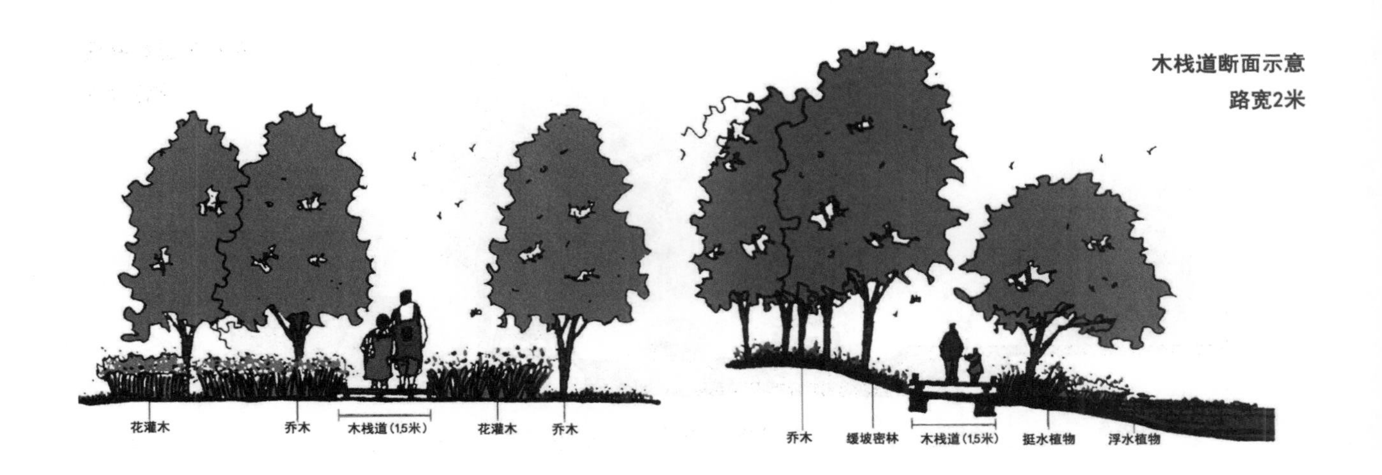
木栈道断面示意
路宽2米
花灌木
乔木
木栈道（1.5米）
花灌木
乔木
乔木
缓坡密林
木栈道（1.5米）
挺水植物
浮水植物

区内主干道道路断面
路宽9米

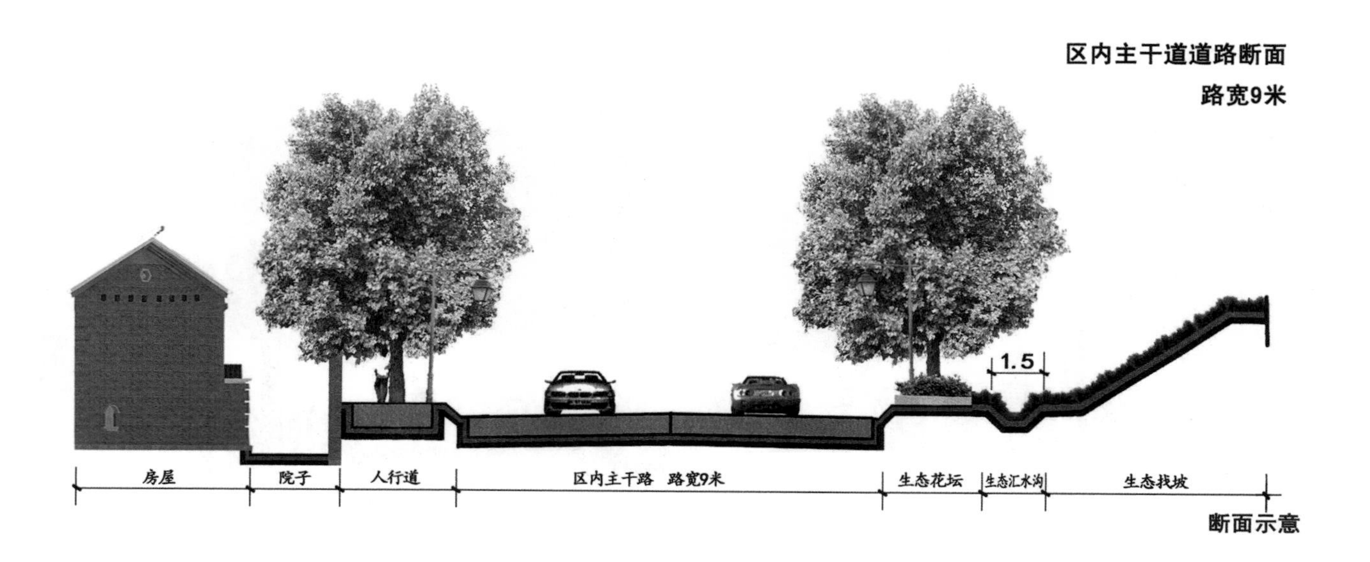

断面示意

区内支路道路断面
路宽5米

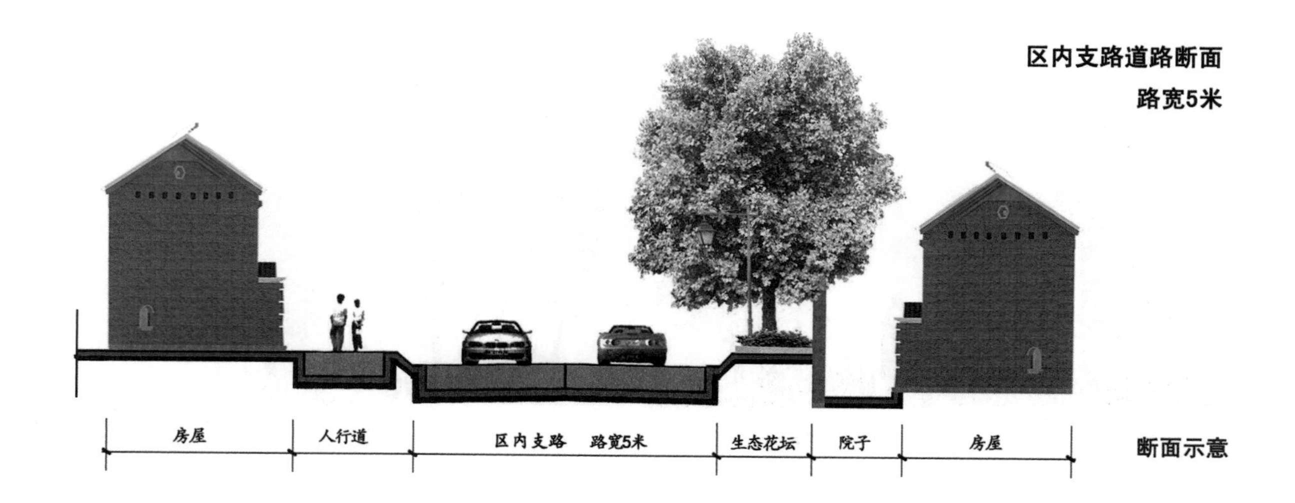

断面示意

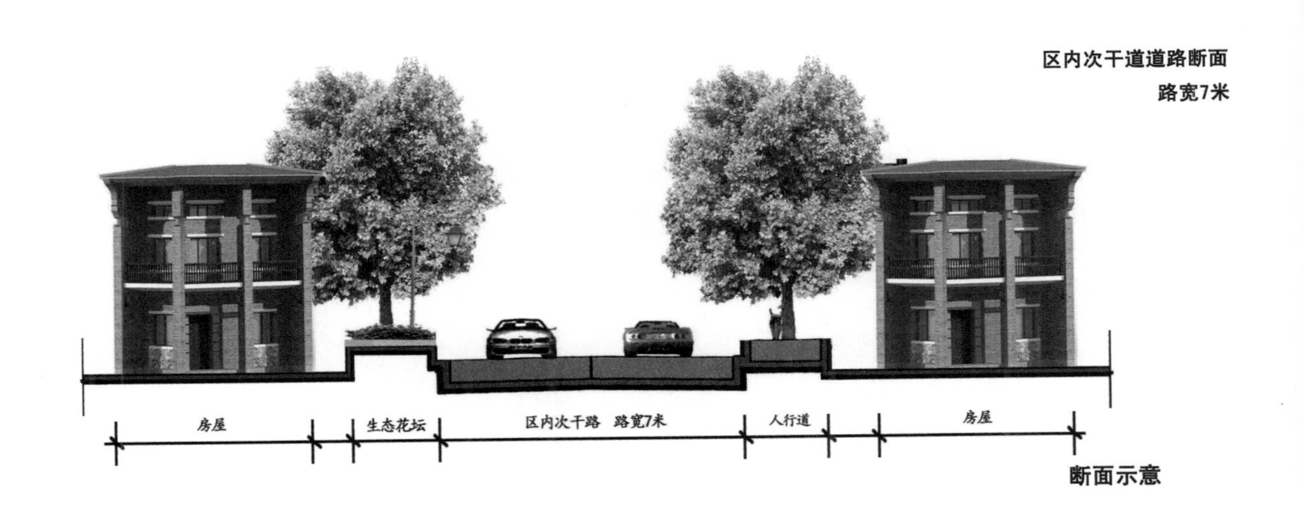

↑ 图 1-14 道路断面

二、遗址村

村庄景观要回避目前园林和公园的模式，目前中国的绝大多数规划院没有把握这几者之间度的问题。村庄是以家为主体，环境与植被有明显的个性和特点。有一户一景，一户一色的特点。村庄景观以实用性和民俗性为要求，所以乡村景观基本以本土物种为主体，以边境物种为补充，唯有如此，村庄植被才能具备多样性和实用性。

文化规划始终渗透在村庄景观设计中，文化包含着“精神”和“生活”两个层面。精神是指地域的民间文化与历史，包含宗教和红白仪式，是意识形态中的文化。生活是指日常行为与社交活动，比如孝道、村中善举（修桥修路修庙）、修家谱、文艺表演、舞龙灯、喝酒、庙会、村民选举等，这些都是乡村文化中的重要活动。这些活动看上去是自发的，其实包含着乡村文化中的很多规则，这些规则就是乡村社会中最为重要的规划，我们要做的规划就是如何利用好这些规则，规划和发展符合本地特点的地方文化。

陶岔遗址公园规划设计方案通过保留移民遗址的方式，以水电、光影、景观为一体的方式，达到震撼、震动的效果，使过往游客就能一目了然的看到、悟到在南水北调史上，淅川移民为国家做出的巨大贡献。

同时陶岔遗址公园是进入陶岔新型农村社区的第一个空间形态，是花草中的很多拆迁遗址，记录着陶岔人民曾经的生活形态，叙说着陶岔的发展历史，是陶岔未来和谐稳定发展的基因（图 1-15、图 1-16）。

形成点线面的绿化景观系统，以入口－遗址公园－古街－新村为主要景观轴线，串联起各个景观节点，保证社区生态和人车分流，保证居民和游人的安全（图 1-17、图 1-18）。

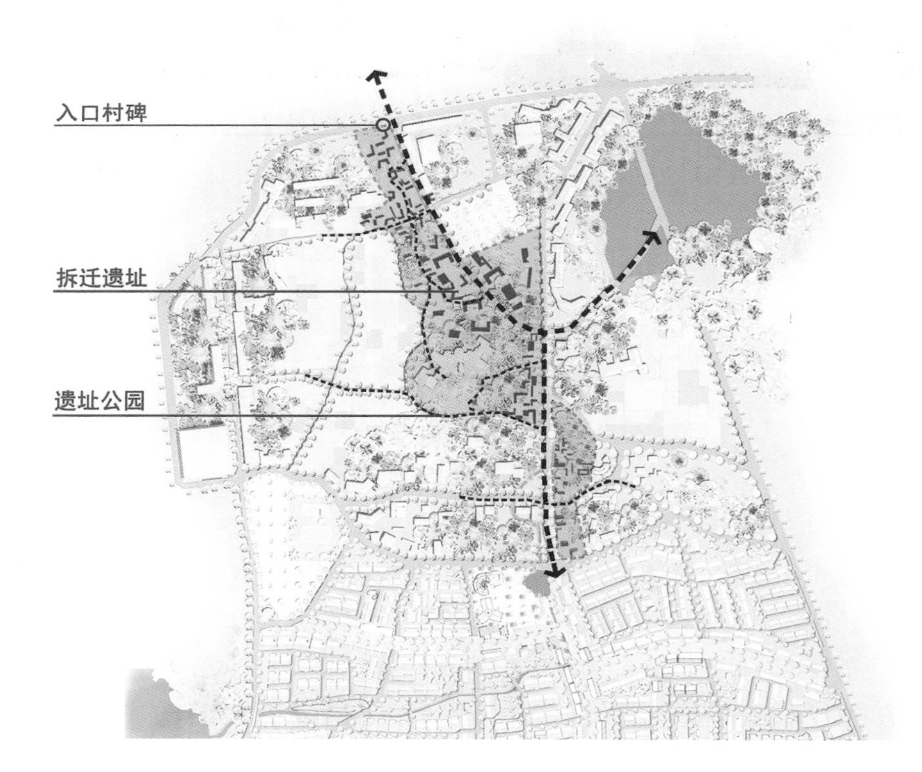

← 图 1-15　陶岔遗址公园区位

图 1-16　陶岔遗址公园总体规划示意

图 1-17 景观分析

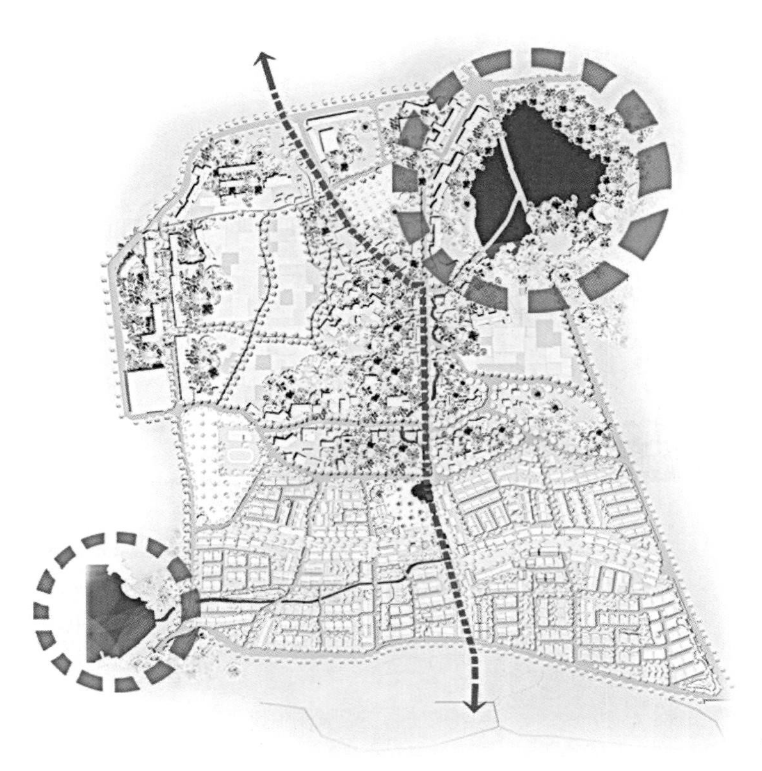

← 图 1-18　湿地绿化景观意向

三、水系和湿地

陶岔地势三面高，中间低，地势低的地方不宜建房，因而做水溪，做中水（生活污水）景观处理。污水经中间低洼的集中污水处理后，下游的湿地水塘进行再处理。充分依靠自然的力量，借助大自然土地和水体净化能力以及人工辅导，使水系规划满足生活需求及景观需求，提供优质水源。保证区域水环境安全，提高景观河道的环境质量。

人工湿地技术改造水塘对生活污水进行再处理，对污染物质进行吸收、代谢、分解、积累及水体净化，为村庄提供优质再生水，对自然生态环境的保护起到积极作用。同时具有观光、旅游、娱乐等美学方面的功能，蕴涵着丰富秀丽的自然风光，成为陶岔社区的湿地景观（图 1-19、图 1-20）。

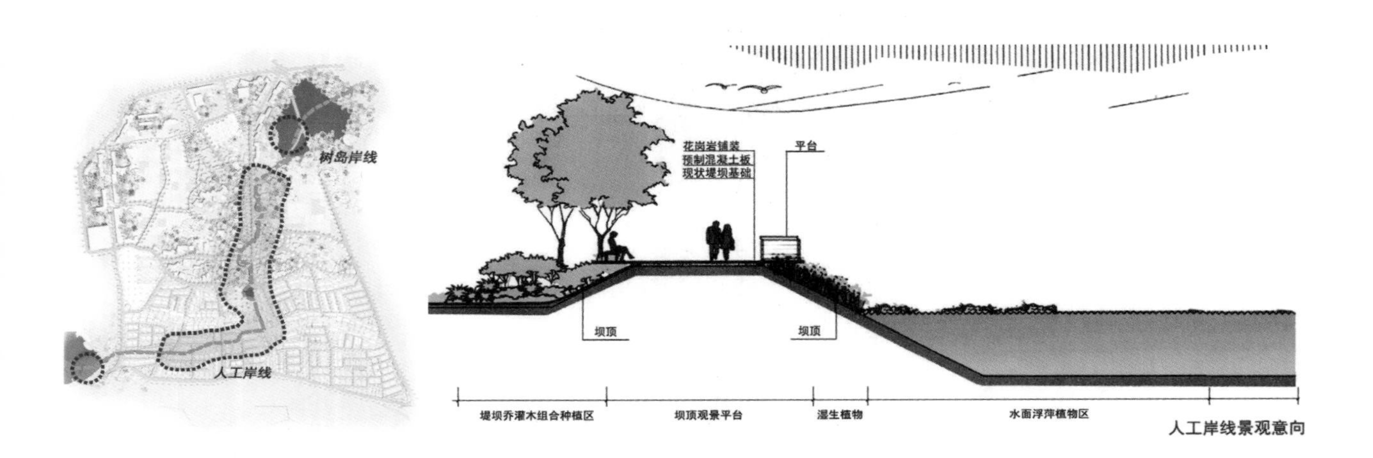

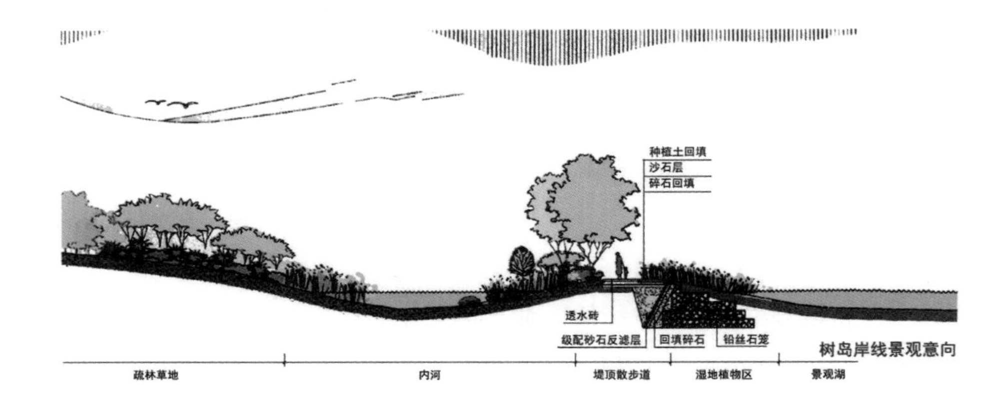

树岛岸线：选择水域面积较大的区域在水中设置植物岛，形成连续的岛链丰富水岸线景观层次，同时岛链可以成为游客亲水的步行游览道。

↑ 图 1-19　树岛岸线景观意向

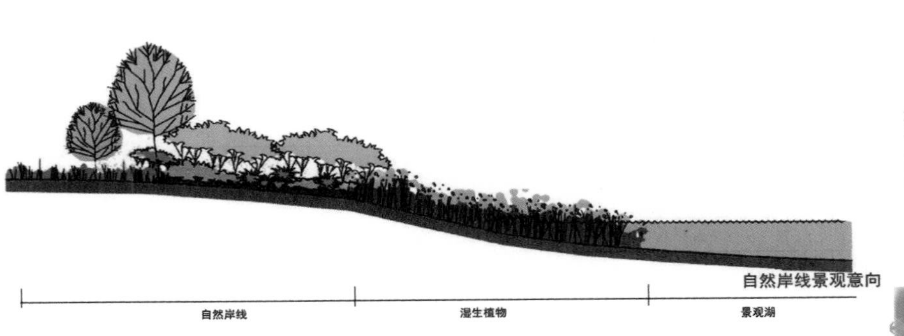

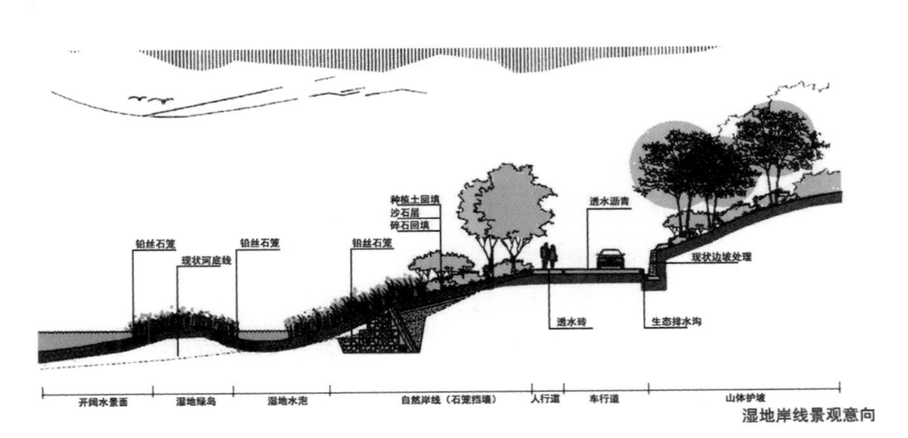

湿地岸线：在水岸空间较为局促的区域采用，在靠近水岸的近水区域堆土形成浅水区，以便种植不同的水生植物、花卉，丰富水岸的景观层次。同时在湿地中也可设置木栈道和亲水平台，扩大水岸活动空间。

自然岸线：适合在坡度自然舒缓、水位落差小、水流平缓的地段，主要通过对原水生植物驳岸进行景观改造，丰富景观层次，增加湿地净化功能。

↑ 图 1-20　湿地岸线景观意向

产业规划

陶岔新型农村社区规划设计理念源于对以下四个方面的研究：

（1）文化旅游；

（2）新型农村社区建设；

（3）农民岗位转型；

（4）生态环境保护。

一个完整的项目需要系统性的规划设计与落地实施，这两者缺一不可。陶岔的规划设计与建设将推动陶岔人生产生活方式的转变和调整，推动淅川旅游的发展以及淅川产业的转型。

此项目为落地性项目，所以规划设计需要从可操作性、系统性和市场角度等多方面综合考虑。规划不再是纸上谈兵，不再是包装式的规划。我们要结合乡村与城市的特点做互动性规划，尤其要结合淅川的文化与历史，以及淅川移民的元素做一个能代表中国水平的乡村规划。

一、文化旅游

陶岔的规划设计与建设，要从建设伊始就让来访者能感受到淅川文化与其内在精华。建筑是旅游与文化重要的组成部分，陶岔社区的建筑设计包括以下五个方面：

（1）建筑成本在850元／平方米左右的新型农村社区住宅　这种

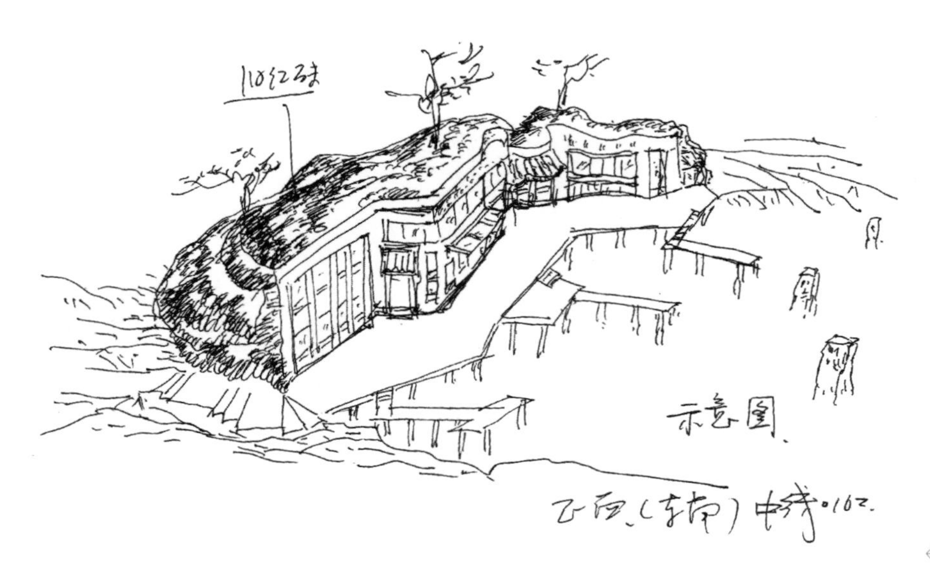

← 图 1-21　中线咖啡厅手绘

房屋建筑设计能较好突出地域文化特色，也是一般农民能接受的，可复制与推广。

（2）建筑成本在 950 元／平方米左右，有明显楚文化风格的设计方案　可作为商业或店面之用，融汇淅川建筑的文化与历史元素。

（3）建筑成本在 1500 元／平方米左右的设计，属楚汉文化中官府与诸侯府邸建筑　这批建筑可作企业会所或个性客栈，专为中高端消费群体服务。

（4）建筑成本在 1800 元／平方米左右的设计，属公共建筑　这些建筑在兼具了旅游开发之基本服务功能的同时，也体现了雕塑与历史纪念的作用。如中线咖啡厅（图 1-21），建筑材料选用废弃的旧砖，融汇生态建筑绿色环保的理念。淅川纪事雕刻，反映淅川历史上四次悲壮的移民史。陶岔村原有的形态非常好，在充分考虑利用原有建筑的基础上结合艺术设计，故而，拆迁出来的遗址公园和旧房商业区改造将成为陶岔村最具市场价值的地方。其他的公共建筑设计还包括码头、图书馆、活动中心、村委会、会议中心等。

（5）旧民房改造，每户 3 万～ 4 万元　淅川县境内类似的房子很多。施工落地之前，我们归类设计了五套改造方案，将现有建筑进行艺术创作与文化内涵的丰富，充分展现建筑的艺术、文化、美学。

综合性的规划，是未来规划发展的方向。陶岔项目的重要价值，就在于它的独特性，这不仅是一次简单的规划设计，更是一次艺术创作。陶岔的规划设计不同于普通规划设计，是文化、艺术、生活与生产、自然环境与市场审美、社会性与色彩学的高度融合。

二、新型农村社区建设

陶岔未来既不是城市，也不是传统的乡村，陶岔是一个特殊时代的社区，这种模式对未来的淅川具有典型意义。新型农村社区建设的工作很具体，农民又非常关心，所以未来工作的重点是新社区服务与管理水平的提高，从这个层面上分析，规划会涉及到以下四个方面。

（1）农民的生产生活从第一产业向第三产业转型　这需要在规划设计时，尽量最大化地为农民设定就业岗位。这是陶岔产业规划中最重要的工作，也是整个移民、生活与生态保护中的核心工作。这些工作必须在规划时一并完成。简言之，陶岔规划是一项系统性的规划。

（2）乡村环境的价值　不论从旅游者，还是从陶岔产业自身定位来看，保持陶岔的乡村元素、移民遗址公园、楚汉文化修复，并融入田园乡村要素，是不可改变的方向。这样的定位一是投入少，二是自然环境的未来维护成本低，三是有文化与品位。

（3）重建村社共同体，发展集体经济　这种形式组建的成功与否将是影响陶岔村与渠首景区能否转型的基本要素。这项工作也是新型农村社区建设的基础工作。

（4）资源分类　环境卫生是第一步，尤其是田园乡村，在品质和艺术性上要求更高，县委与县政府一直希望把陶岔打造成国际一流的村庄。环境保护、生态系统、田园风光、新型农村社区多源于第一步的资源分类。

三、农民岗位转型

陶岔项目的重要规划之一是充分考虑陶岔新区建成后对当地农民岗位的设立。旅游服务、农家乐、环境管理、有机农业、公共设施管理、商业经营、运输、资源分类、导游、家庭手工品、家庭酱品等岗位的设立，是从陶岔规划中的功能区域分离出来，依据旅游者的需要设定，依据农民的现有的文化水平设定。

我们的规划一定要让农民知道，让他们去想知道后可以做什么？准备做什么？对农民的系统培训也是规划中要求政府做的事，为农民做好向三产转型的人才培训。农民开始从种田转向服务与管理，是因为有岗位的需求。地方政府需要用一年的时间来完成帮助农民顺利从第一产转入第三产的培训工作。

公共服务系统。一流的景点核心是一流的服务与管理。公共服务设计是项目中最先考虑的。我们要站在旅游者的角度去规划与设计。卫生间（生态型）、环保停车场、咖啡馆（废弃材料）、淅川纪事（大型空间雕塑）、乡村田园酒店、百年农民客栈、艺术性的星级酒店、农村旧房改造的庭院（品茶与会所），还有三条具有时代性、艺术性、文化性很明显特征的街道，这些规划设计不仅是陶岔，同时也是淅川文化与旅游中最缺少的。

新农村，先规划。
村成团，好格局。
人抱团，气象新。
钱互助，家兴盛。
拒标语，墙洁净。
讲卫生，家和谐。
有垃圾，要分类。
村如家，要勤扫。
路要曲，河要弯。
街要窄，路牌清。
护古树，好乘凉。
村有桥，步步高。
庭院花，人更美。

农民·房子

Nongmin Fangzi

坡有林，堰有鱼。
山禁伐，林木盛。
鸟回村，喜事来。
田集中，高效率。
果成片，高效益。
水静养，莫排污。
庄稼好，燕儿伴。
马路边，禁修房。
少围墙，多安全。
沙石路，脚感好。
房有檐，家干燥。
房无沟，寒潮重。
贴瓷砖，不透气。
清水墙，宜健康。
白玻璃，明又亮。
禁农药，人有益。
拒毒剂，积善缘。
减化肥，粮价高。
环境好，万物欣。

建筑是一种艺术，也是一种文化，更是一个地区管理层与居民认同的文化，这种文化与生活、生产有直接的关系，也是长期以来最终形成的一个时代的风格。2012 年来河南省南阳市淅川县，遇到的第一件事就是建筑的文化与风格定位。

淅川是楚文化的发源地，楚国 800 年，有 300 多年定都淅川。楚文化又是中国历史上最灿烂的历史之一。这里说的楚，其实要包含楚汉二个时期的文化。故淅川文化与汉水遗风自然以混合的荆楚文化为核心，是一个漫长的历史阶段。

中国乡建院到淅川县九重镇陶岔村来做规划与设计，文化的定位自然是首要任务。

这里的建筑文化定位，基本分为三种形态。

（1）以楚文化为主体的建筑，我们设计时建筑造价 1500 元／平方米　基本是从楚文化中提炼出的建筑元素，主要来自南阳汉砖，淅川青铜器，还有那个时代的壁画。这种感觉说不具体，是一种印象，一种灵感。

（2）以官府为主体的楚汉文化建筑　这些建筑的灵感主要来自人民美术出版社出版的《中国历代装饰纹样》，另一个参照就是日本与韩国建筑的寺庙。这种建筑要求施工高，建筑材料造价也高，造价约在 1800 元 / 平方米。

（3）以来自淅川县紫荆关古街、河南信阳山区、襄阳市南漳县400年前漫云村等为原型的建筑　这些建筑经历数百年的演变，能看到当年荆楚文化与建筑风格。目前在陶岔村和桥沟村的老建筑上依然能看到一点蛛丝马迹。这些建筑建设造价在1300元/平方米左右，农民基本能够承受。

此外，我们在设计时考虑到本地的施工技术，政府的执行能力和本地的建筑材料。一种设计成清水墙，一种是混水墙。

本书介绍的五套农宅是根据这三种规格综合出的易于地方施工队与农民接受的方案。

楚汉建筑中，特别注意大门、屋脊和屋檐的设计，建筑中规中矩，在建筑形态上能清楚的看到那个时代特征，包括礼仪、厚重、等级等。陶岔建筑基本保留了这些特点。因为时代不同，建筑的实用性和审美观点都发生变化，我们在陶岔新设计的三种建筑形态，融入了很多时代性的语言，更多是从文化与市场角度考虑，同时对生态环境与建筑的融合做了大量的思考。

陶岔原来是一个简单的村庄，现在这个村的形态已发生变化，新设计的陶岔基本以旅游、观光、培训为主体。环保、生态平衡、绿色建筑、污水净化、湿地、有机农业、文化修复等是这个时代的特色。而各功能区的建立，会使原来的小村变成一个传统与现代融为一体的新陶岔。

陶岔建筑，并不是做文物复古，也不是做科学与历史修复，我们只是做一种文化修复与记忆探索，也是一种文化与艺术的创造。这里的建筑考虑更多的是旅游与市场性。这是陶岔民房设计的主线。考虑农民如何能从一产转型到三产。在这样的规划与设计任务下，建筑变得具有很综合性的文化与艺术。

我们努力地在寻找一种属于淅川的文化，在回归最本色的地域建筑特色。不论如何探索，能做的仅仅是一种目标、一种希望、一种建筑风格，将来还会有更好的设计师创造更完美的淅川建筑。

建筑意向与细部处理

一、楚建筑文化意向

大约于公元前 11 世纪末或公元前 10 世纪初，东周楚国在丹阳开始了艰辛的创建历程。今天随着南水北调工程丹江口水库的建设，千座楚墓被发现，古楚文明再次散发出耀眼而独特的魅力，同时引起了人们对楚文化的深层思考。

古楚文明的辉煌灿烂成就举世瞩目，作为楚文化重要组成部分的楚艺术品更是独步海内外，其设计形式和风格充分体现了楚人的想象力和审美意识。

青铜礼器是楚国铜器最重要的组成部分。当时的风俗好尚、意识形态、工艺水平、文化进程均蕴蓄于其中。鼎居青铜礼器之首。楚国的鼎与其他各个区域文化的鼎相比，有成熟富于个性形态特征，被称为“楚式鼎”。在楚式鼎的造型系统中，两种具有代表性的鼎是升鼎和于鼎。在长期的青铜器制造过程中，楚人不断提高青铜器的水平，制作工艺也日趋精湛。楚人最常使用的青铜器制造工艺有陶范法、失蜡法和铸镶法（图 2-1）。

约在公元前11世纪末或公元前10世纪初，东周楚国于丹阳开始了艰辛的筚路蓝缕的创业历程

如今，随着南水北调工程丹江口水库建设，千座楚墓的考古发现，散发着独特魅力的古楚文明，引发着人们对楚文化的深层思考。

古楚文明，其辉煌灿烂的成就举世瞩目，作为楚文化重要组成部分的楚艺术品更是独步海内外，其设计形式和风格充分体现了楚人的想象力和审美意识。

青铜礼器是楚国铜器最重要的组成部分，“当时的风俗好尚、意识形态、工艺水平、文化进程”均“蕴蓄于其中”。鼎居青铜礼器之首。楚国的鼎与其他各个区域文化的鼎相比，有成熟富于个性形态特征，称为“楚式鼎”。在楚式鼎的造型系列中，两种具有代表性的鼎是升鼎和于鼎。在长期的青铜器制造过程中，楚人不断提高青铜器的水平，制作工艺也日趋精湛。楚人最常使用的青铜器制造工艺有陶范法、失蜡法、铸镶法。

↑ 图 2-1　青铜礼器

二、砖的艺术

砖是文化的象征，在中国楚文化为背景下的传统建筑尤善于用本地材料（黏土砖和木材）来建造。在这些建筑里凝聚着楚文化的传统精神和文化底蕴。

砖具有良好的可塑性，可以制成各种形状。同时，砖具有可雕刻性，可以雕刻成各种吉祥图案或纪念文字等，在此基础上逐渐发展为艺术性很强的砖雕。在清水砖墙面上做出凸出凹进的砖饰效果，不仅体现出图案美，还产生了立体感。清水砖墙的光影建立在砖结构的体量与形态变化的基础上，通过感受光墙面的阴影对比产生立体感和空间感、力度感和尺度感，形成空间层次与深度效应（图 2-2）。

清水砖墙本身的块材砌筑方式，体现出独特而优越的结构美和逻辑美，创造出诗意的建筑，也创造出幸福安宁的环境。

↑ 图 2-2 传统砖饰

三、门楼设计

门楼是我国民居及乡村建筑的主要组成部分，在本轮规划建议中，也设计了部分门楼样式以供农民使用（图 2-3）。

↑ 图 2-3　门楼式样

四、手绘意向

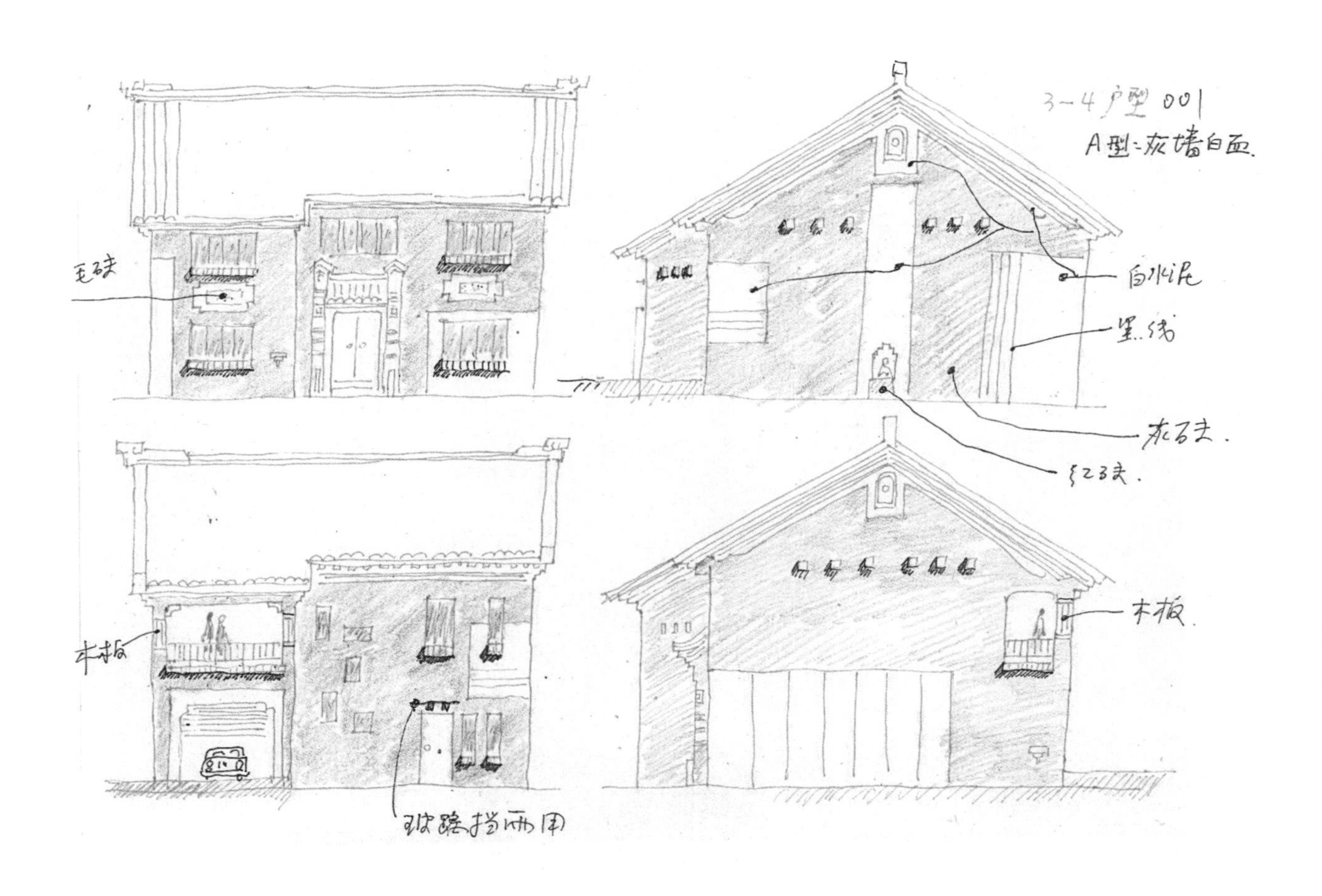

↑ 陶岔居民手绘意向图 **3~4** 人户立面

乡村公共建筑

村委会

↑ 村委会平面图

↑ 村委会立面图

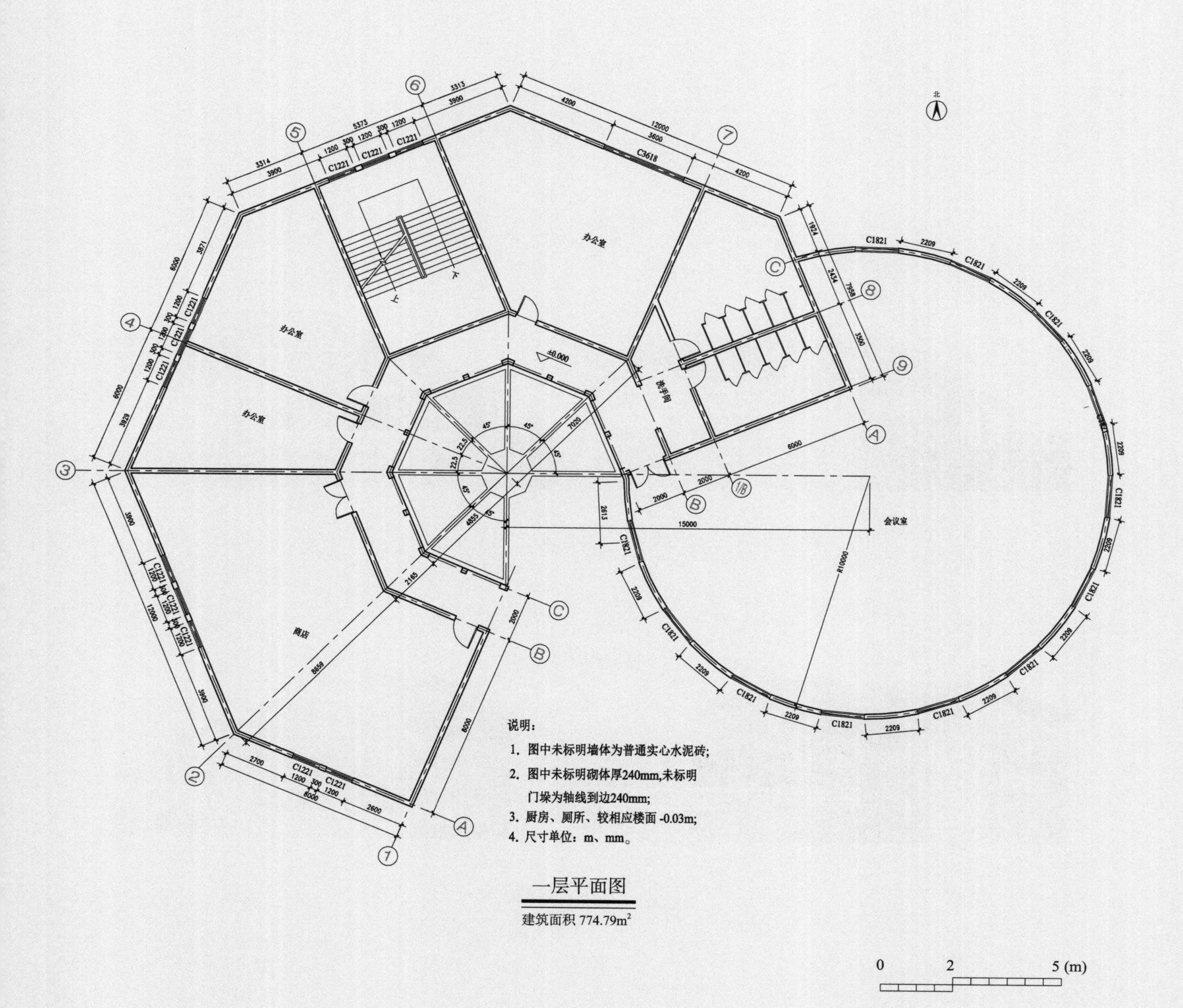
说明：
1. 图中未标明墙体为普通实心水泥砖；
2. 图中未标明砌体厚240mm，未标明门垛为轴线到边240mm；
3. 厨房、厕所、较相应楼面 -0.03m；
4. 尺寸单位：m、mm。
一层平面图
建筑面积 774.79m²
办公室
商店
会议室
0
2
5 (m)

↑ 村委会一层平面图

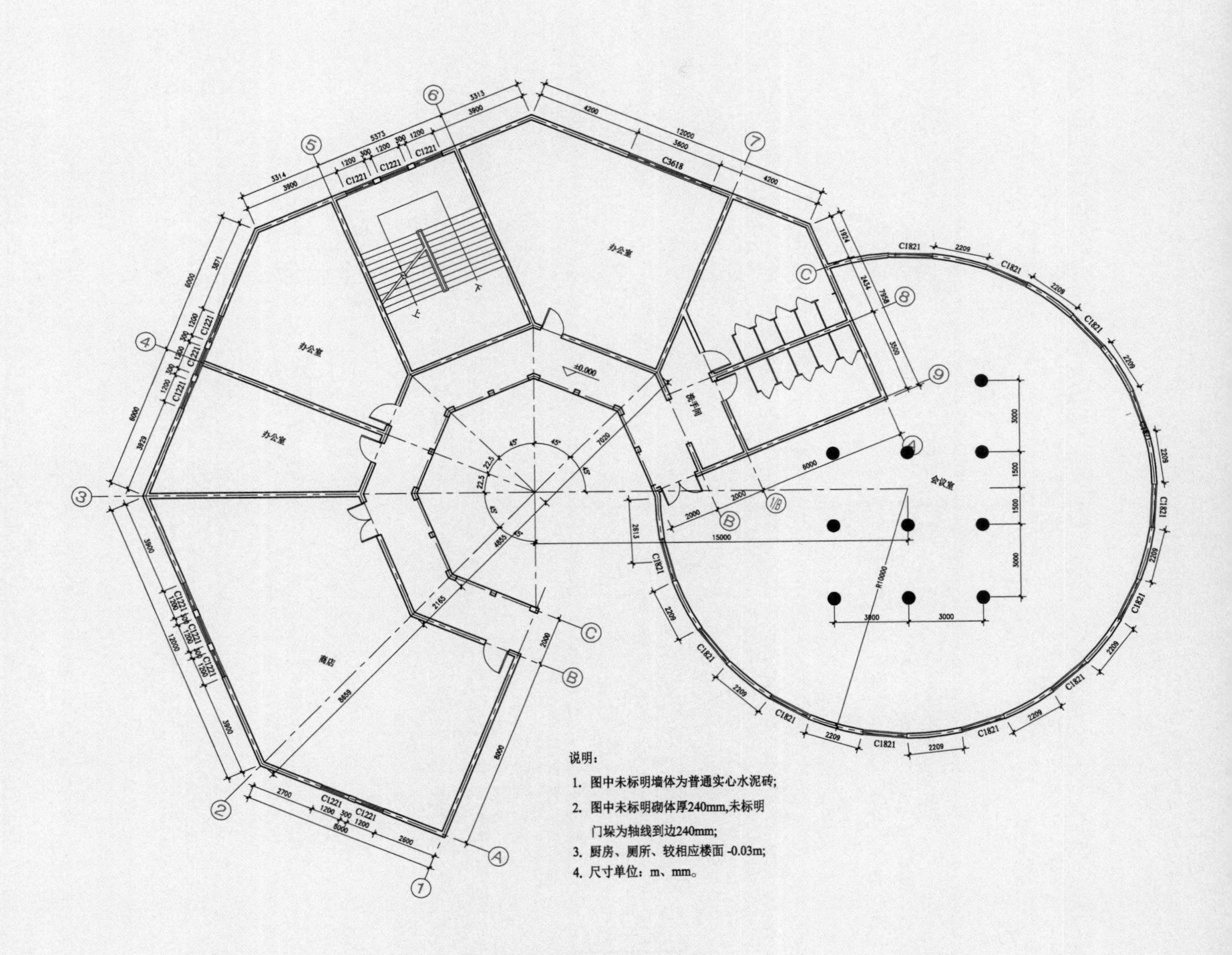
办公室
办公室
办公室
商店
会议室
卫生间
±0.000
说明：
1. 图中未标明墙体为普通实心水泥砖；
2. 图中未标明砌体厚240mm,未标明门垛为轴线到边240mm;
3. 厨房、厕所、较相应楼面 -0.03m;
4. 尺寸单位：m、mm。
二层平面图
建筑面积 774.79m²

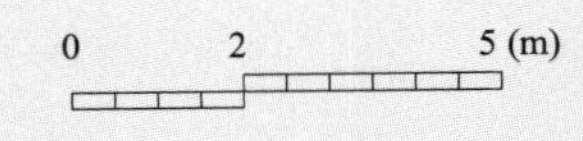
0
2
5 (m)

↑ 村委会二层平面图

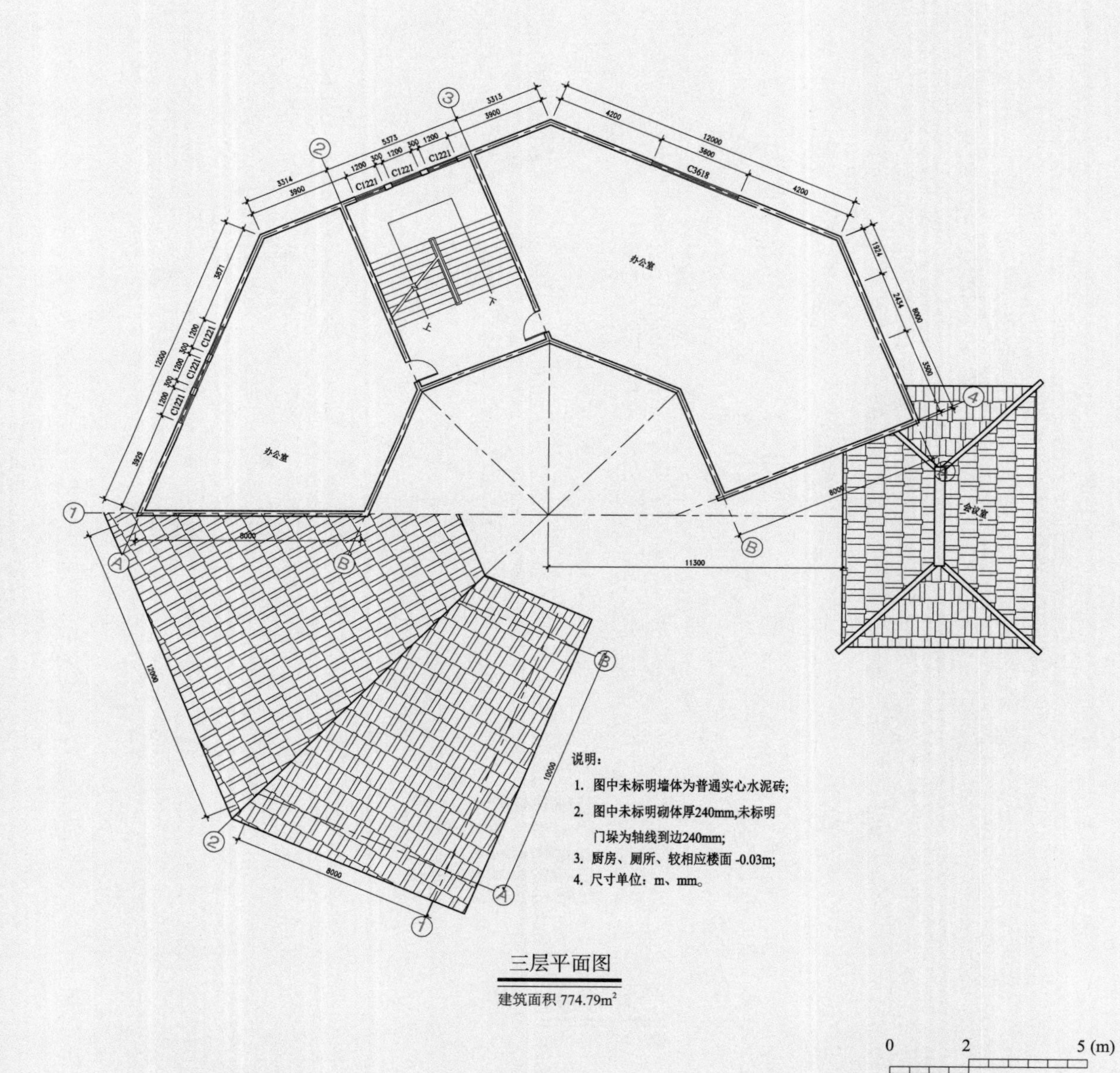
办公室
办公室
会议室
C1221
C3618
说明：
1. 图中未标明墙体为普通实心水泥砖;
2. 图中未标明砌体厚240mm,未标明门垛为轴线到边240mm;
3. 厨房、厕所、较相应楼面 -0.03m;
4. 尺寸单位：m、mm。
三层平面图
建筑面积 774.79m²
0 2 5 (m)

↑ 村委会三层平面图

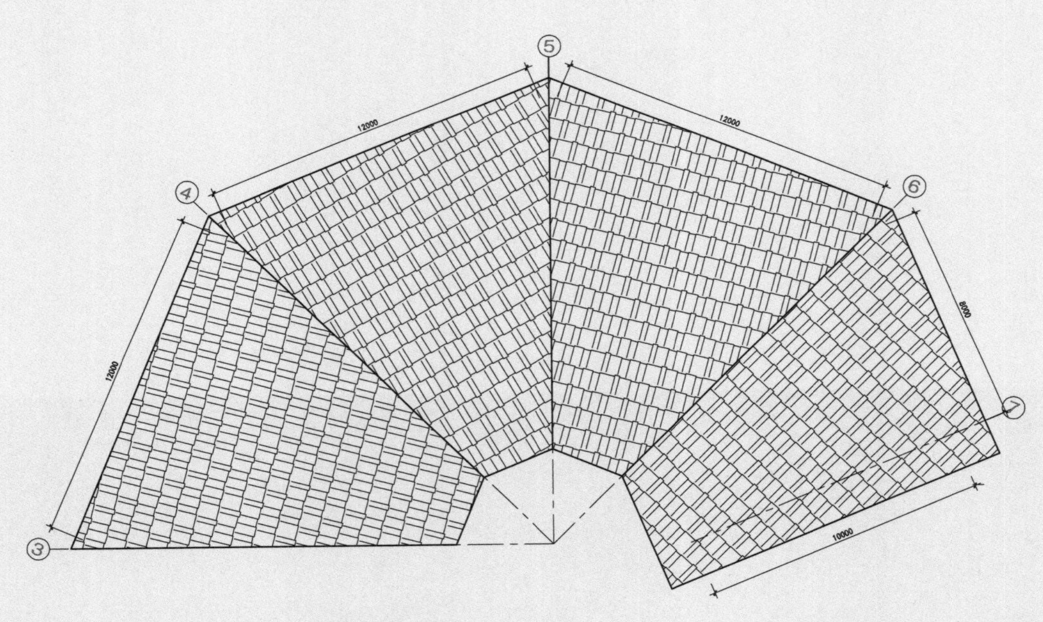

说明：

1. 图中未标明墙体为普通实心水泥砖；
2. 图中未标明砌体厚240mm,未标明门垛为轴线到边240mm;
3. 厨房、厕所、较相应楼面 -0.03m;
4. 尺寸单位：m、mm。

屋顶平面图

建筑面积 774.79m²

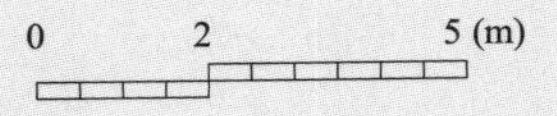

↑ 村委会屋顶平面图

乡村公共建筑

接待中心

↑ 接待中心平面图

↑ 接待中心立面图

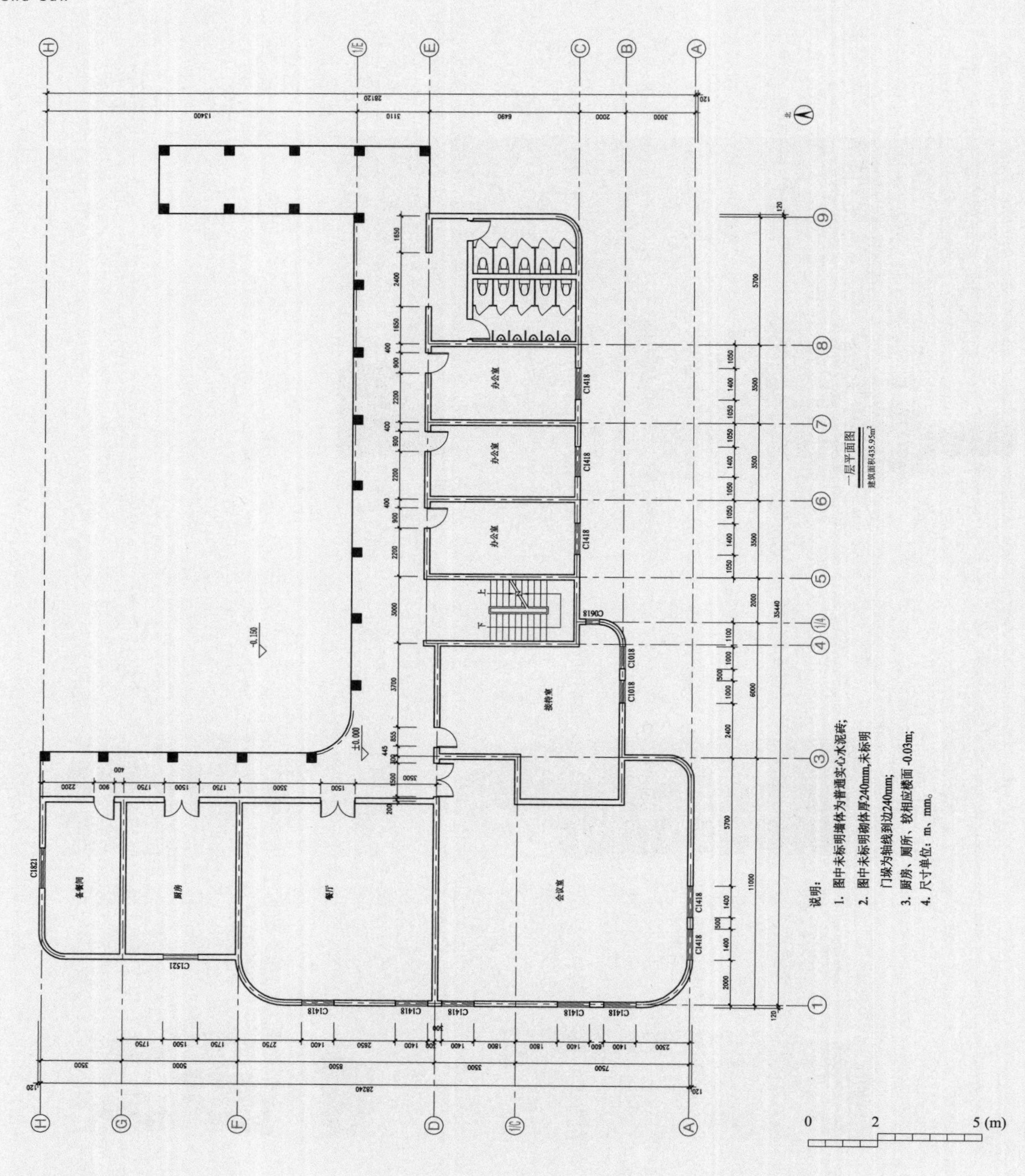
一层平面图
建筑面积435.95m²
说明：
1. 图中未标明墙体为普通实心水泥砖；
2. 图中未标明砌体厚240mm,未标明门垛为轴线到边240mm;
3. 厨房、厕所、较相应楼面 -0.03m;
4. 尺寸单位：m、mm。
办公室
办公室
办公室
接待室
会议室
餐厅
厨房
0 2 5 (m)

↑ 接待中心一层平面图

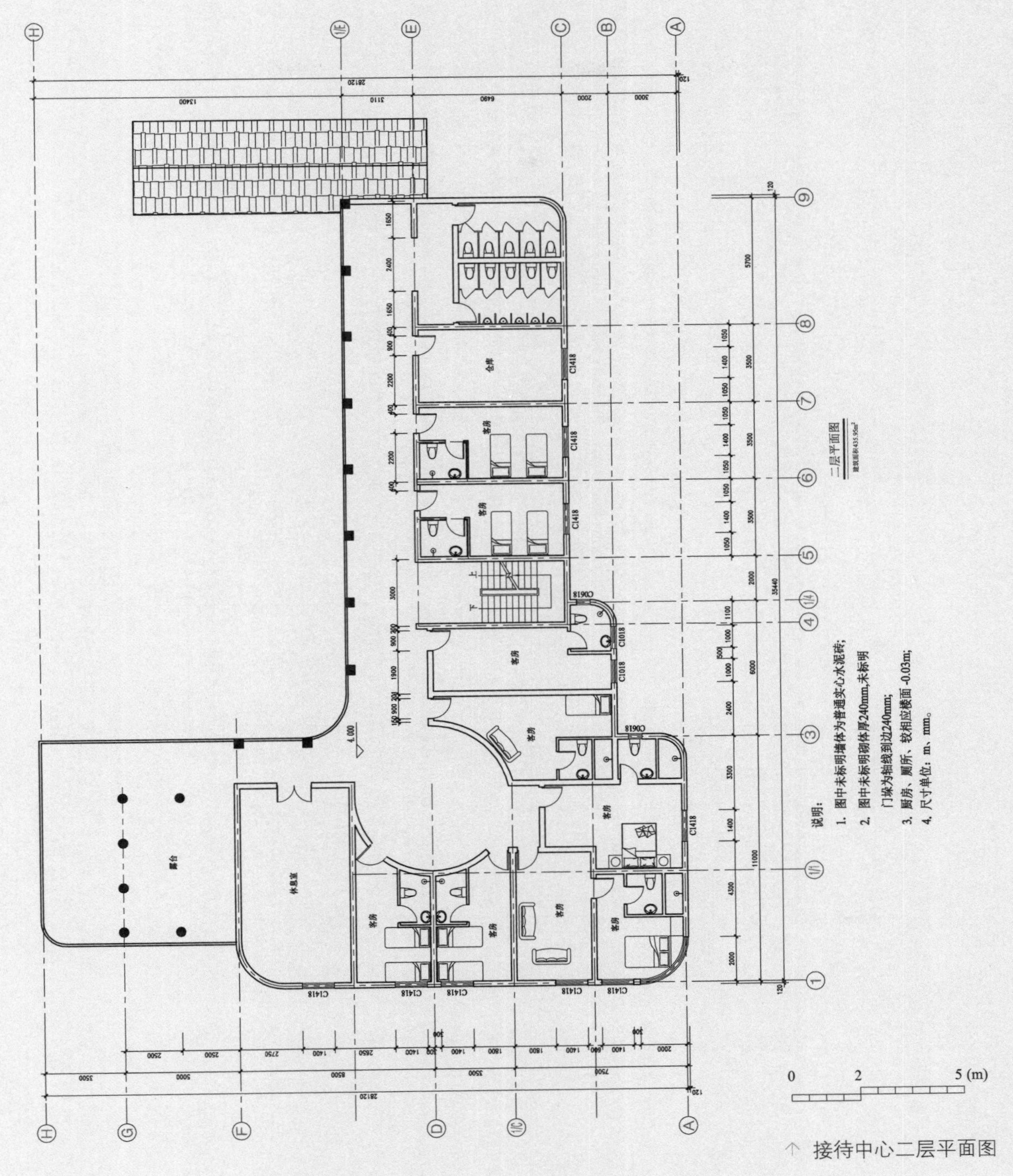
二层平面图
说明：
1. 图中未标明墙体为普通实心水泥砖；
2. 图中未标明砌体厚240mm,未标明
门垛为轴线到边240mm；
3. 厨房、厕所、较相应楼面 -0.03m；
4. 尺寸单位：m、mm。
客房
仓库
休息室
露台
0 2 5 (m)

↑ 接待中心二层平面图

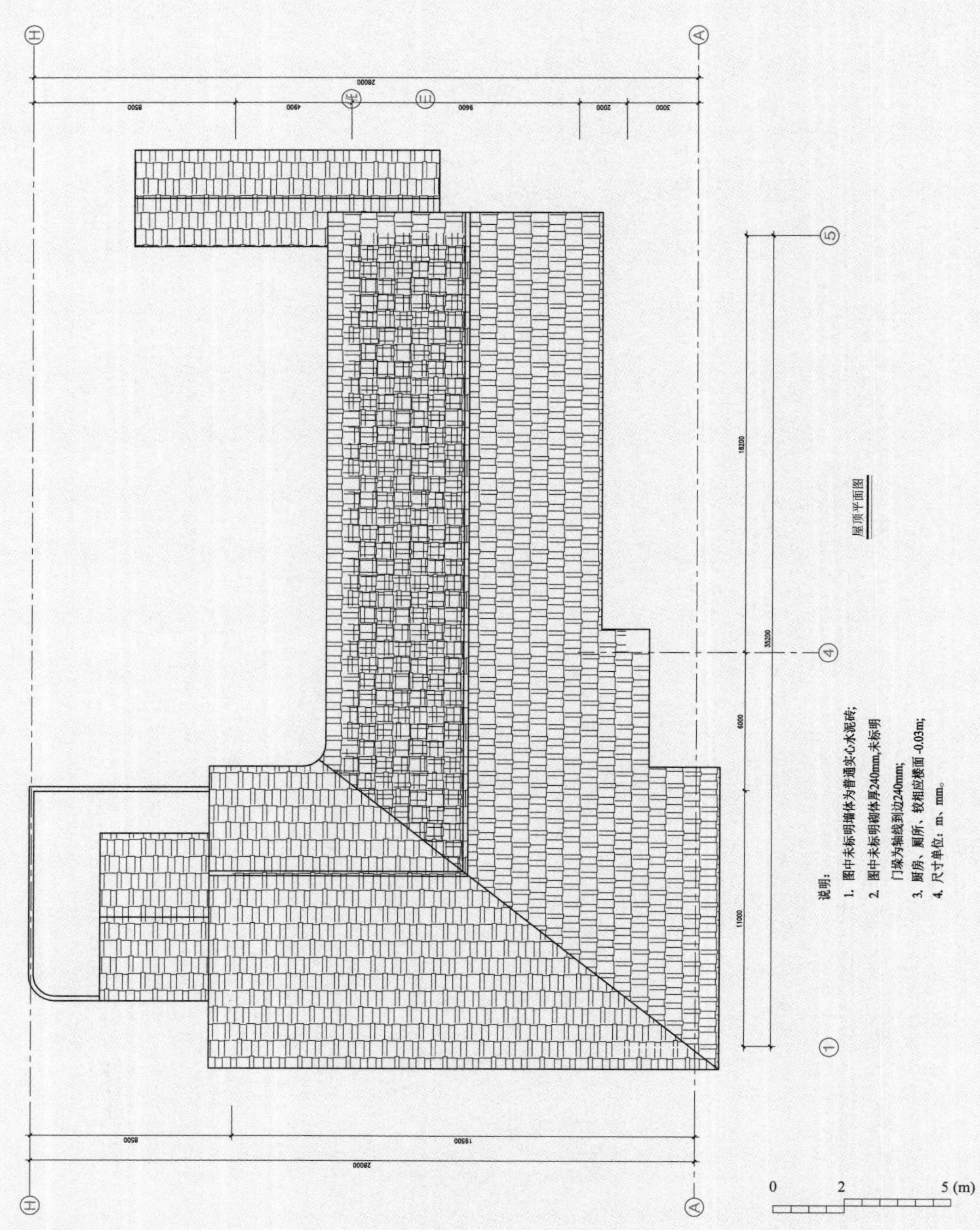
屋顶平面图
说明：
1. 图中未标明墙体为普通实心水泥砖；
2. 图中未标明砌体厚240mm,未标明
门垛为轴线到边240mm;
3. 厨房、厕所、较相应楼面 -0.03m;
4. 尺寸单位：m、mm。
0
2
5 (m)

↑ 接待中心屋顶平面图

乡村公共建筑

公共卫生间

↑ 公共卫生间

↑ 公共卫生间立面图

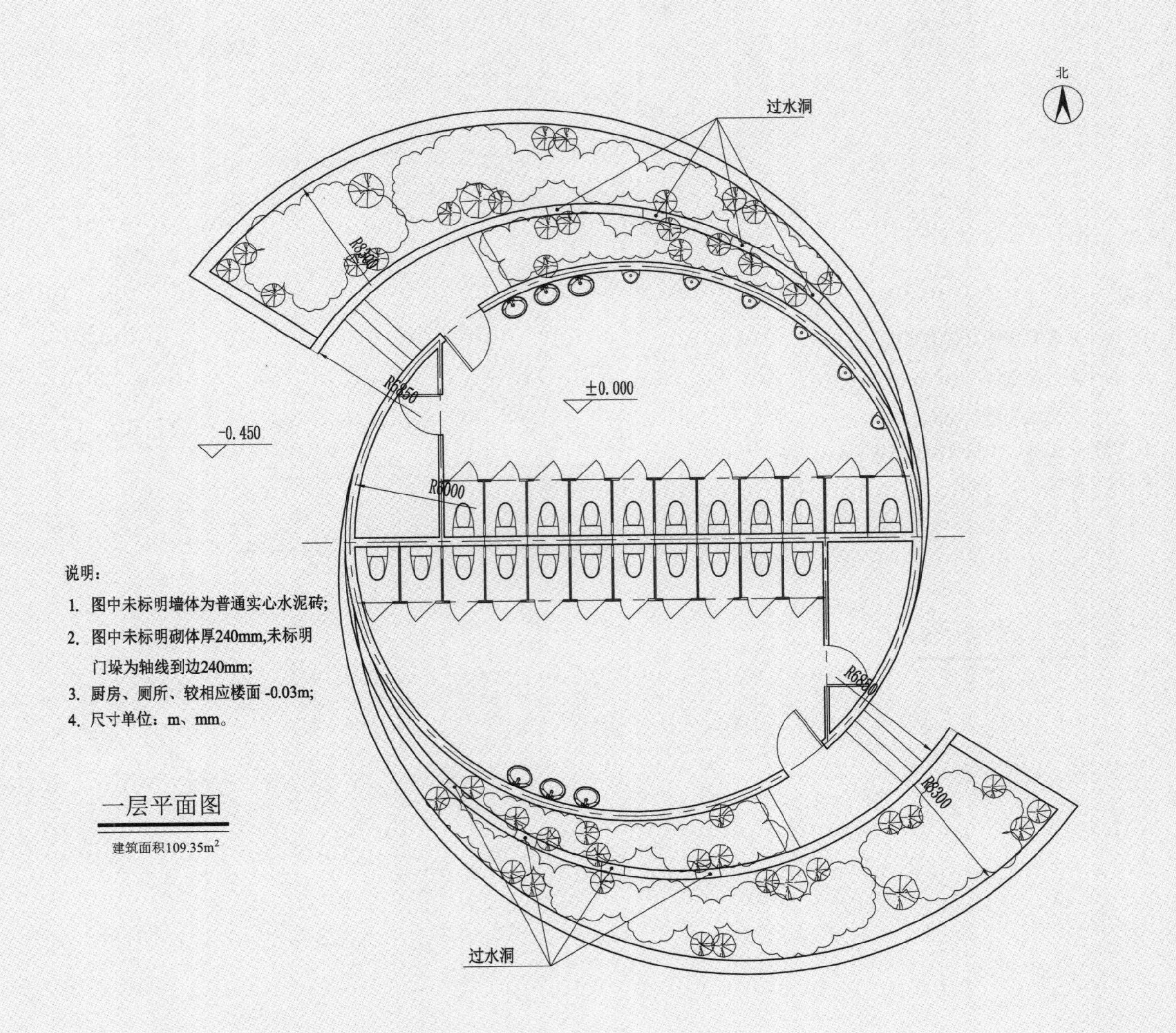
北
过水洞
±0.000
-0.450
R8300
R6850
R6000
R6850
R8300
过水洞
说明：
1. 图中未标明墙体为普通实心水泥砖；
2. 图中未标明砌体厚240mm,未标明门垛为轴线到边240mm;
3. 厨房、厕所、较相应楼面 -0.03m;
4. 尺寸单位：m、mm。
一层平面图
建筑面积109.35m²

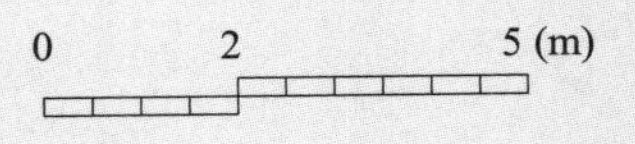
0
2
5 (m)

↑ 公共卫生间一层平面图

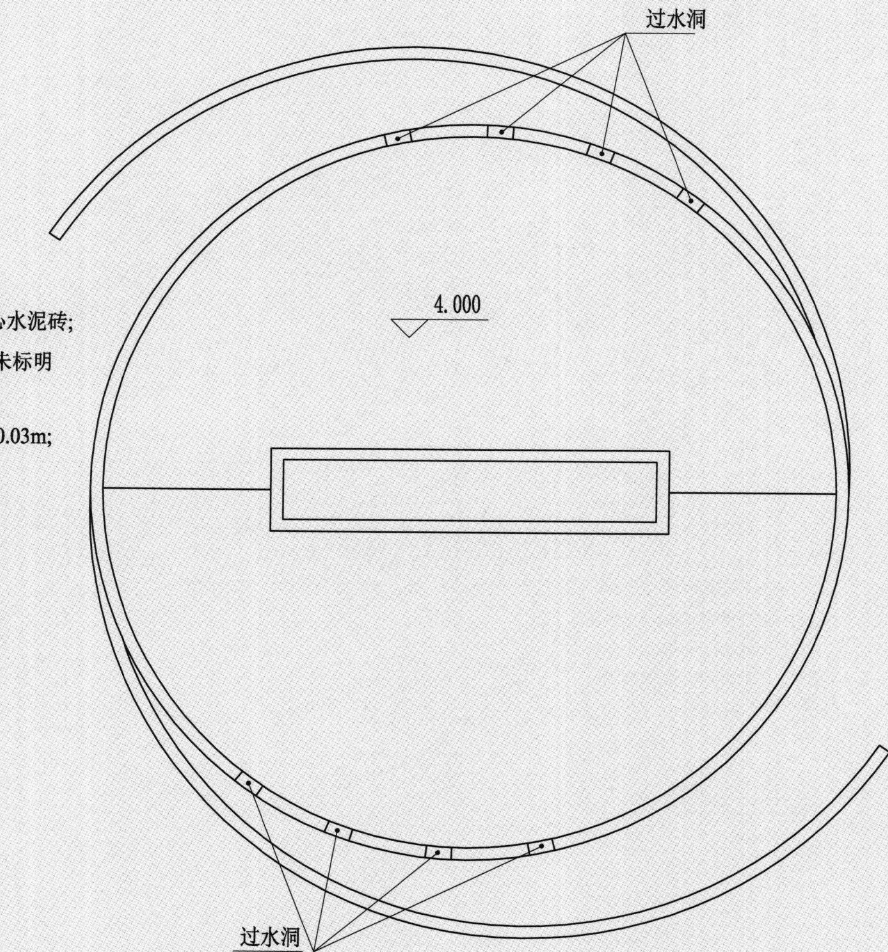

说明：

1. 图中未标明墙体为普通实心水泥砖;
2. 图中未标明砌体厚240mm,未标明门垛为轴线到边240mm;
3. 厨房、厕所、较相应楼面 -0.03m;
4. 尺寸单位：m、mm。

屋顶平面图

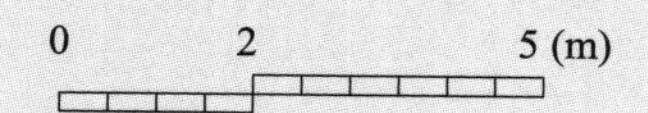

↑ 公共卫生间屋顶平面图

乡村公共建筑

活动中心

↑ 活动中心

↑ 活动中心立面图

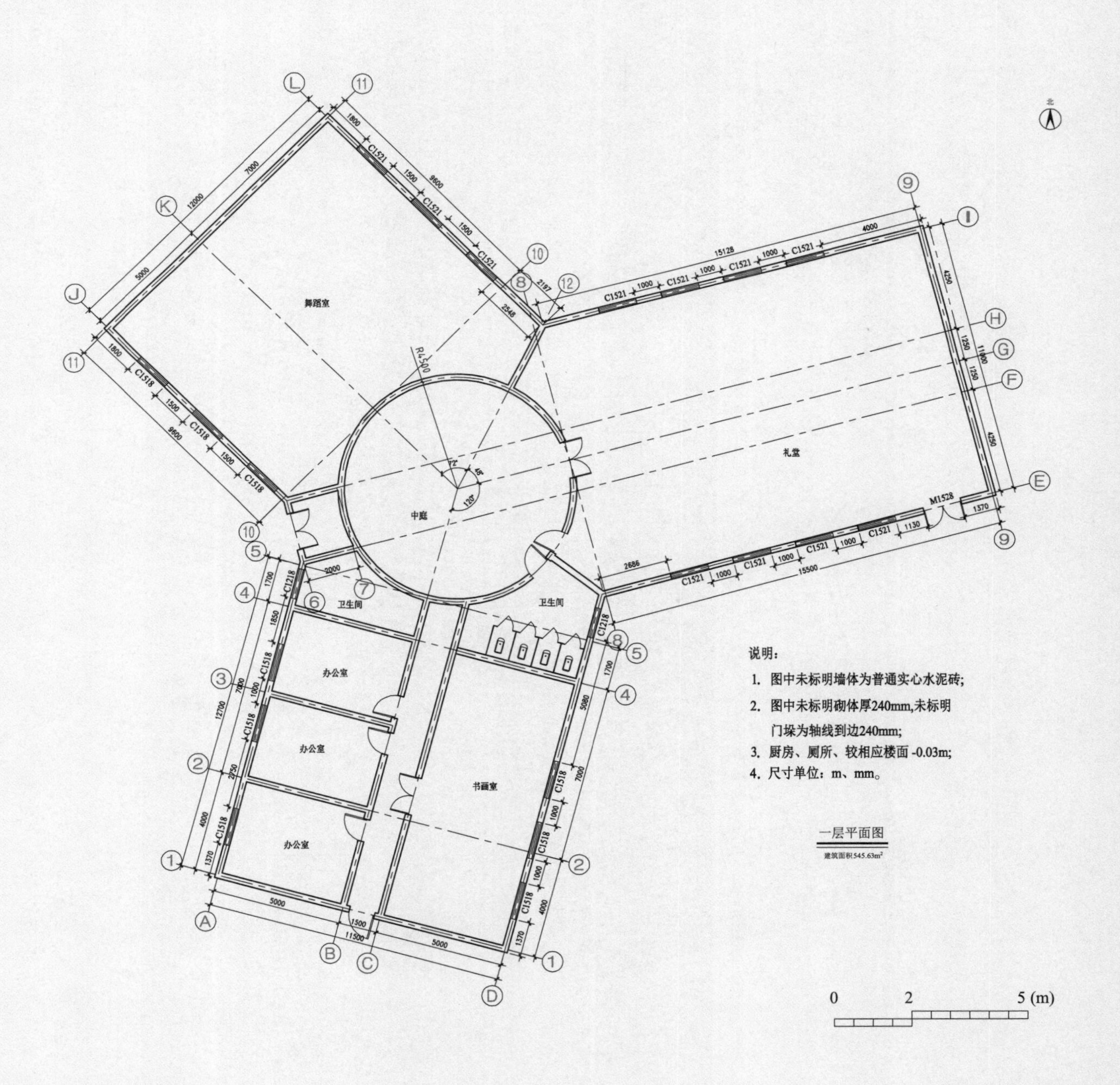
北
舞蹈室
礼堂
中庭
卫生间
卫生间
办公室
办公室
办公室
书画室
说明：
1. 图中未标明墙体为普通实心水泥砖；
2. 图中未标明砌体厚240mm，未标明门垛为轴线到边240mm；
3. 厨房、厕所、较相应楼面 -0.03m；
4. 尺寸单位：m、mm。
一层平面图
建筑面积545.63m²
0
2
5 (m)

↑ 活动中心一层平面图

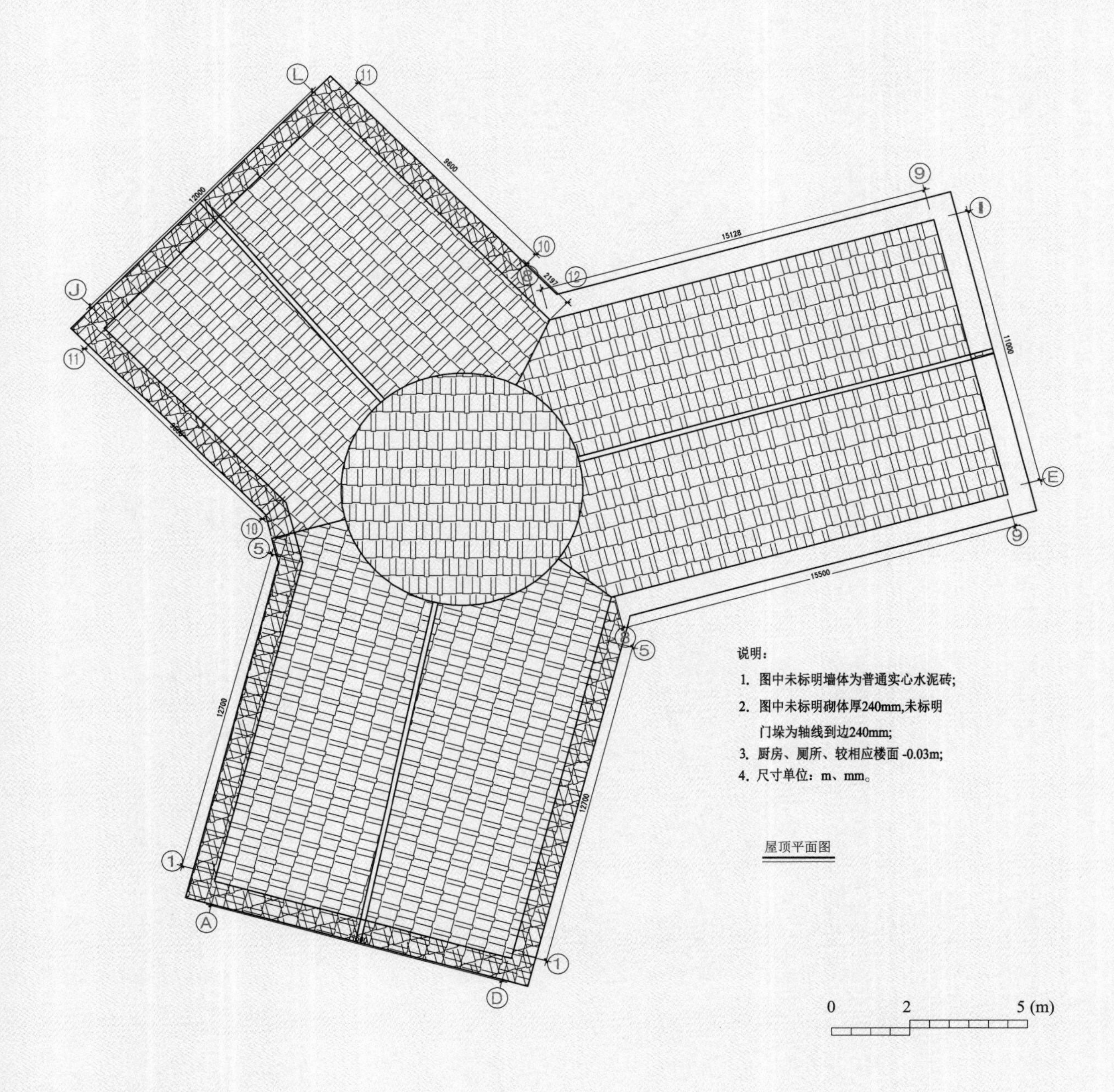
说明：
1. 图中未标明墙体为普通实心水泥砖；
2. 图中未标明砌体厚240mm,未标明门垛为轴线到边240mm；
3. 厨房、厕所、较相应楼面 -0.03m；
4. 尺寸单位：m、mm。
屋顶平面图
0 2 5 (m)
15128
15500
11000
9600
12000
12700
2197

↑ 活动中心屋顶平面图

乡村公共建筑

宾馆

↑ 宾馆

↑ 宾馆立面图

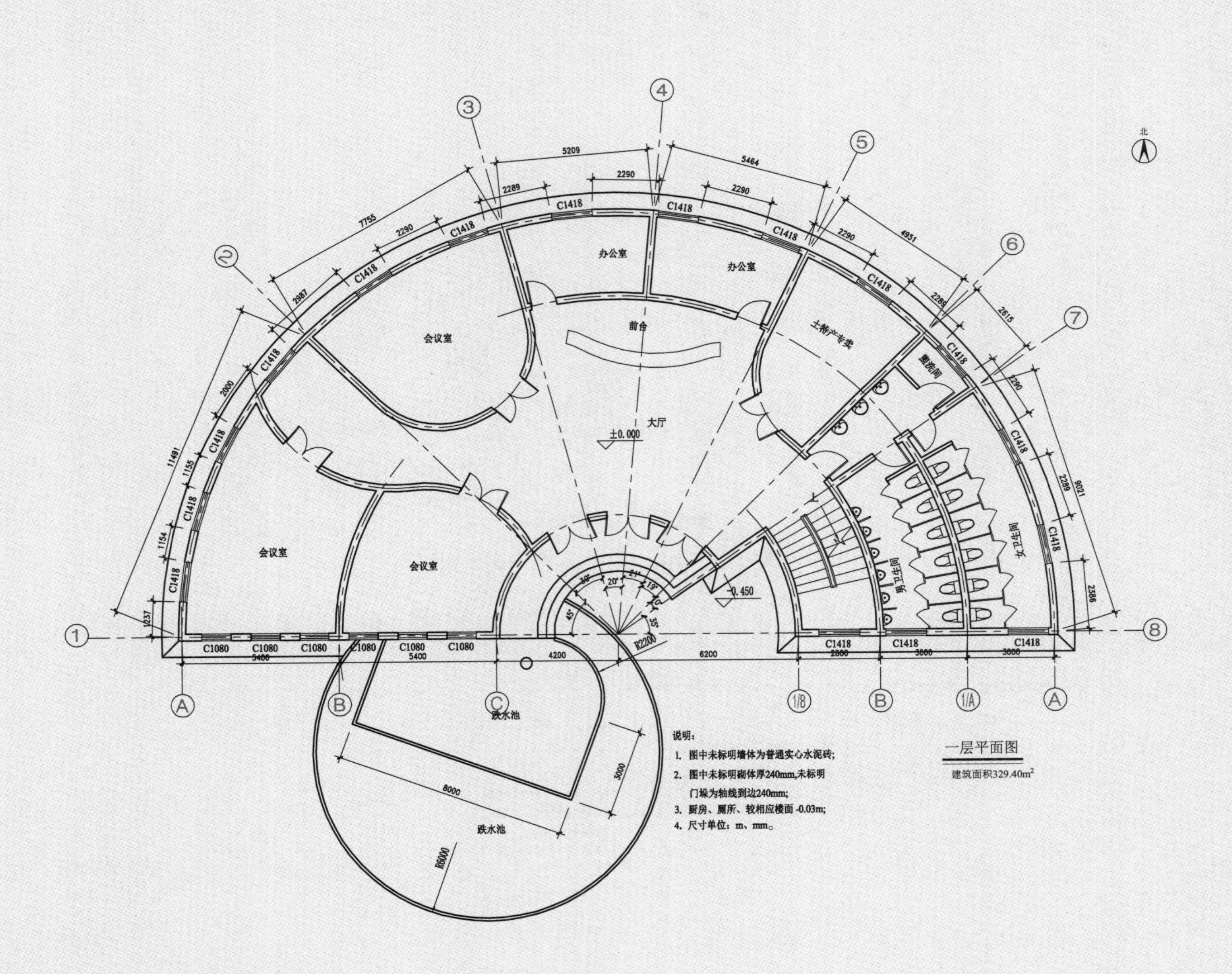
会议室
会议室
会议室
办公室
办公室
前台
大厅
±0.000
土特产专卖
盥洗间
男卫生间
女卫生间
-0.450
R2200
跌水池
跌水池
R6000
8000
3000
说明：
1. 图中未标明墙体为普通实心水泥砖；
2. 图中未标明砌体厚240mm,未标明门垛为轴线到边240mm；
3. 厨房、厕所、较相应楼面 -0.03m；
4. 尺寸单位：m、mm。
一层平面图
建筑面积329.40m²
0 2 5 (m)

↑ 酒店一层平面图

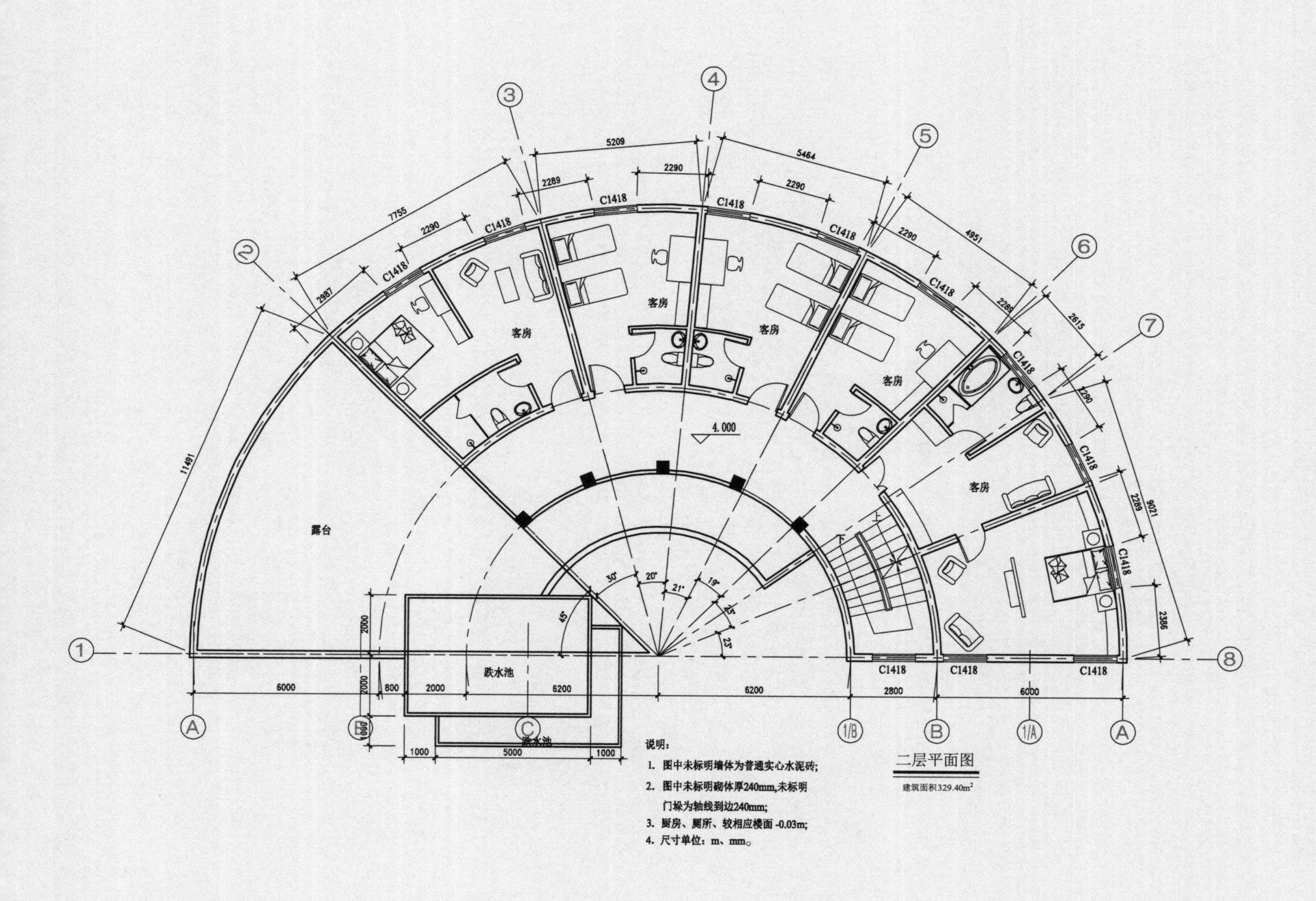
客房
客房
客房
客房
客房
露台
跌水池
跌水池
4.000
C1418
说明：
1. 图中未标明墙体为普通实心水泥砖;
2. 图中未标明砌体厚240mm,未标明
门垛为轴线到边240mm;
3. 厨房、厕所、较相应楼面 -0.03m;
4. 尺寸单位：m、mm。
二层平面图
建筑面积329.40m2

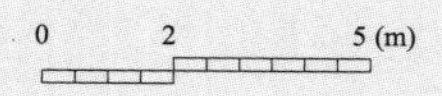
0
2
5 (m)

↑ 酒店二层平面图

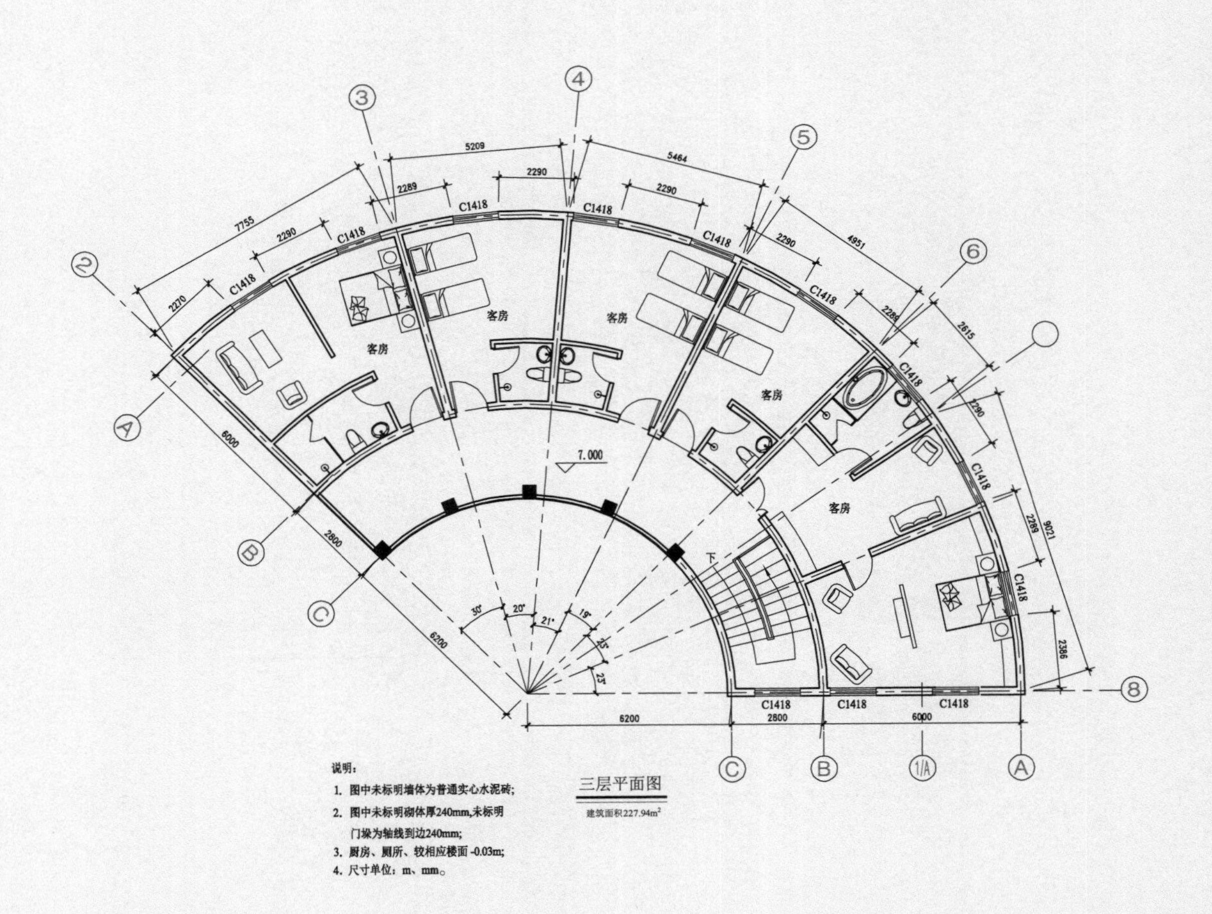
客房
客房
客房
客房
客房
7.000
下
C1418
7755
5209
5464
4951
2615
9021
2386
2289
2290
2270
6000
2800
6200
30°
20°
21°
19°
25°
23°
说明：
1. 图中未标明墙体为普通实心水泥砖;
2. 图中未标明砌体厚240mm,未标明
门垛为轴线到边240mm;
3. 厨房、厕所、较相应楼面 -0.03m;
4. 尺寸单位：m、mm。
三层平面图
建筑面积227.94m²

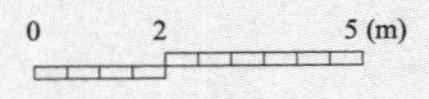
0
2
5 (m)

↑ 酒店三层平面图

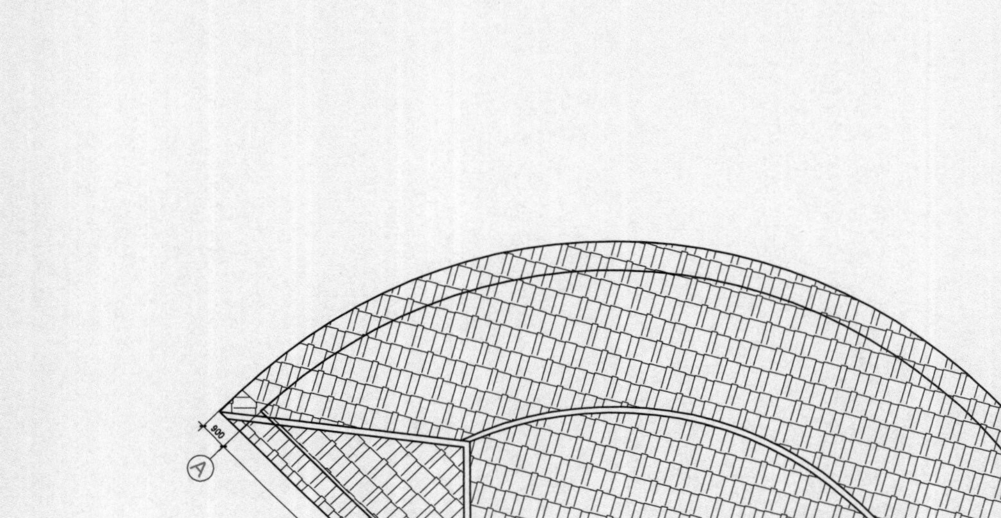
900
A
8999
900
B
5200
5200
900
9000
900
B
A
说明：
1. 图中未标明墙体为普通实心水泥砖；
2. 图中未标明砌体厚240mm,未标明
门垛为轴线到边240mm;
3. 厨房、厕所、较相应楼面 -0.03m;
4. 尺寸单位：m、mm。
屋顶平面图
0 2 5 (m)

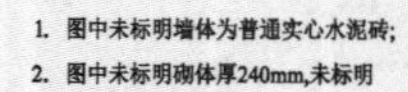

↑ 酒店屋顶平面图

乡村公共建筑

图书馆

↑ 图书馆

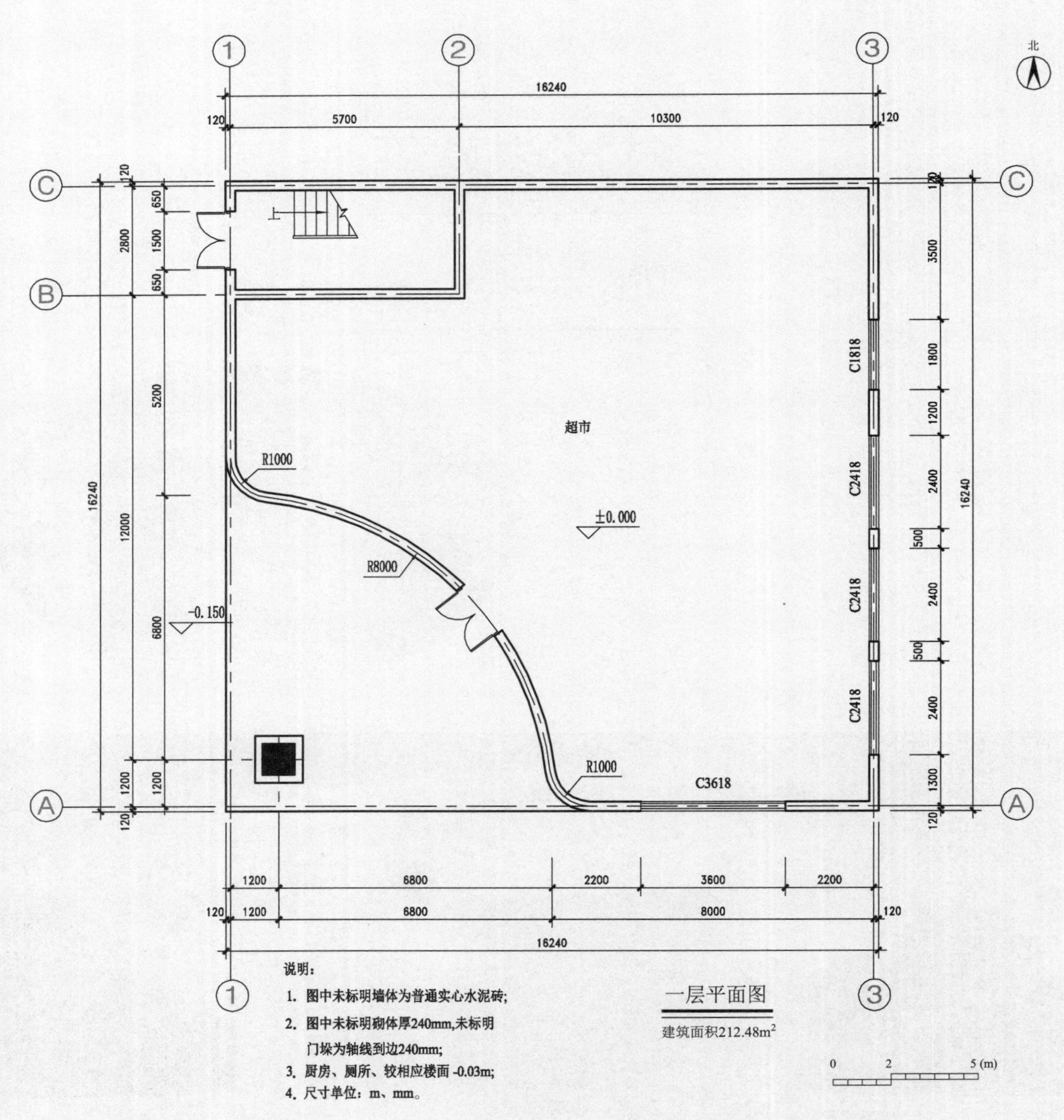
北
16240
120
5700
10300
120
上
超市
R1000
±0.000
R8000
-0.150
R1000
C3618
C1818
C2418
C2418
C2418
650
1500
650
2800
5200
12000
6800
1200
1200
16240
3500
1800
1200
2400
500
2400
500
2400
1300
120
16240
1200
6800
2200
3600
2200
120
1200
6800
8000
120
16240
说明：
1. 图中未标明墙体为普通实心水泥砖;
2. 图中未标明砌体厚240mm,未标明
门垛为轴线到边240mm;
3. 厨房、厕所、较相应楼面 -0.03m;
4. 尺寸单位：m、mm。
一层平面图
建筑面积212.48m2
0
2
5 (m)

↑ 图书馆一层平面图

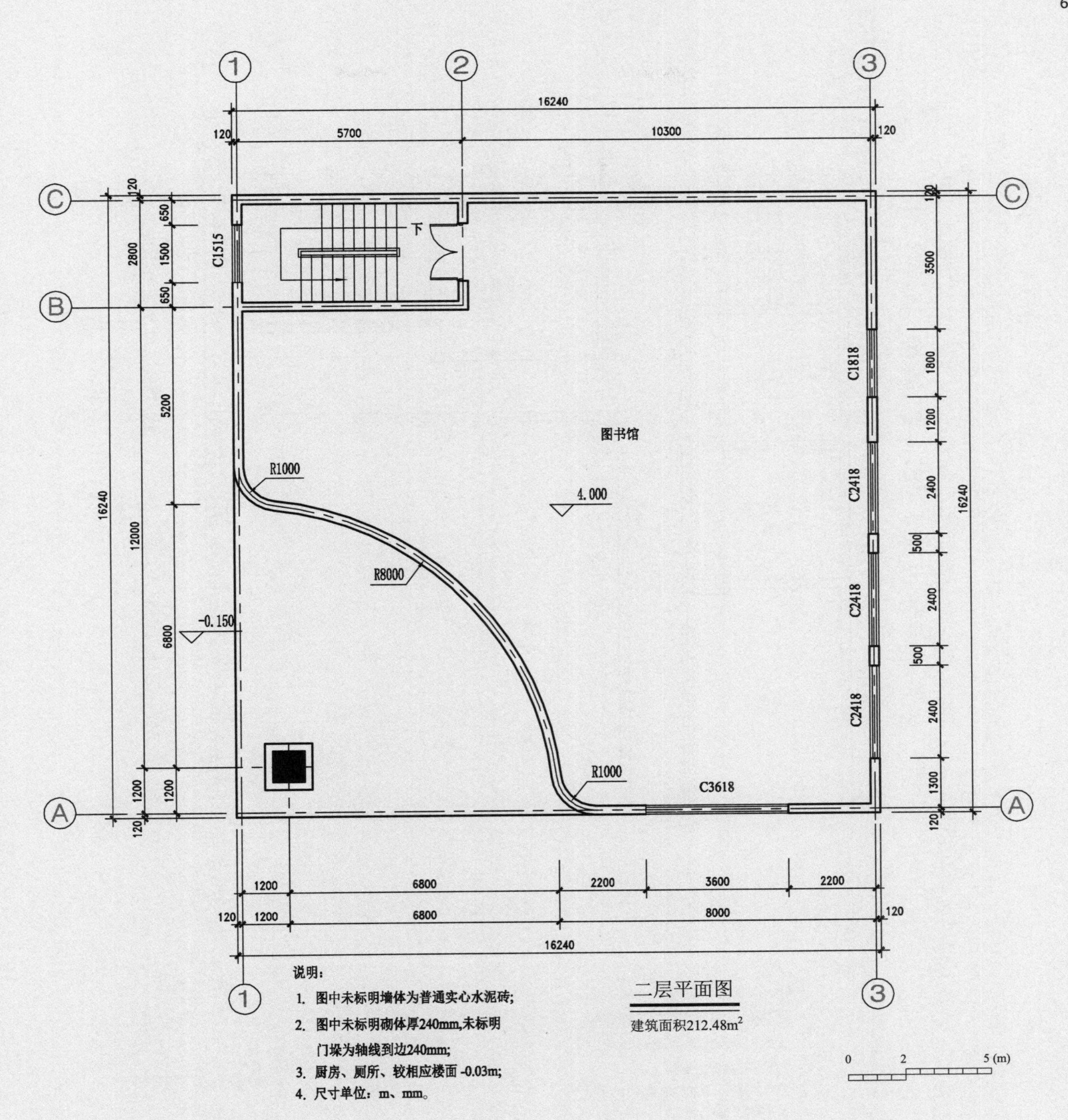
图书馆
4.000
-0.150
R1000
R8000
R1000
C1515
C1818
C2418
C2418
C2418
C3618
下
16240
5700
10300
120
1200
6800
2200
3600
2200
8000
2800
650
1500
5200
12000
6800
3500
1800
1200
2400
500
1300
说明：
1. 图中未标明墙体为普通实心水泥砖；
2. 图中未标明砌体厚240mm,未标明门垛为轴线到边240mm；
3. 厨房、厕所、较相应楼面 -0.03m；
4. 尺寸单位：m、mm。
二层平面图
建筑面积212.48m2
0 2 5 (m)

↑ 图书馆二层平面图

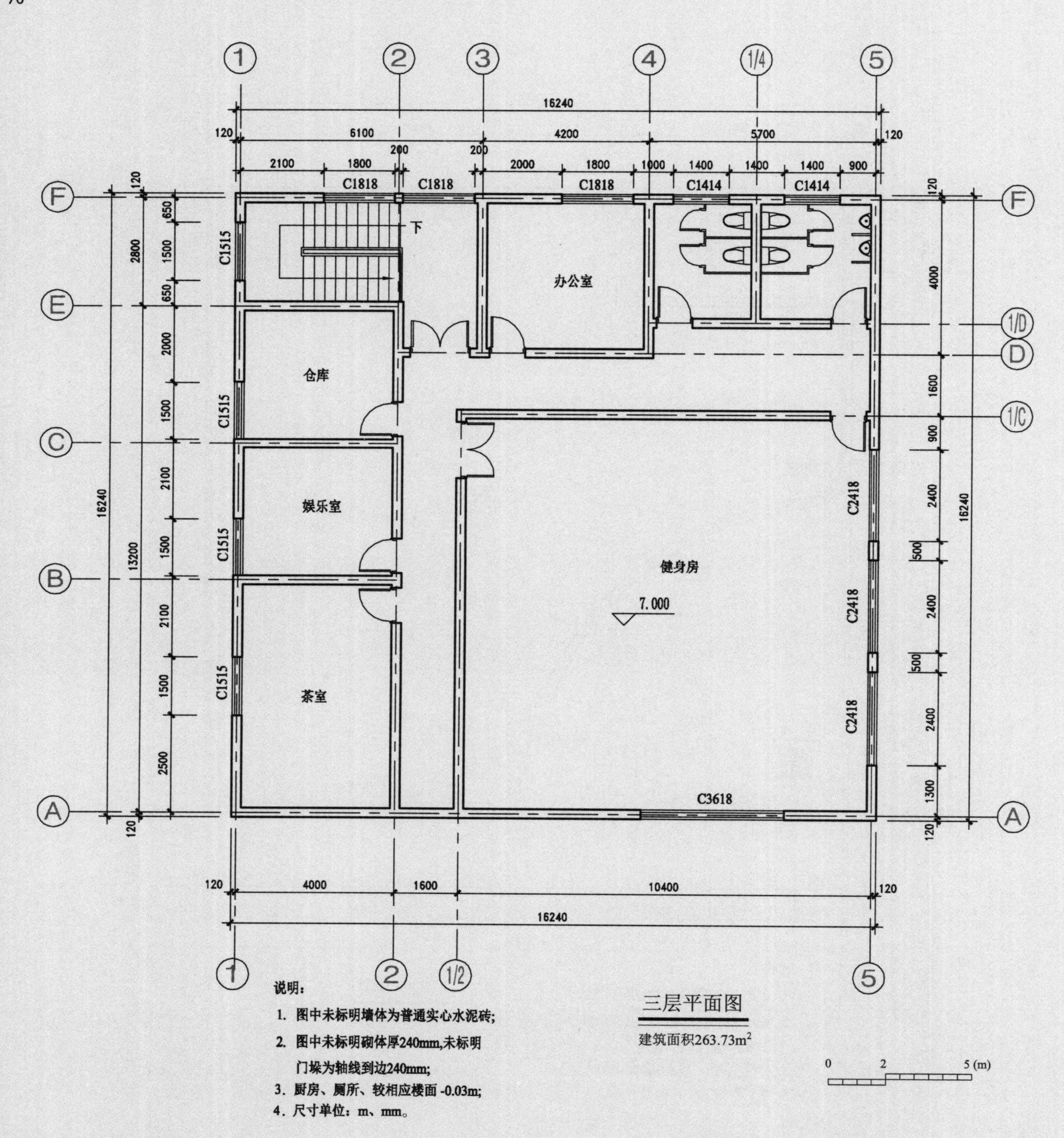
办公室
仓库
娱乐室
茶室
健身房
下
7.000
C1818
C1414
C1515
C2418
C3618
16240
三层平面图
建筑面积263.73m²
说明：
1. 图中未标明墙体为普通实心水泥砖;
2. 图中未标明砌体厚240mm,未标明门垛为轴线到边240mm;
3. 厨房、厕所、较相应楼面 -0.03m;
4. 尺寸单位：m、mm。
0 2 5 (m)

↑ 图书馆三层平面图

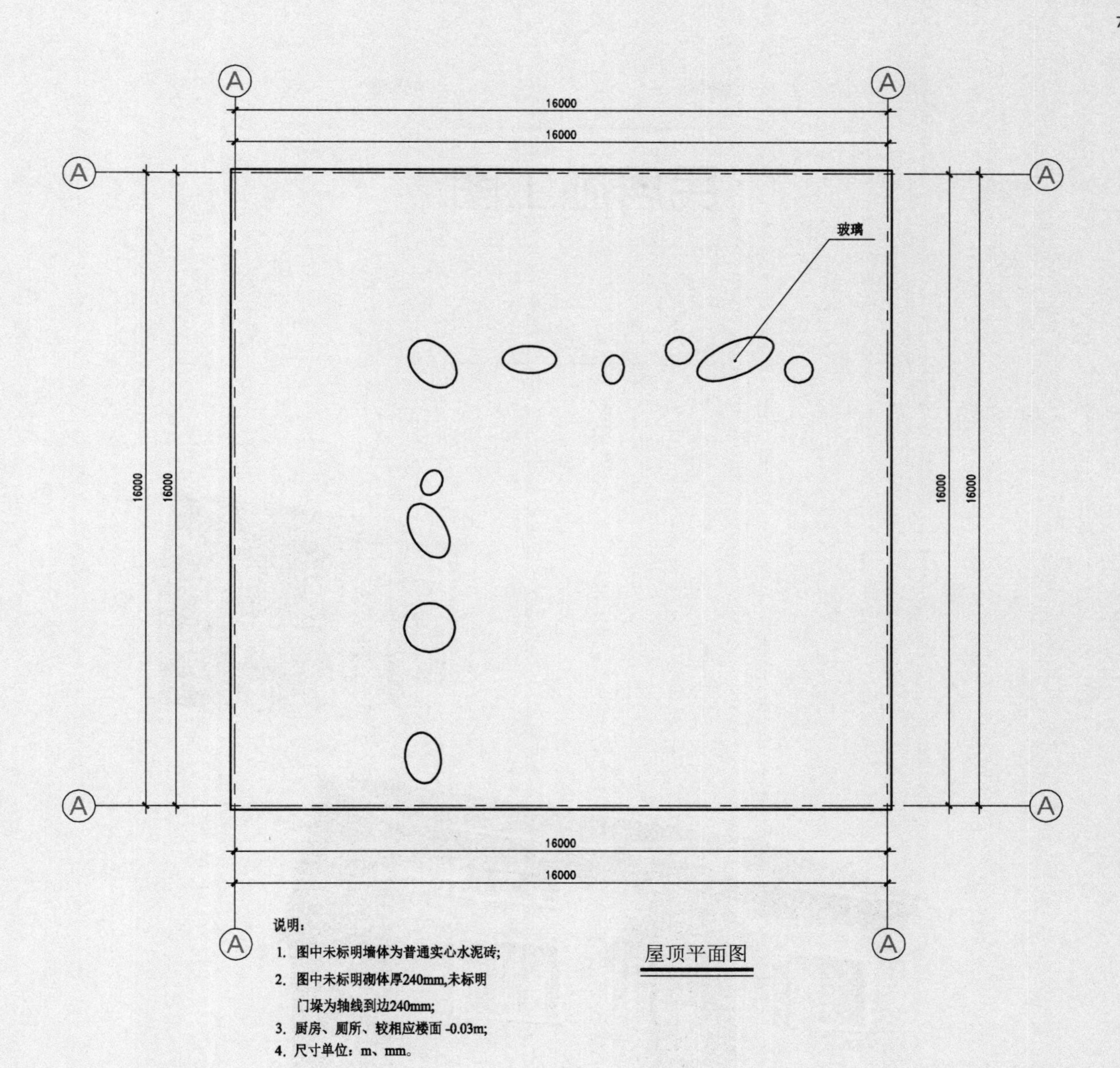
A
A
16000
16000
A
A
玻璃
16000
16000
16000
16000
A
A
16000
16000
A
A
说明：
1. 图中未标明墙体为普通实心水泥砖;
2. 图中未标明砌体厚240mm,未标明
门垛为轴线到边240mm;
3. 厨房、厕所、较相应楼面 -0.03m;
4. 尺寸单位：m、mm。
屋顶平面图
0
2
5 (m)

↑ 图书馆屋顶平面图

民居施工图

户型 1

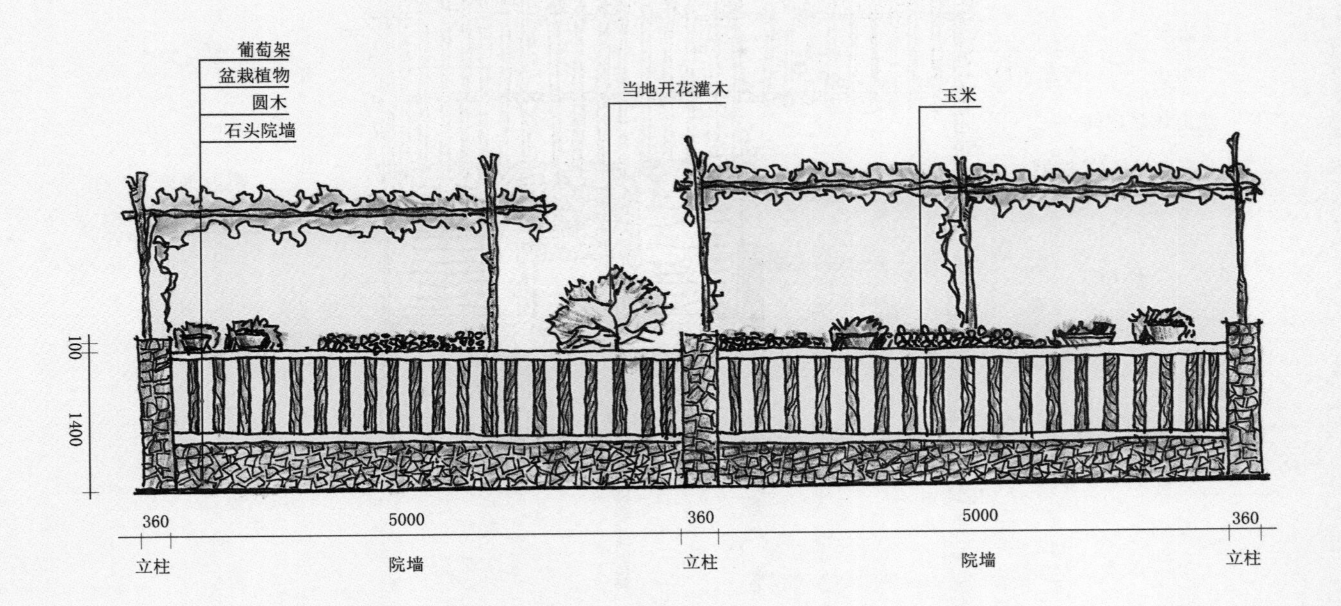
葡萄架
盆栽植物
圆木
石头院墙
当地开花灌木
玉米
100
1400
360
5000
360
5000
360
立柱
院墙
立柱
院墙
立柱

↑ 户型 1 院落景观图

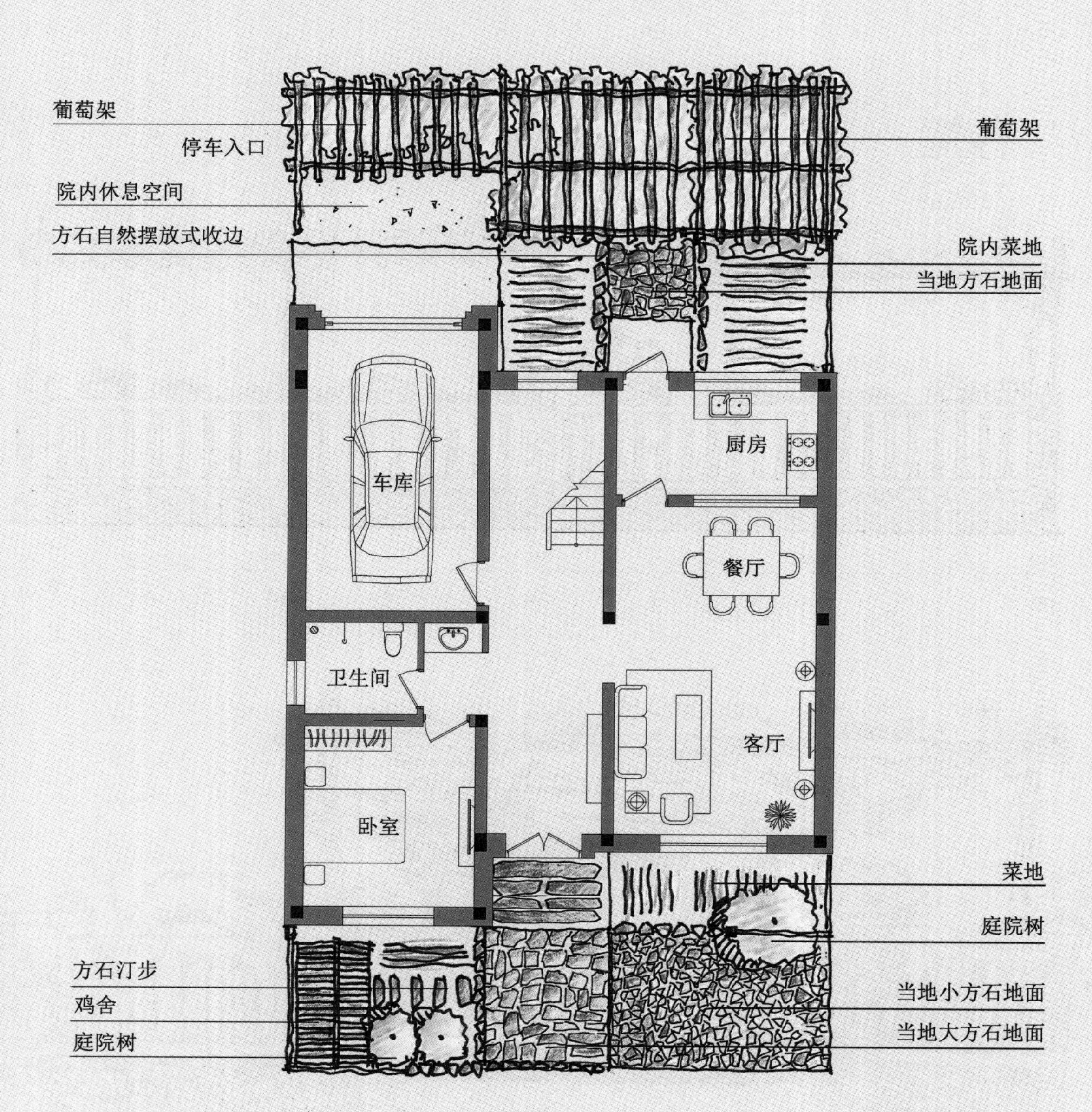
葡萄架
停车入口
院内休息空间
方石自然摆放式收边
葡萄架
院内菜地
当地方石地面
厨房
车库
餐厅
卫生间
客厅
卧室
菜地
庭院树
方石汀步
鸡舍
庭院树
当地小方石地面
当地大方石地面
大门入口

↑ 户型 1 院落平面图

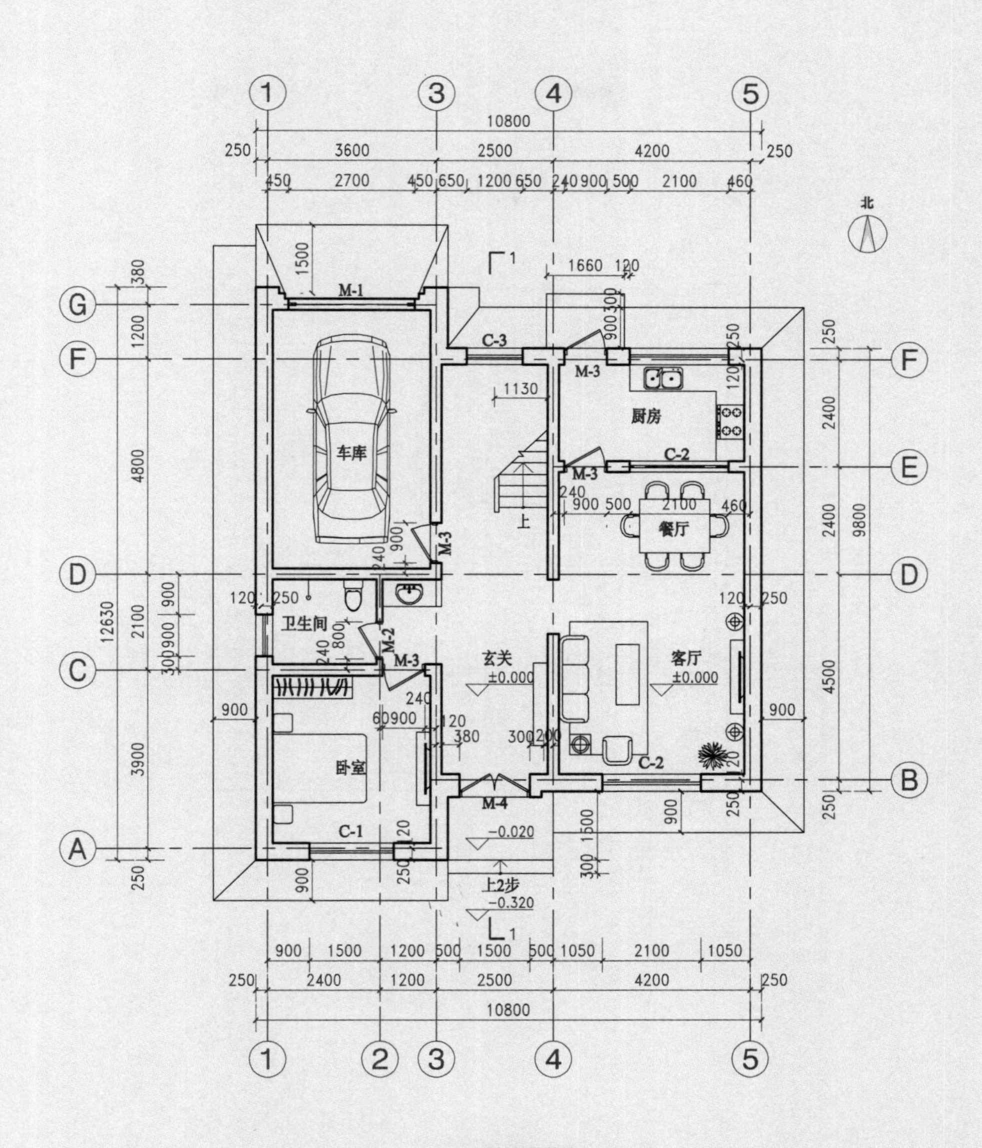

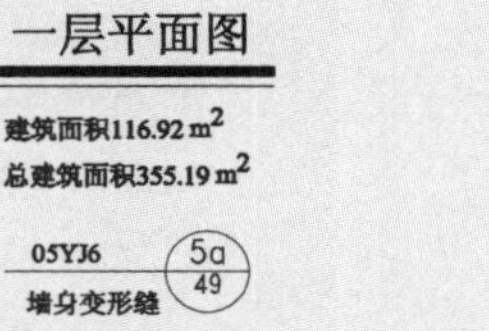

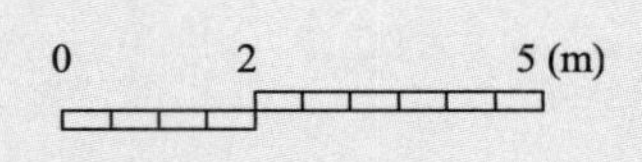

户型 1 建筑施工图 / 一层平面图

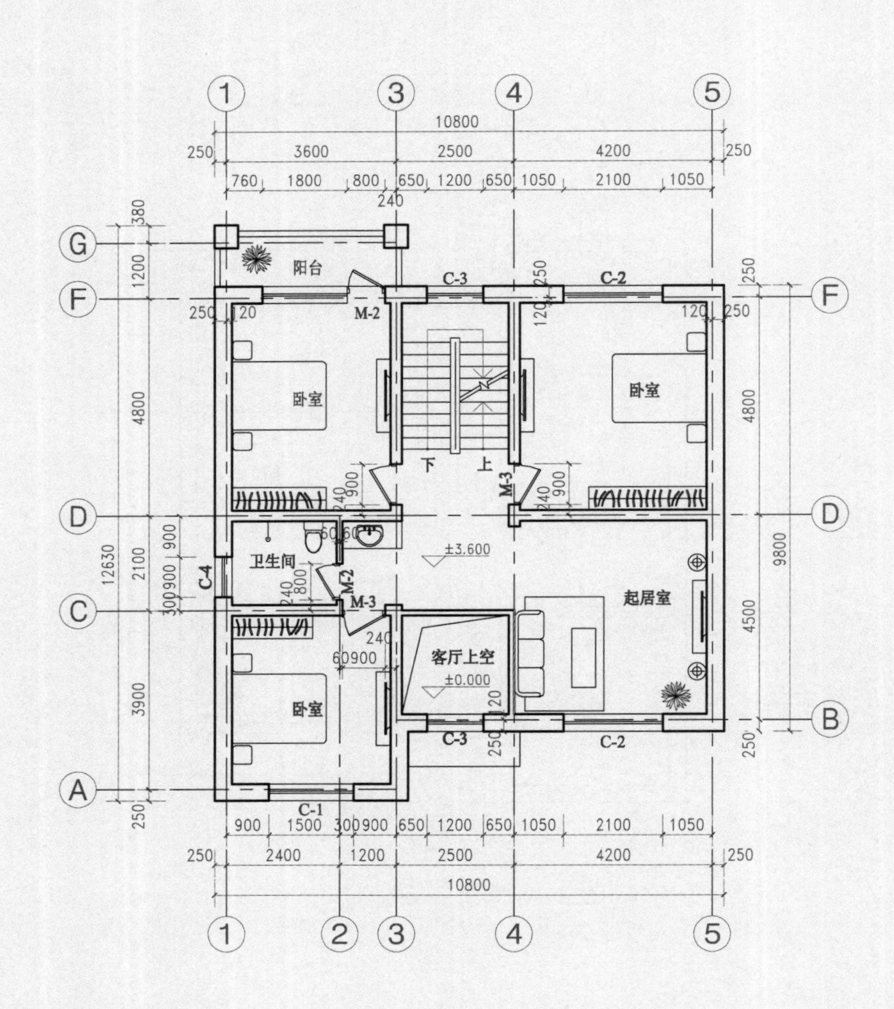

二层平面图

建筑面积106.30 m²

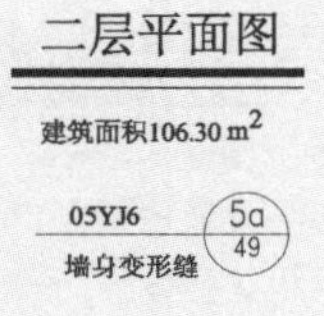

↑ 户型 1 建筑施工图 / 二层平面图

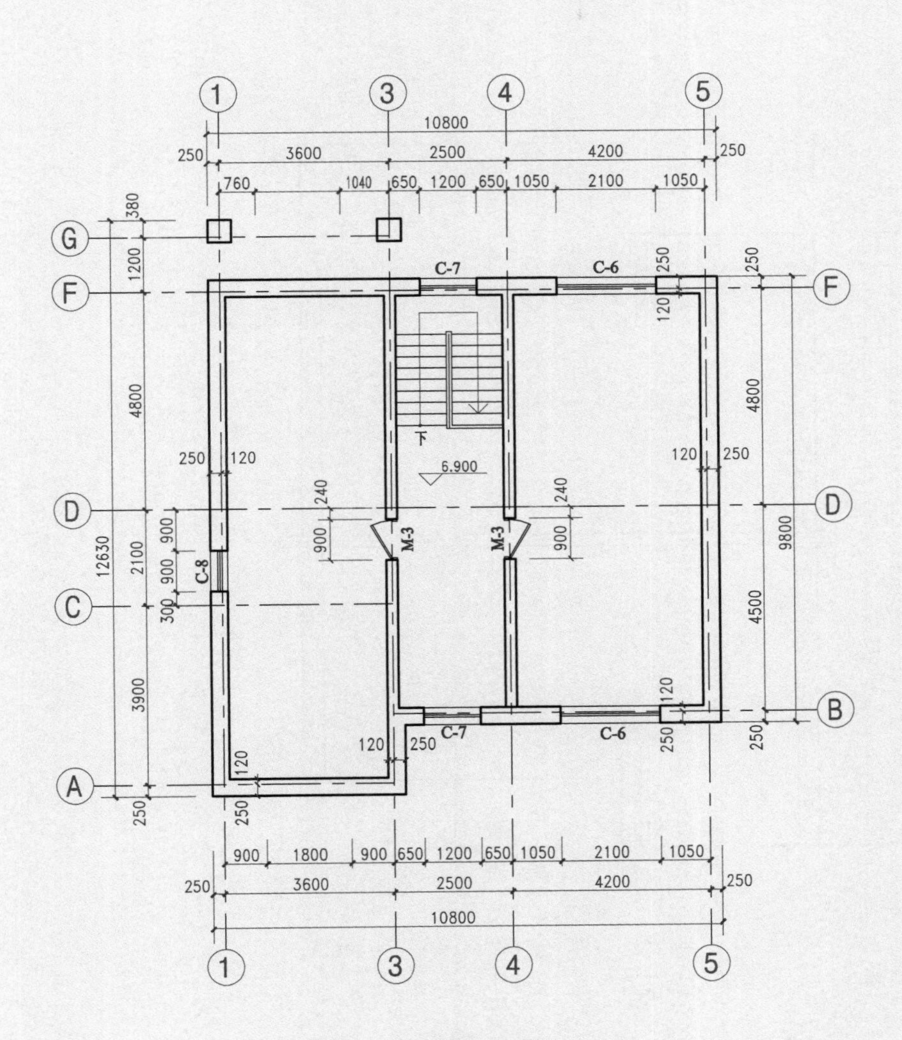

阁楼层平面图

建筑面积111.97 m^2

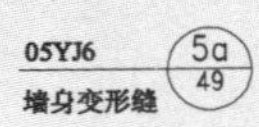

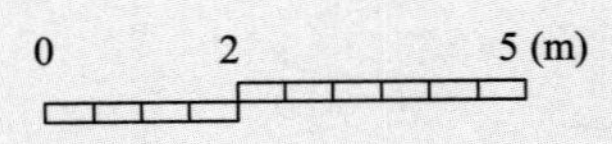

↑ 户型 1 建筑施工图 / 阁楼层平面图

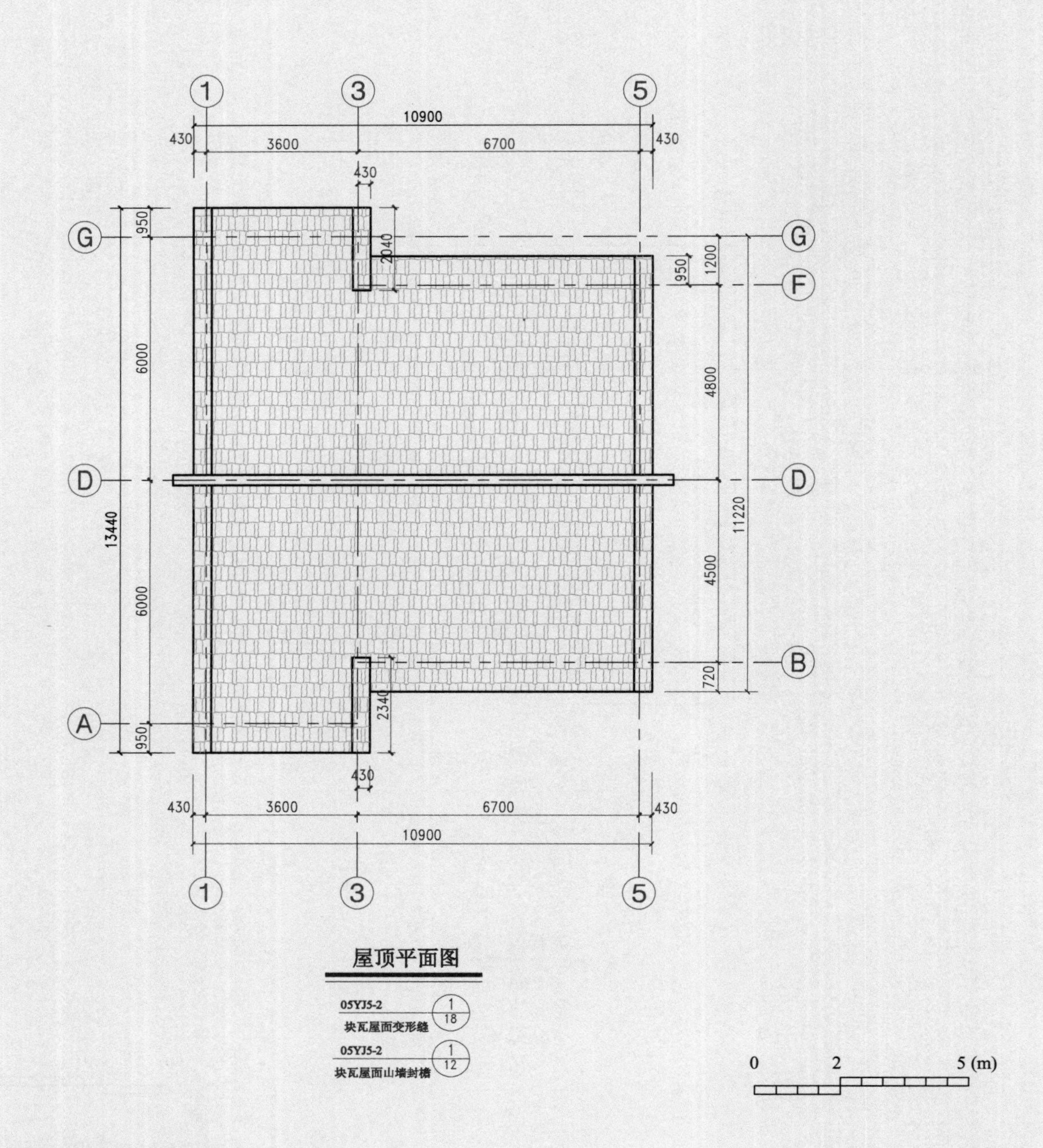

↑ 户型 1 建筑施工图 / 屋顶平面图

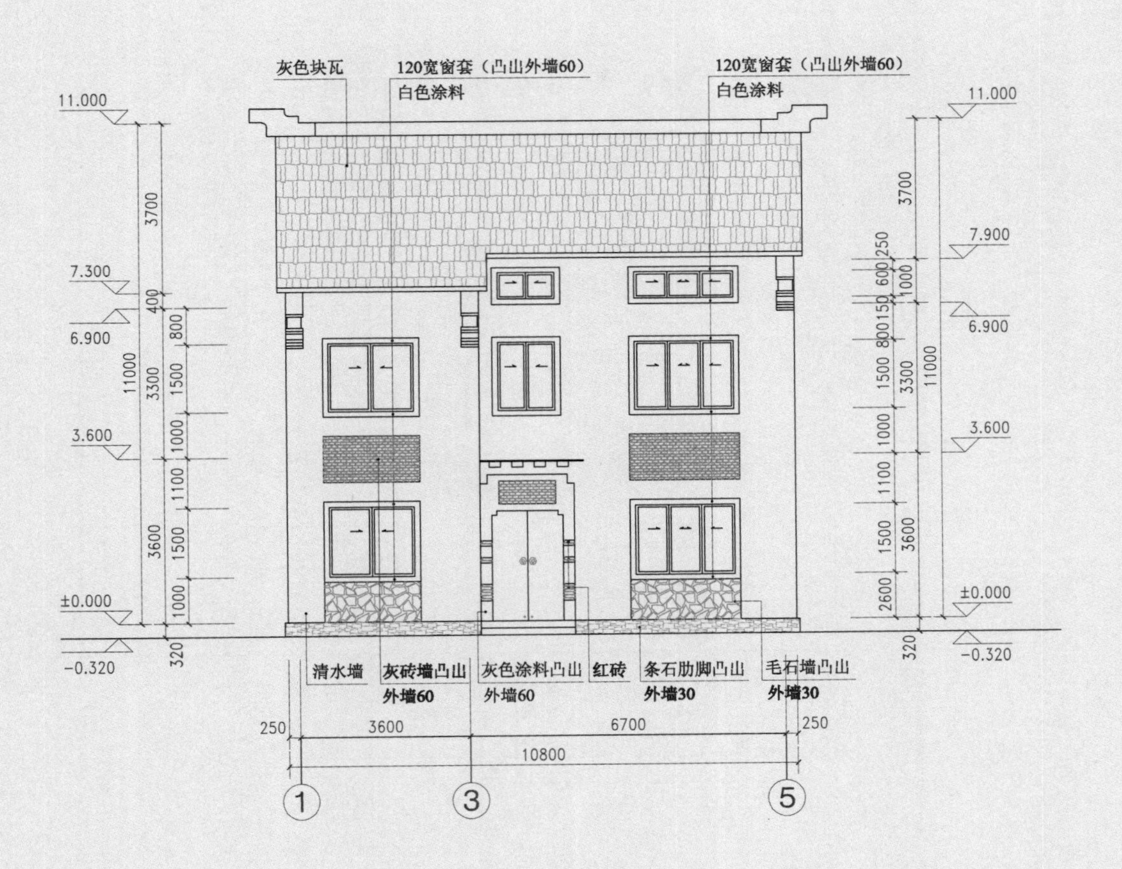

1-5轴立面图

未注明墙体为清水墙

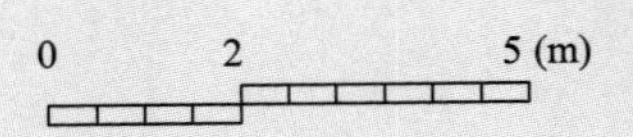

↑ 户型 1 建筑施工图 /1-5 轴立面图

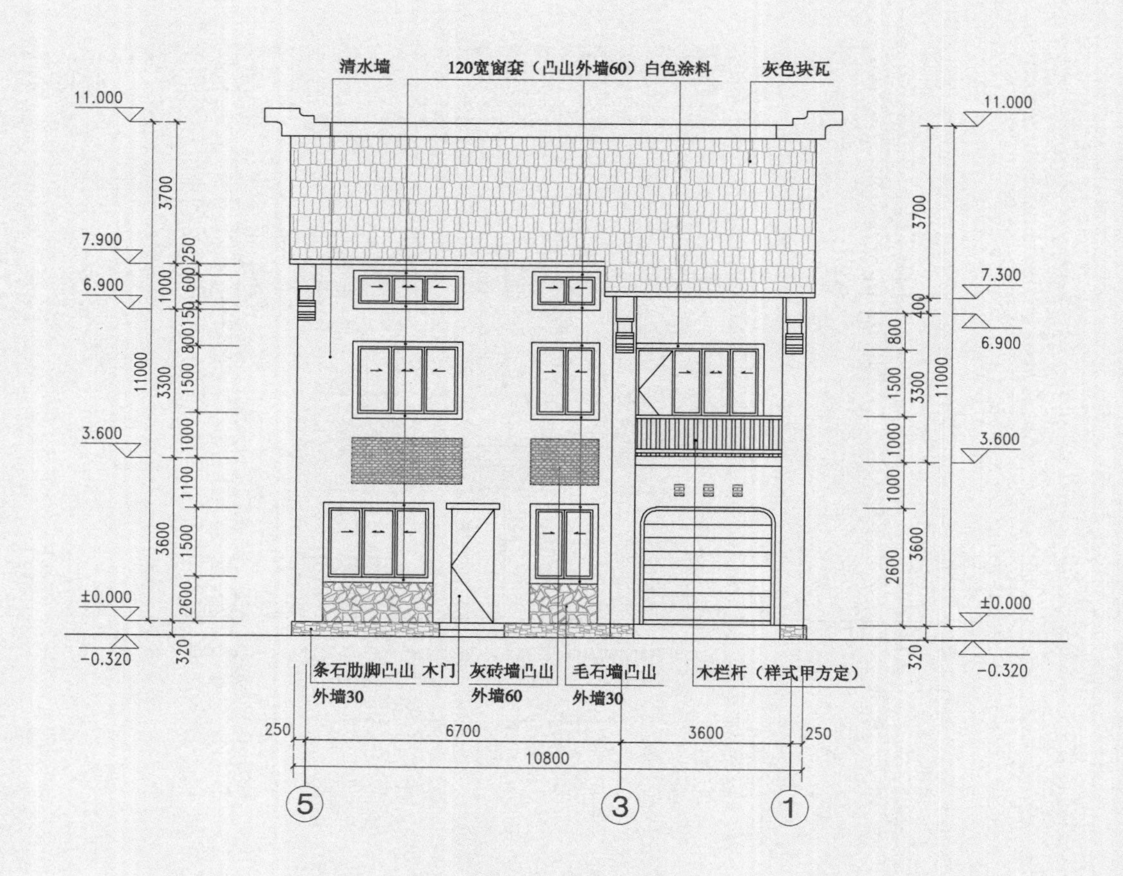

5-1轴立面图

未注明墙体为清水墙

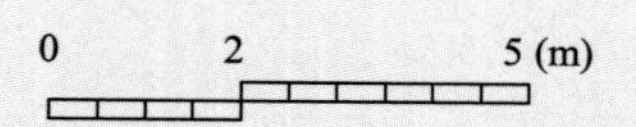

↑ 户型 1 建筑施工图 /5-1 轴立面图

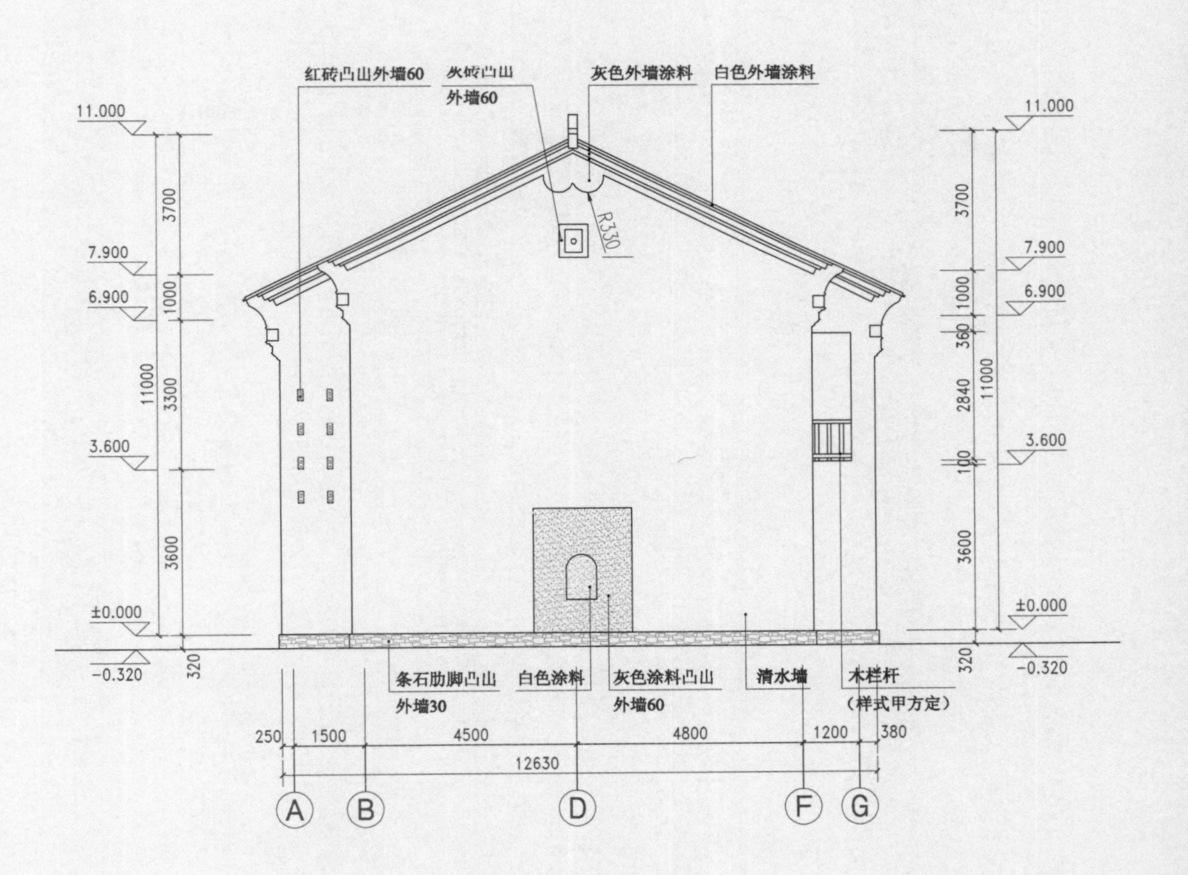

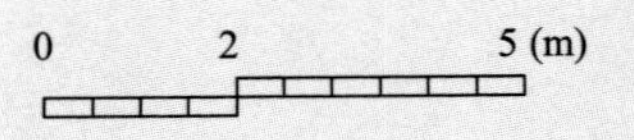

↑ 户型 1 建筑施工图 /A-G 轴立面图

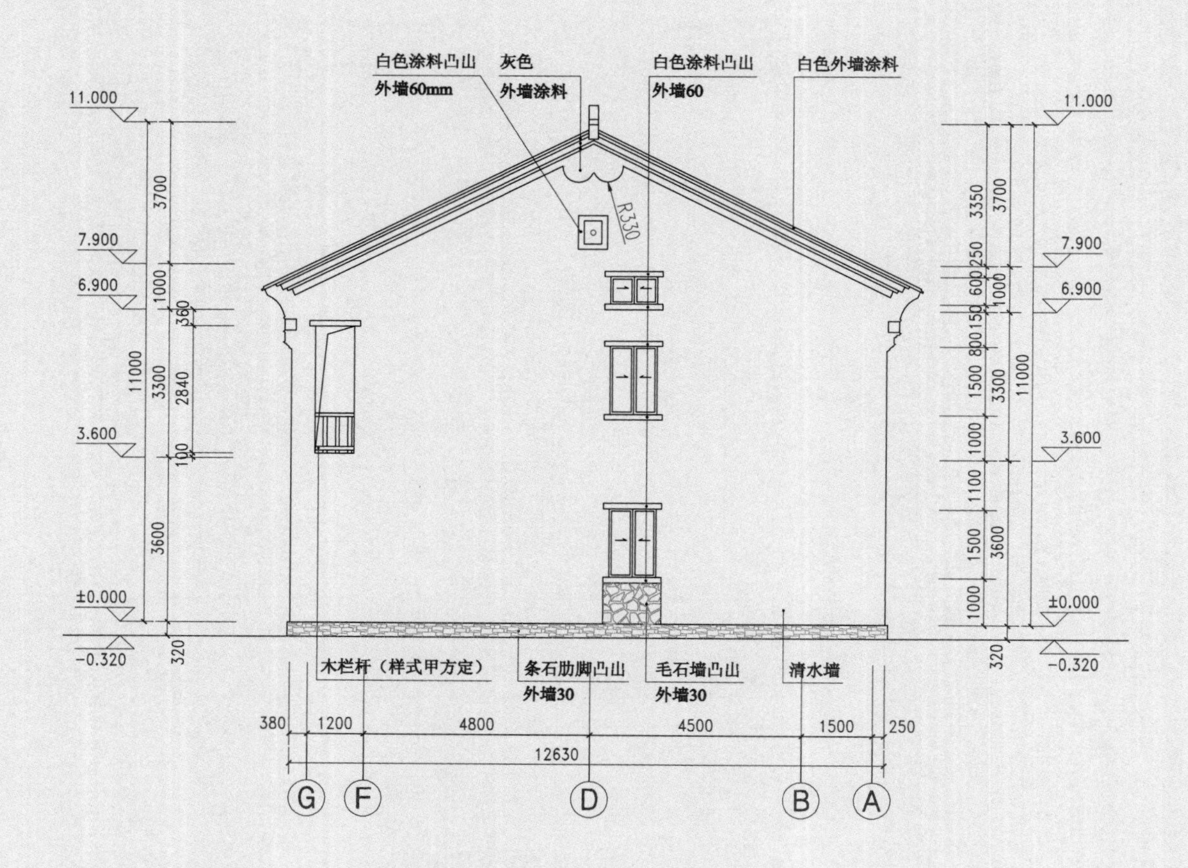

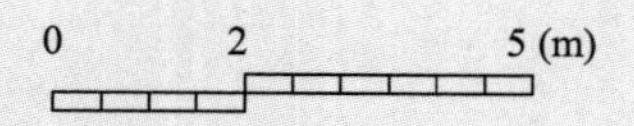

↑ 户型 1 建筑施工图 /G-A 轴立面图

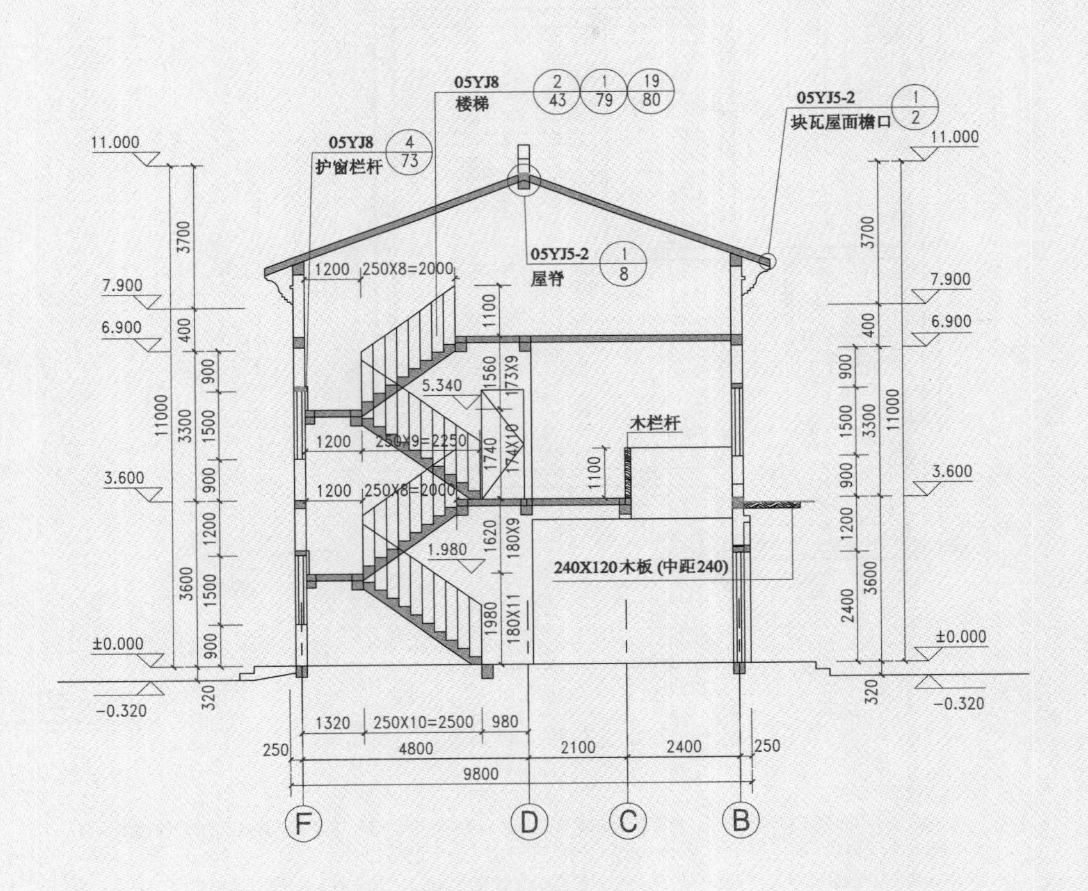

1-1剖面图

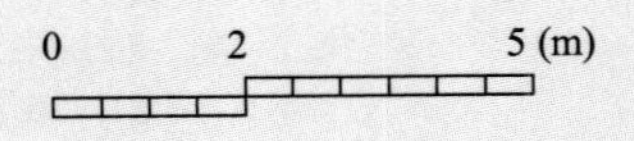

↑ 户型 1 建筑施工图 /1-1 剖面图

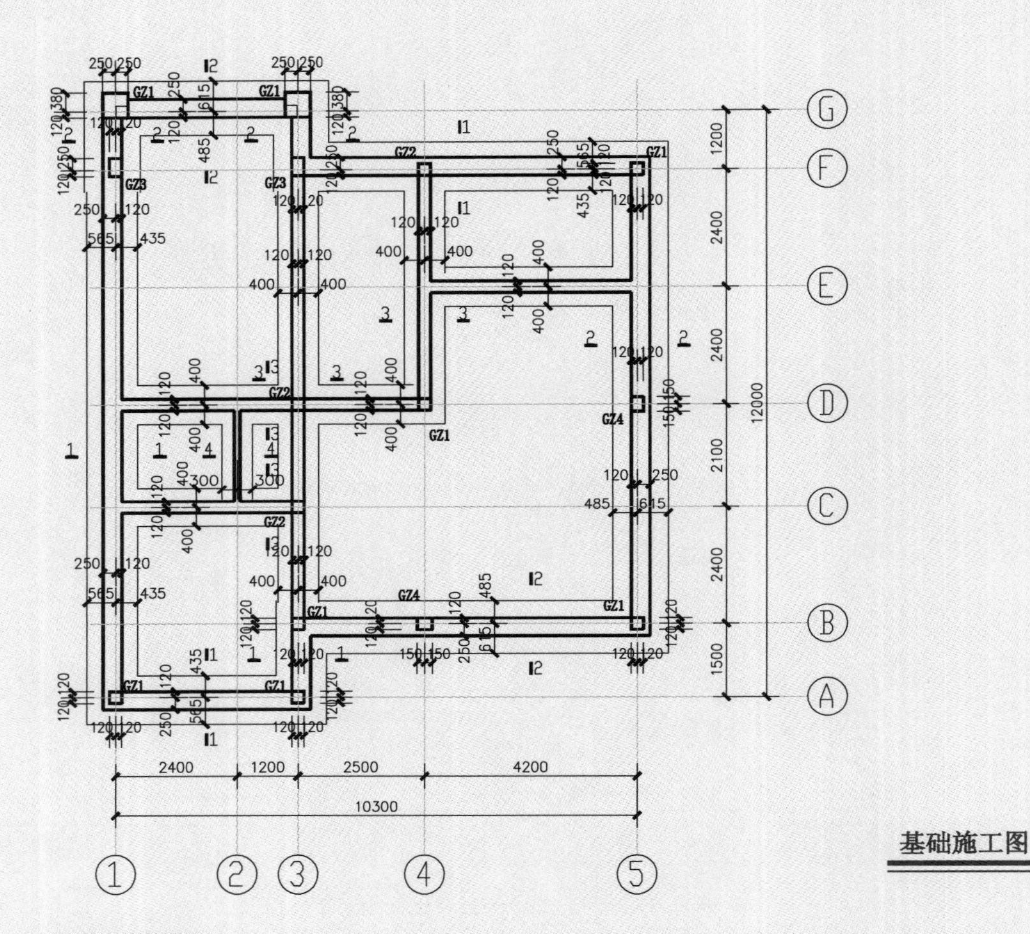

膨胀土地基设计说明：

1. 基础底部下设300厚的中粗砂垫层，每边宽于基础300,垫层压实系数不小于0.97；两侧宜采用与垫层相同的材料回填，并做好防水处理。
2. 基础施工宜采用分段快速作业法，施工过程中不得使基坑(槽)曝晒或泡水；雨季施工应采取防水措施。
3. 基础施工出地面后，基坑(槽)应及时分层回填完毕，填料可选用非膨胀土、弱膨胀土及掺有石灰或其它材料的膨胀土，每层虚铺厚度300mm,选用弱膨胀土作填料时，其含水量宜为1.1~1.2倍的塑限含水量，回填夯实土的干密度不应小于1550kN/m^3。
4. 外墙四周设置1500mm宽散水，散水设计宜符合下列规定：
1）散水面层采用C15混凝土，其厚度为90mm；
2）散水垫层采用2:8灰土或三合土，其厚度为150mm；
3）散水伸缩缝间距可为3m，并与水落管错开；
5. 未尽事宜，必须按《膨胀土地区建筑技术规范》(GBJ112-1987)施工。

↑ 户型 1 结构施工图 / 基础施工图

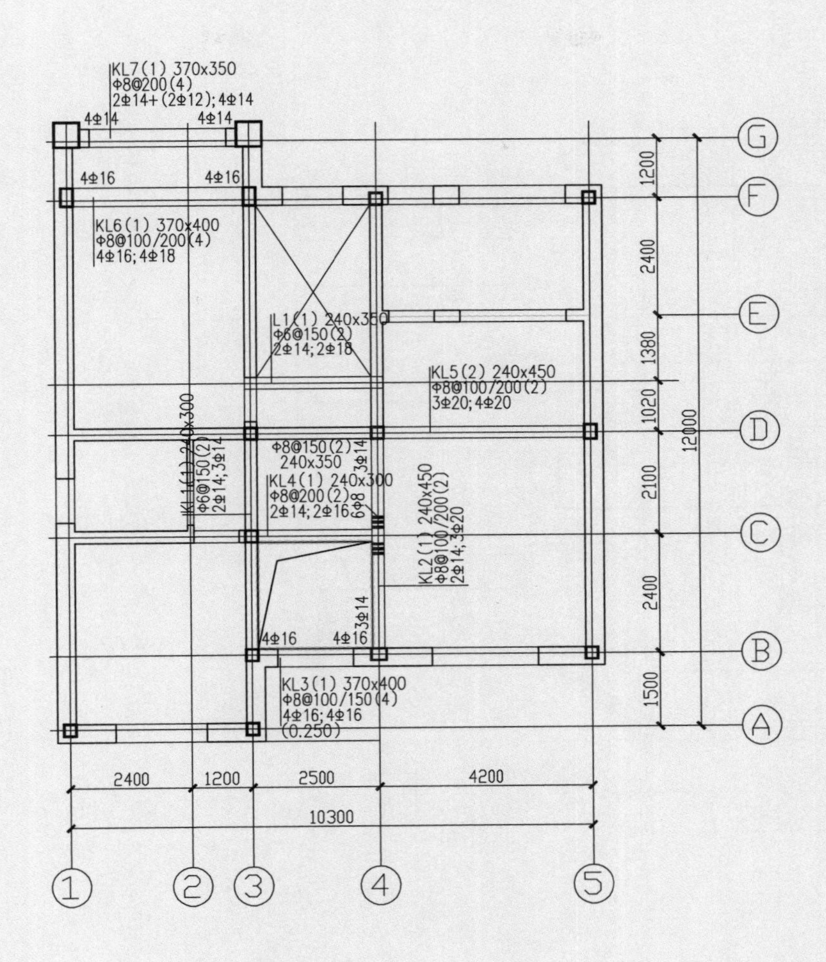

3.570层梁结构平面图

1. 构造柱注明按对应层的结构平面图执行。
2. 梁平法按国标11GB101-1施工。

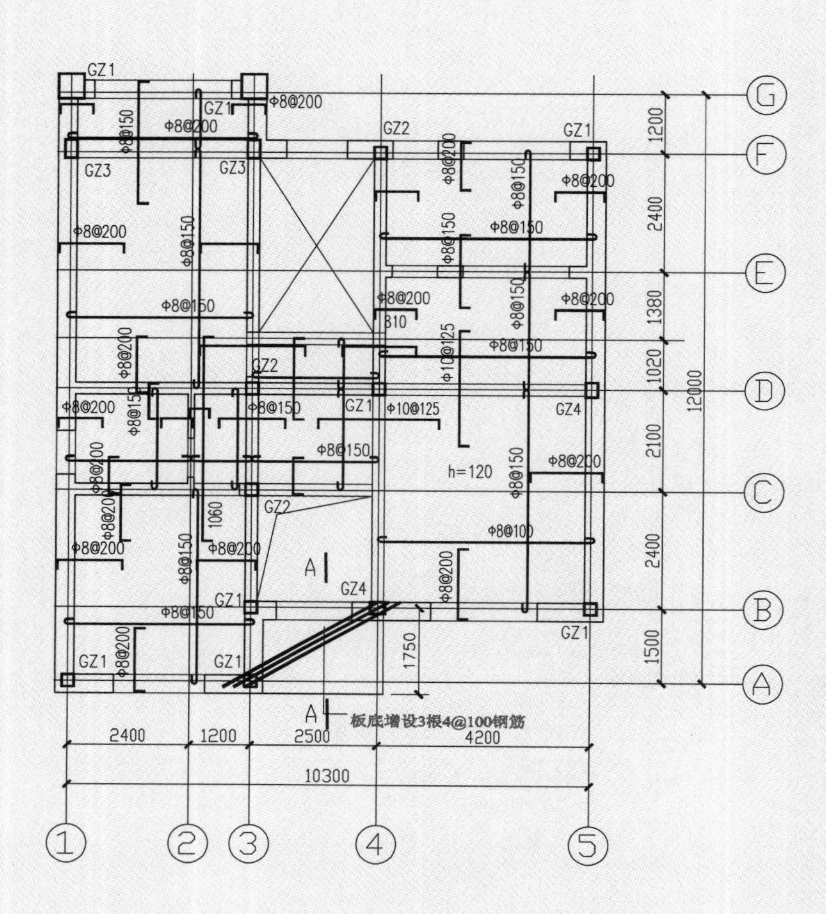

3.570层结构平面图

1. 卫生间楼板低于其它楼板90mm。
2. 现浇板厚度均为120mm.
3. 厨房、阳台楼板低于其它楼板20mm。
4. 板面高差不大于50mm时，板面负筋不必断开，可弯折而行。

↑ 户型 1 结构施工图 /3.570 层结构平面图

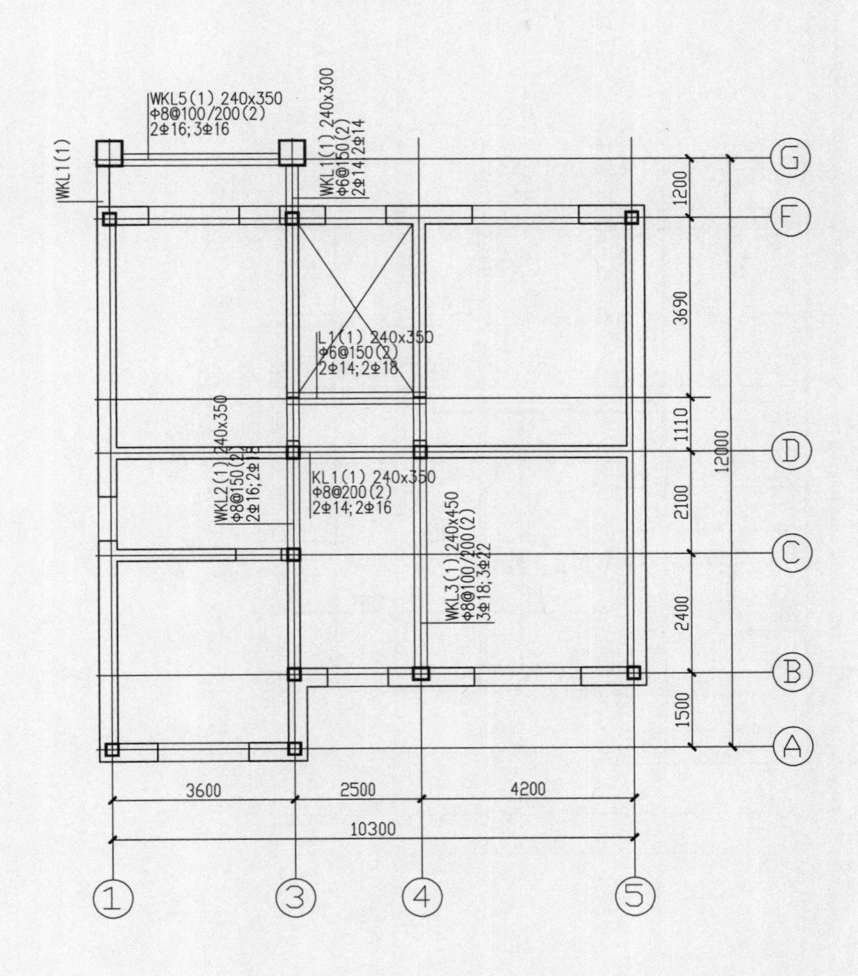

6.870层梁结构平面图

1. 构造柱注明按对应层的结构平面图执行。
2. 梁平法按国标11GB101-1施工。

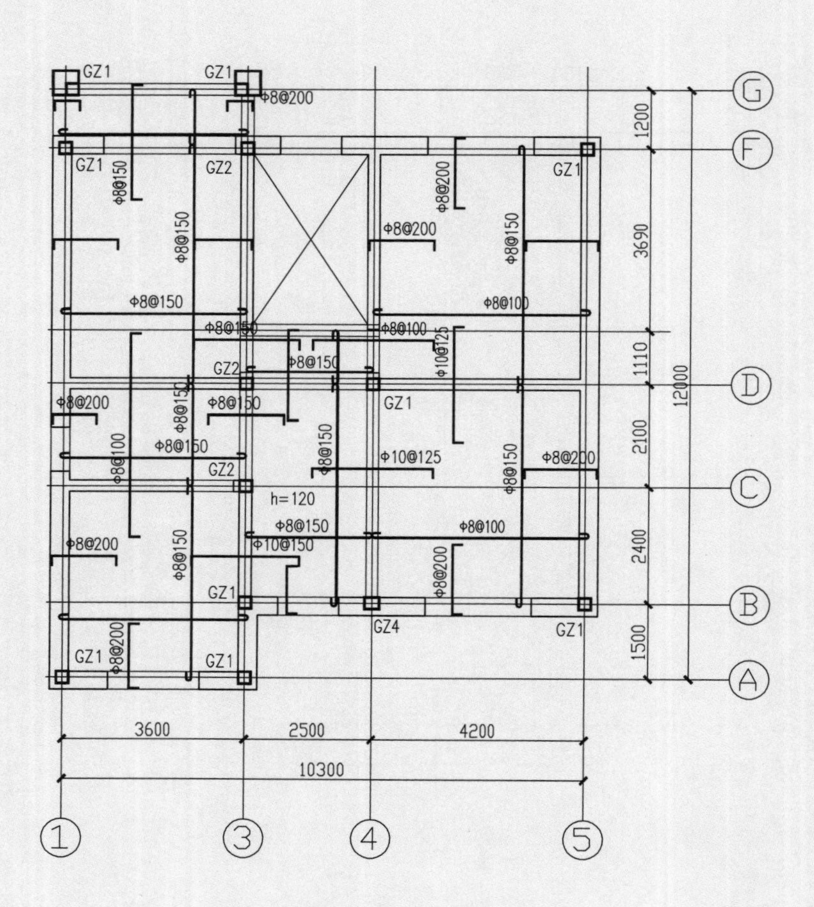

6.870层结构平面图

现浇板厚度均为120mm。

↑ 户型 1 结构施工图 /6.870 层结构平面图

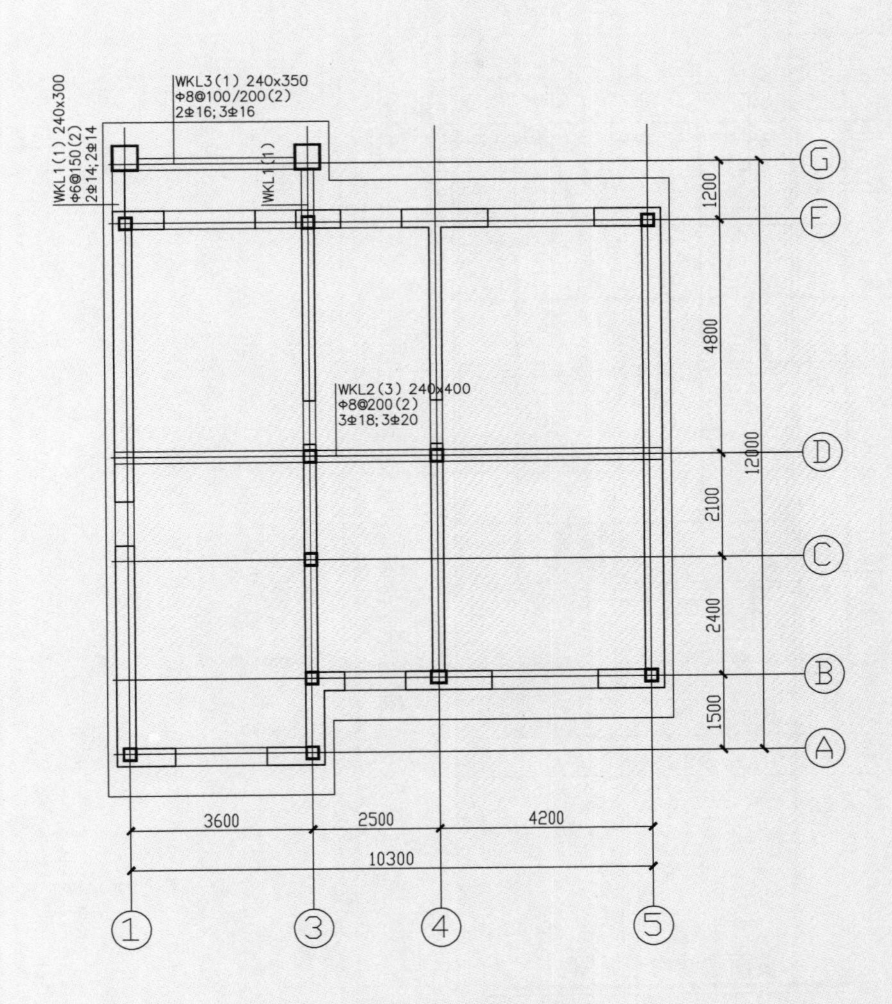

坡面层梁结构平面图

1. 所有的WKL均为梁、板结构且随坡或随脊走。
2. 梁平法按国标11GB101-1施工。

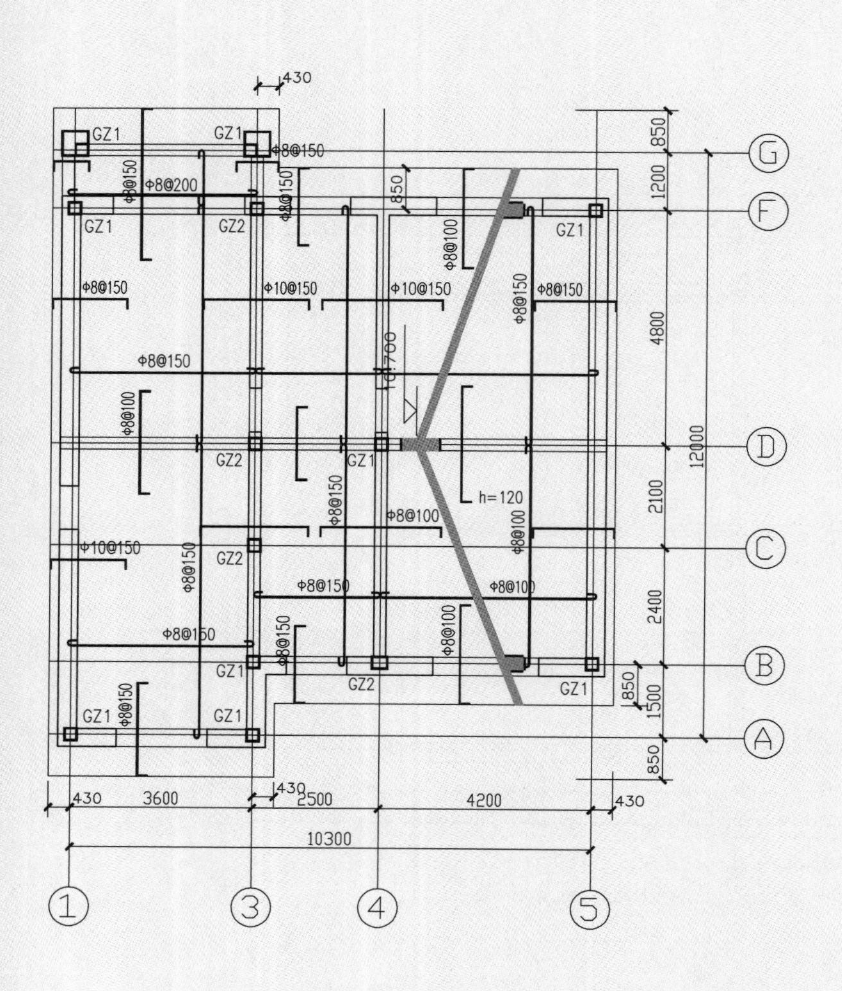

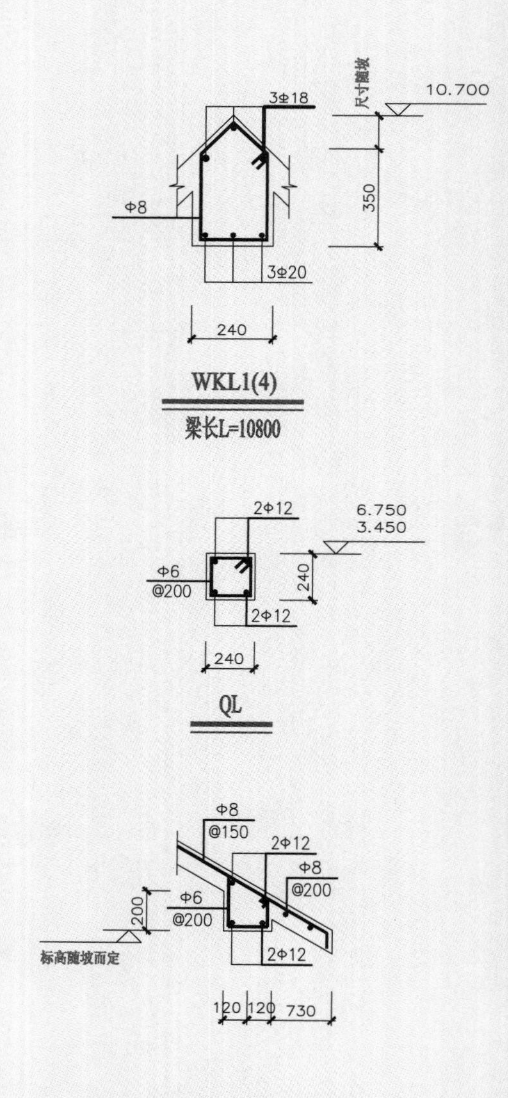

坡面层结构平面图

1. 屋面支座钢筋间隔通长设置作为温度控制钢筋。
2. 挑檐各转角（阳角）板面均增设3根射向钢筋，长度均为1800mm。
3. 现浇板厚度均为120mm。

↑ 户型 1 结构施工图 / 坡面层结构平面图

户型 1 单位工程费用汇总表

建筑设计说明
1 设计依据:
1.1 根据建设单位提供的设计任务书及认可的建筑设计方案。
1.2 双方签定的工程设计合同，建设单位提供的相关技术资料。
1.3 建设单位提供的相关技术资料:
<民用建筑设计通则> GB50352-2005
<建筑设计防火规范> GB 50016-2006
《2003全国民用建筑设计技术措施规范.建筑》
《05系列工程建设标准设计图集》DBJT19-20-2005
以及国家和地方现行的有关设计规范和标准.
2 项目概述:
2.1 本项目名称:
淅川县九重镇陶岔新型农村社区（户型 1）
2.2 本工程每户建筑面积216.49平方米，两层住宅.
建筑耐火等级为四级; 工程设计合理使用年限为50年.
2.3 本工程主要结构类型:砖混结构.
2.4 抗震设防烈度低于6度.
3 设计标高:
3.1 本工程+0.000标高现场定。
3.2 本图标高以m为单位，其它尺寸以mm为单位。
4 墙体:
4.1 (1) 本工程墙体材料采用:蒸压灰砂砖.
(2) 建筑内的隔墙应砌至梁,板底部,缝隙处应填实.
4.2 门窗或墙洞过梁选用及做法,详见结构专业有关图纸.
4.3 未标注墙体均为240厚蒸压灰砂砖,且轴线居中.
4.4 所有木构件均做防腐处理;预埋铁件除锈后刷红丹防锈漆二遍.
5 屋面:
5.1 本工程的屋面防水等级为Ⅲ级，防水层合理使用年限为10年.
5.2 屋面排水方式详见工程设计屋顶平面图.

建筑设计说明

6 门窗:

6.1 本工程设计中仅做门窗数量和立面分格及开启形式要求,塑钢门窗框料颜色为灰白色.门窗的基本性能指标（风压强度、气密性、水密性），断面系列及构造应满足有关规范要求，由生产厂家提供加工图纸及质量标准，并配齐五金零件,和校核数量经设计和使用单位认可后方可施工安装。

6.2 图中所注尺寸均为洞口尺寸，门窗加工尺寸要按照装修面厚度由承包商予以调整；

6.3 门的洞口尺寸仅开启方向不同时，本设计均采用统一编号，按平面图所示方向进行加工和安装；

6.4 所有门窗及外窗均立樘中，窗户采用塑钢单框单玻、5厚无色透明浮法玻璃.开启方式采用推拉窗,所有开启的窗扇均设纱窗.

6.5 塑钢推拉窗必须设置防脱落装置。

7 室内、外装修:

7.1 室内、外装修做法,除本说明交待外,其余均见建筑装修表及有关设计图纸；

7.2 外墙面粉刷及贴面材料部位及要求详见立面图.

7.3 各类管线及灯具等必须严格控制标高,以保证今后使用要求和有利于二次装修的进行.

7.4 装饰材料须经设计及建设单位确定,并需做小面积施工样板,共同商定后方可大面积施工.

8 油漆:

8.1 凡金属制品，露明部分除锈后用红丹（防锈漆）打底刷白色醇酸磁漆二度。非露明部分除锈后刷红丹防锈漆二度。

9 其它事项:

9.1 图中构造柱以结构为准。门窗数量以实际为准。

9.2 本工程设计中未尽事宜均应遵循有关施工规范，或与设计人员协商后方能施工。未经设计许可或技术鉴定，不得改变各功能空间使用用途。

构造做法表				
编号	名 称	使用部位	内 容	备注
地1	水泥砂浆地面	所有地面	20 厚1:2 水泥砂浆抹面压光	
			素水泥浆结合层一遍	
			60 厚C10 混凝土	
			素土夯实	
楼1	水泥砂浆楼面	所有楼面	20 厚1:2 水泥砂浆抹面压光	
			素水泥浆结合层一遍	
			钢筋混凝土楼板	
平屋1	雨篷	雨篷	20 厚最薄处1:2.5 水泥砂浆面层	
			（加3% 防水粉）坡向出水口	
			钢筋混凝土板	
内墙1	水泥砂浆墙面（乳胶漆涂料）	厨房，卫生间内墙	15 厚1：3 水泥砂浆	
			5 厚1：2 水泥砂浆	
			满刮腻子一遍	
			刷底漆一遍	
			乳胶漆两遍成活	
内墙2	混合砂浆墙面（乳胶漆涂料）	其它内墙	15 厚1：1：6 水泥石灰砂浆	
			5 厚1：0.5 ：3 水泥石灰砂浆	
			满刮腻子一遍	
			刷底漆一遍	
			乳胶漆两遍成活	
外墙1	涂料外墙（外墙涂料）	所有外墙	12 厚1：1：6 水泥石灰砂浆	15mm宽灰色外墙分格条位于层高处
			8 厚1：1：4 水泥石灰砂浆	
			喷或滚刷底涂料一遍	
			喷或滚刷底涂料两遍	

构造做法表

编号	名　称	使用部位	内　容	备注
顶棚1	混合砂浆顶棚 （乳胶漆涂料）	其它顶棚	7 厚1：1：4 水泥石灰砂浆 5 厚1：0.5 ：3 水泥石灰砂浆 局部刮腻子，砂纸磨平 刷底漆一遍 乳胶漆两遍成活	
顶棚2	水泥砂浆顶棚 （乳胶漆涂料）	厨房，卫生间 顶棚	钢筋混凝土楼底板清理干净板 7 厚1：1：4 水泥石灰砂浆 5 厚1：0.5 ：3 水泥石灰砂浆 局部刮腻子，砂纸磨平 刷底漆一遍 乳胶漆两遍成活	
裙1	釉面砖墙裙	厨房.卫生间 墙裙	15 厚1:3 水泥砂浆 刷素水泥浆一层 3 厚1：1水泥砂浆加水重20%建筑胶镶贴 5 厚釉面砖，白水泥浆擦缝	H=1800
踢1	水泥砂浆踢脚	所有房间	15 厚1:3 水泥砂浆 100 厚1:2 水泥砂浆抹面压光	H=120
台1	水泥砂浆台阶	所有台阶	20 厚1:2 水泥砂浆抹面压光 M5.0 砂浆砌砖台阶 300 厚3:7 灰土(不包括踏步三角部分) 素土夯实	
散1	混凝土散水	所有散水	60厚C15混凝土，面上加5厚1:1水泥砂浆 随打随抹光 150 厚粗砂振实 素土夯实，向外坡4%	B=900 伸缩缝间距为3米

木屋面说明:
1 屋面材料：木材均采用一级杉木，不能使用节子多，已变色腐朽和裂纹
严重的木材。木屋架搁置在墙内部份，必须涂刷热沥青两遍，以防受潮腐烂，
屋架铁件均应刷一道防锈漆，并刷调和漆两遍。
2 本木结构，不适用于有高温，高湿，侵蚀气体和存放易燃物品的房屋。
3 木构件的尺寸指梢径。
4 木材为杉木，钢材为A3。
5 未尽事宜按国家《木结构工程施工和验收规范》及相关规范规程施工。

图纸目录

1	建施 1	建筑设计说明	构造作法表	A2
		图纸目录	门窗表	
2	建施 2	一层平面	二层平面	A2
3	建施 3	正立面　　背立面	左.右侧立面	A2
4	建施 4	屋顶平面	1-1剖面	A2
		节点大样		

门　窗　表（两联户）

类别	设计编号	洞口尺寸　　(mm)		数量	采用标准图集及编号	备注
		宽	高			
门	M-1	2700	2400	1	车库卷帘门	
	M-2	800	2400	3	参 05YJ4-1,1PM-0824	
	M-3	900	2400	7	参 05YJ4-1,1PM-0924	
	M-4	1500	2400	1	参 05YJ4-1,1PM-1524	
窗	C-1	1800	1500	3	参 05YJ4-1,1TC-1815	
	C-2	2100	1500	5	参 05YJ4-1,1TC-2115	
	C-3	1200	1500	3	参 05YJ4-1,1TC-1215	
	C-4	900	1500	2	参 05YJ4-1,1TC-0915	
	注:一层外窗均采取防护措施 具体甲方自定；白框白玻，玻璃为 6mm 厚。					

民居施工图

户型 2

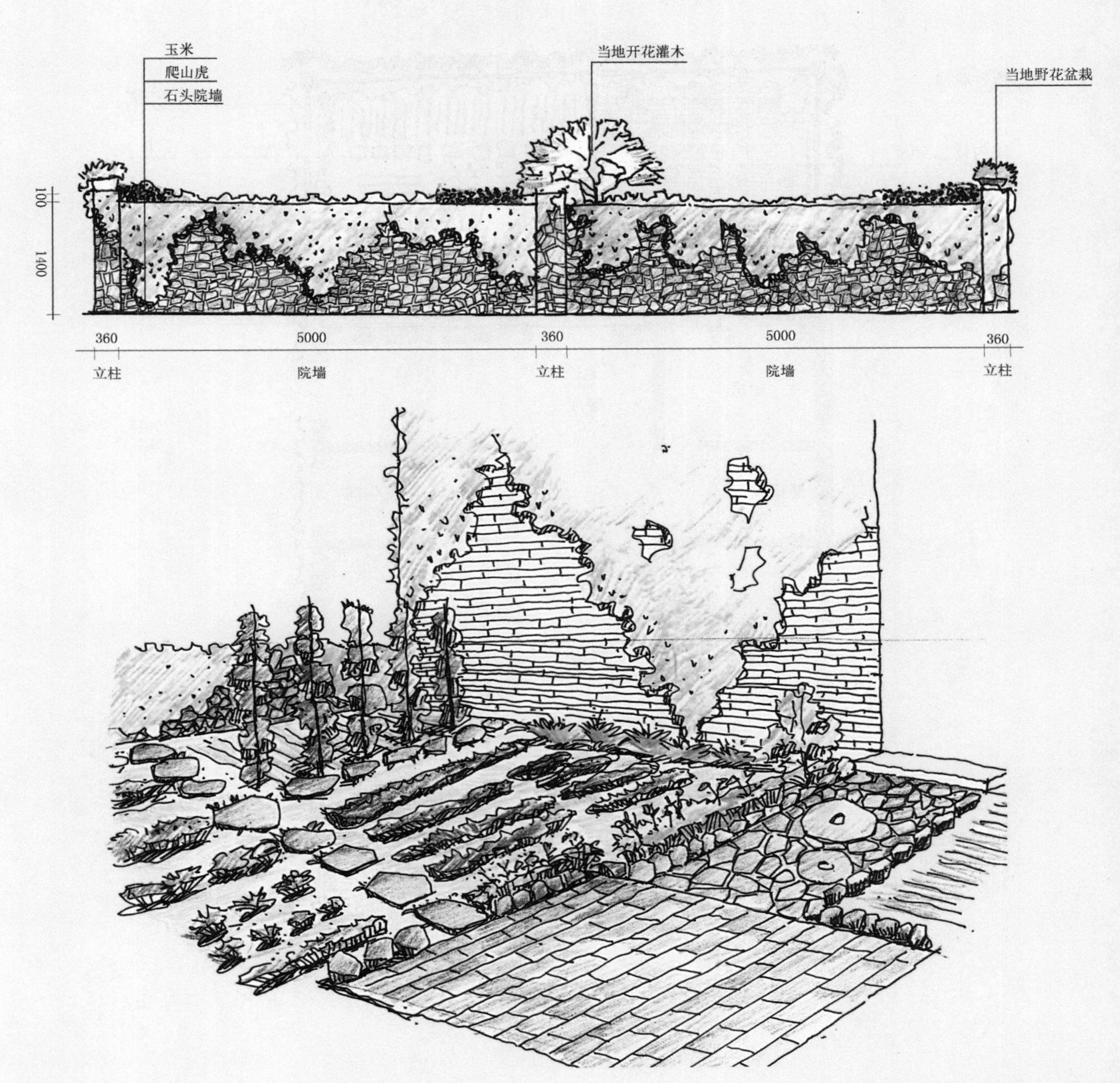
玉米
爬山虎
石头院墙
当地开花灌木
当地野花盆栽
100
1400
360
5000
360
5000
360
立柱
院墙
立柱
院墙
立柱

↑ 户型 2 院落景观图

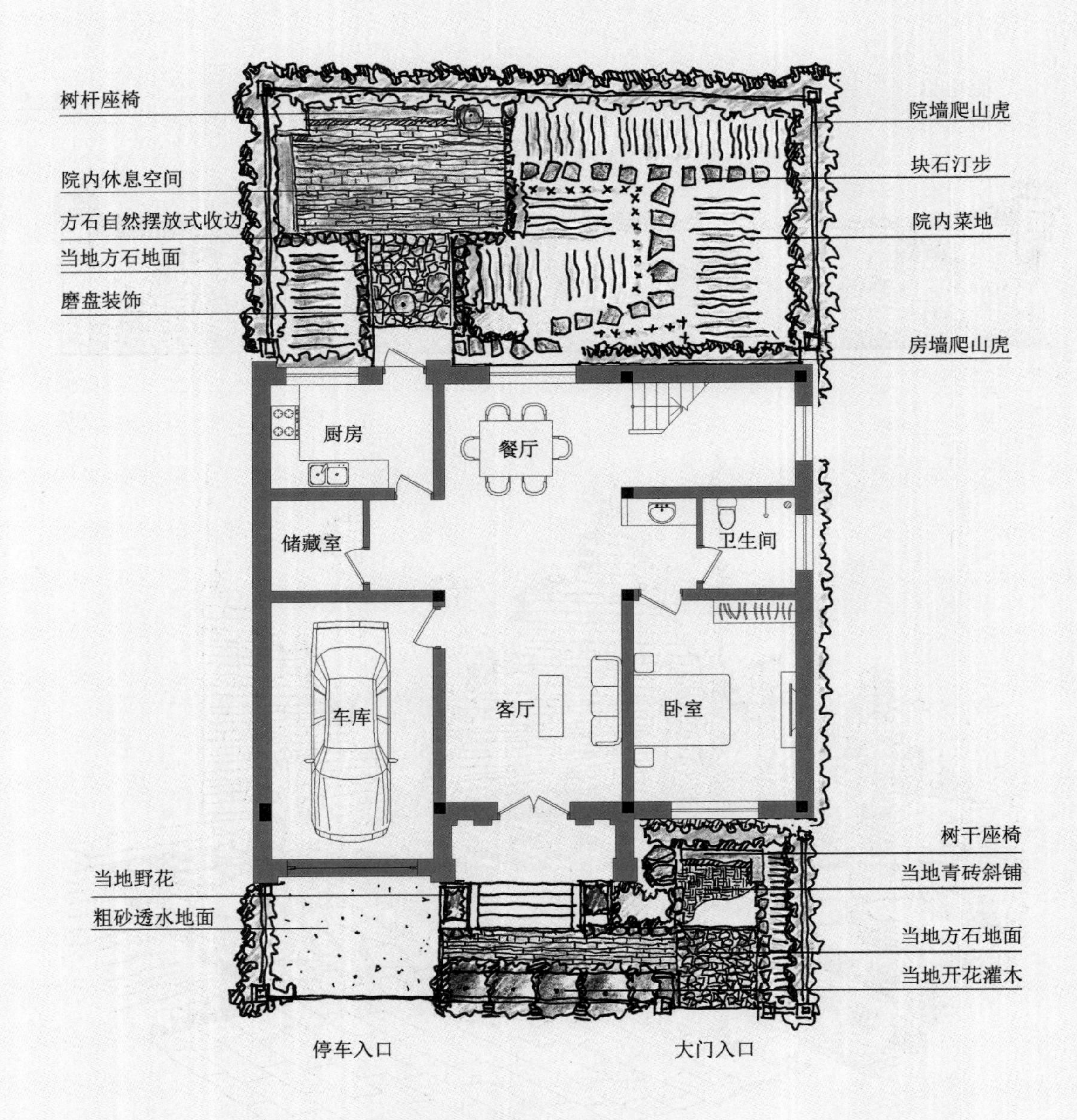
树杆座椅
院内休息空间
方石自然摆放式收边
当地方石地面
磨盘装饰
院墙爬山虎
块石汀步
院内菜地
房墙爬山虎
厨房
餐厅
储藏室
卫生间
车库
客厅
卧室
树干座椅
当地青砖斜铺
当地野花
粗砂透水地面
当地方石地面
当地开花灌木
停车入口
大门入口

↑ 户型 2 院落平面图

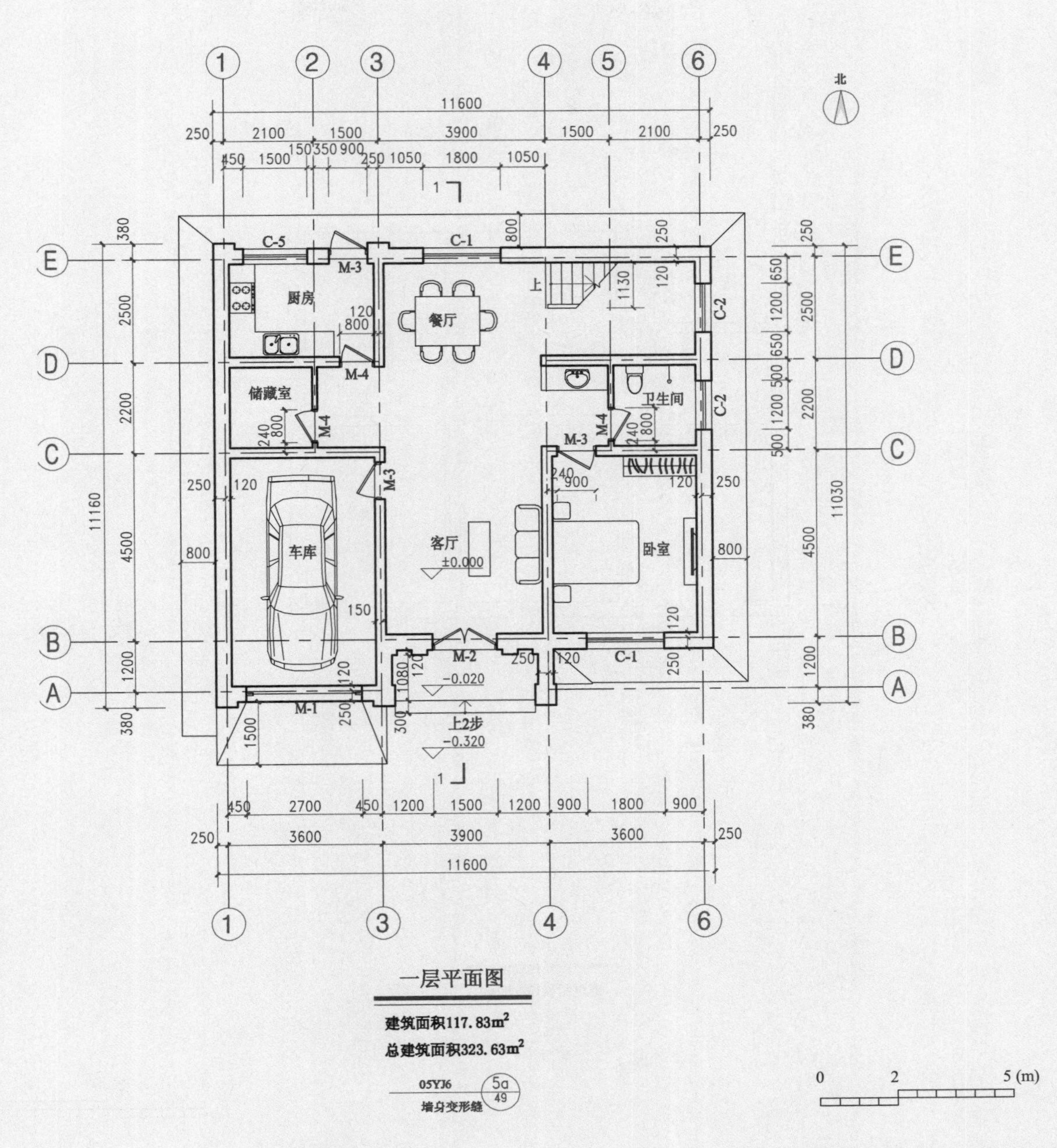

↑ 户型 2 建筑施工图 / 一层平面图

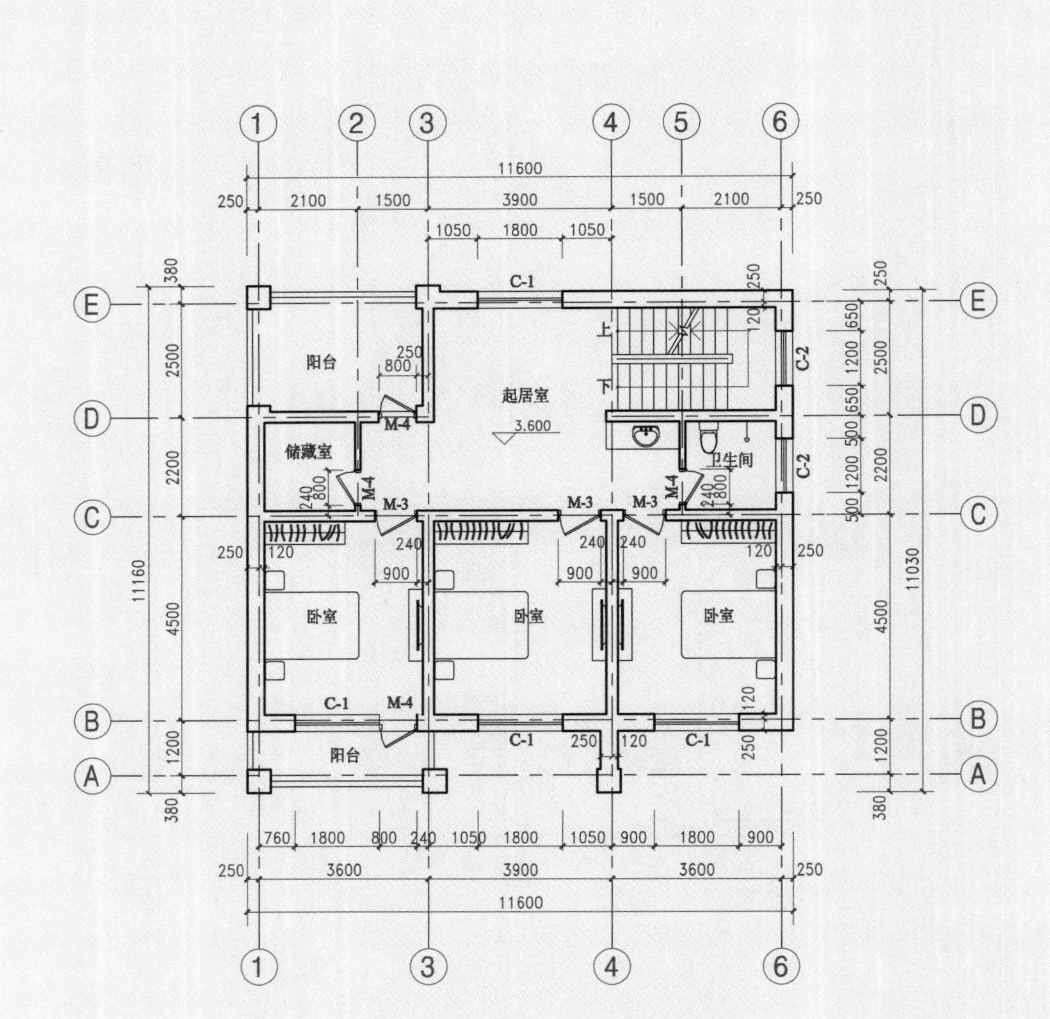

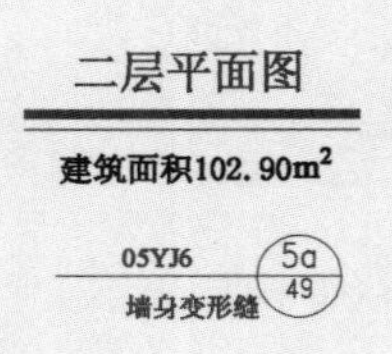

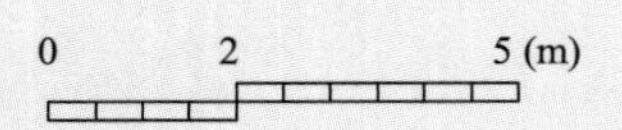

↑ 户型 2 建筑施工图 / 二层平面图

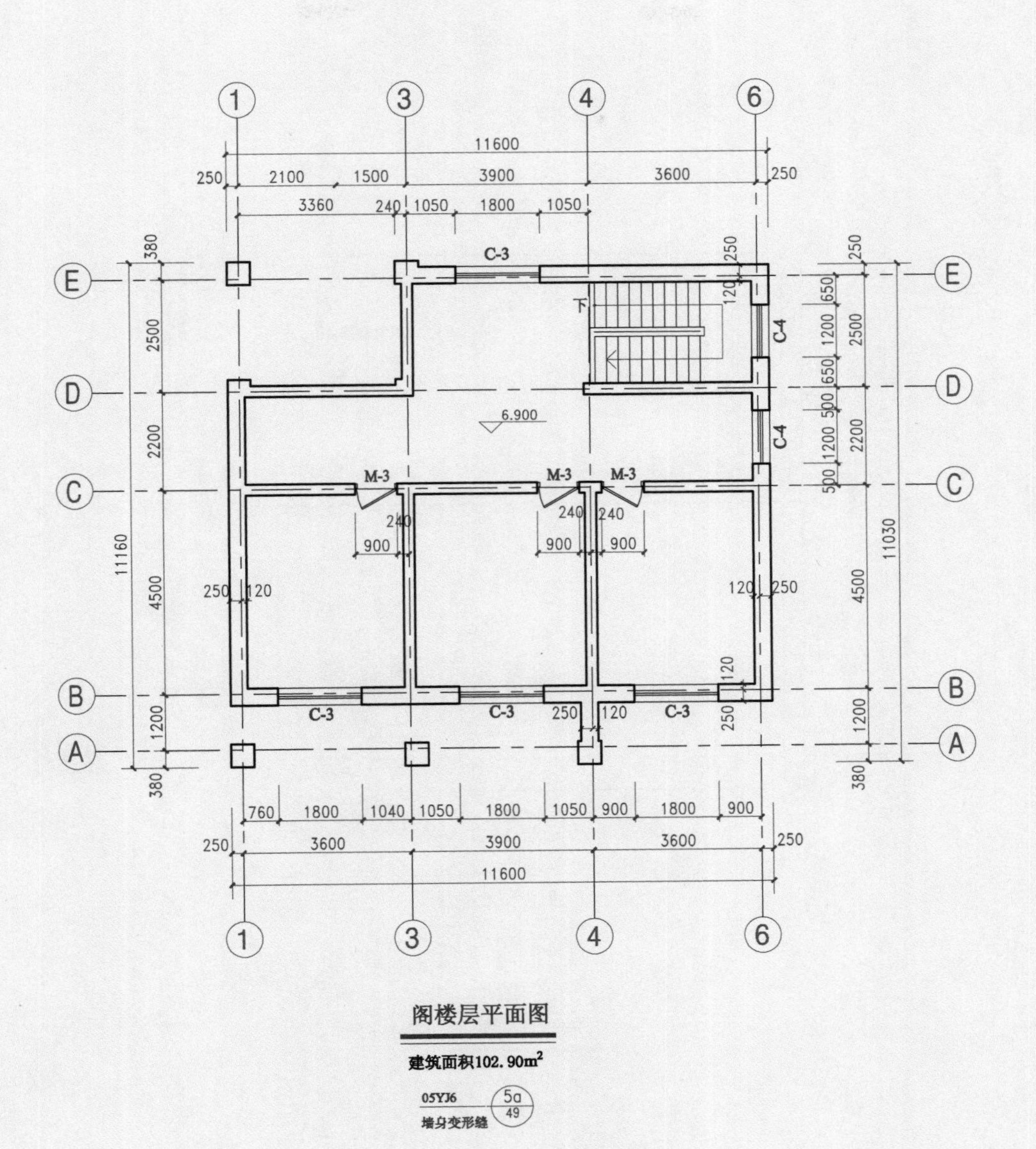

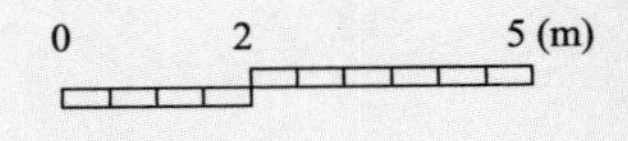

↑ 户型 2 建筑施工图 / 阁楼层平面图

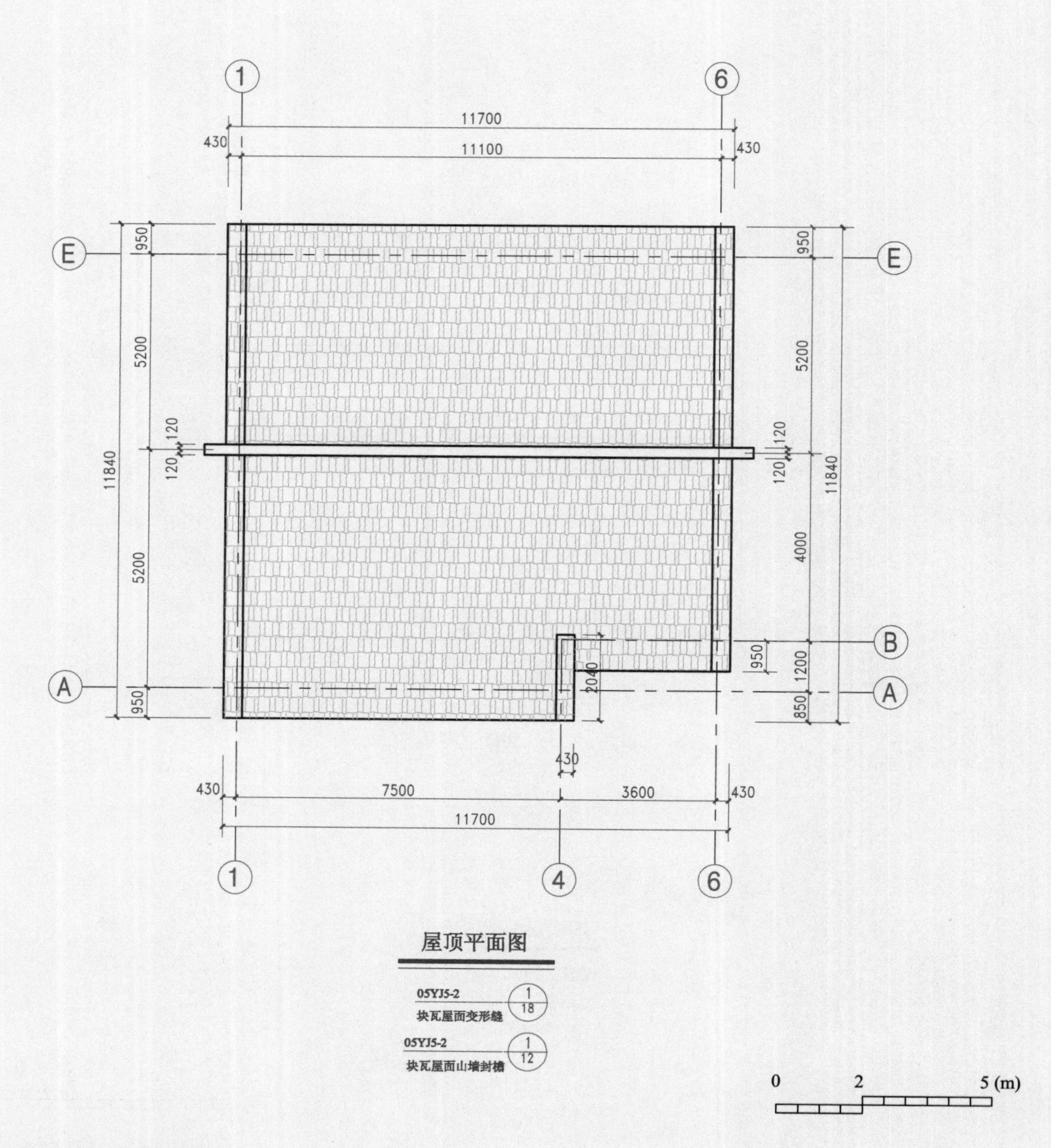

↑ 户型 2 建筑施工图 / 屋顶平面图

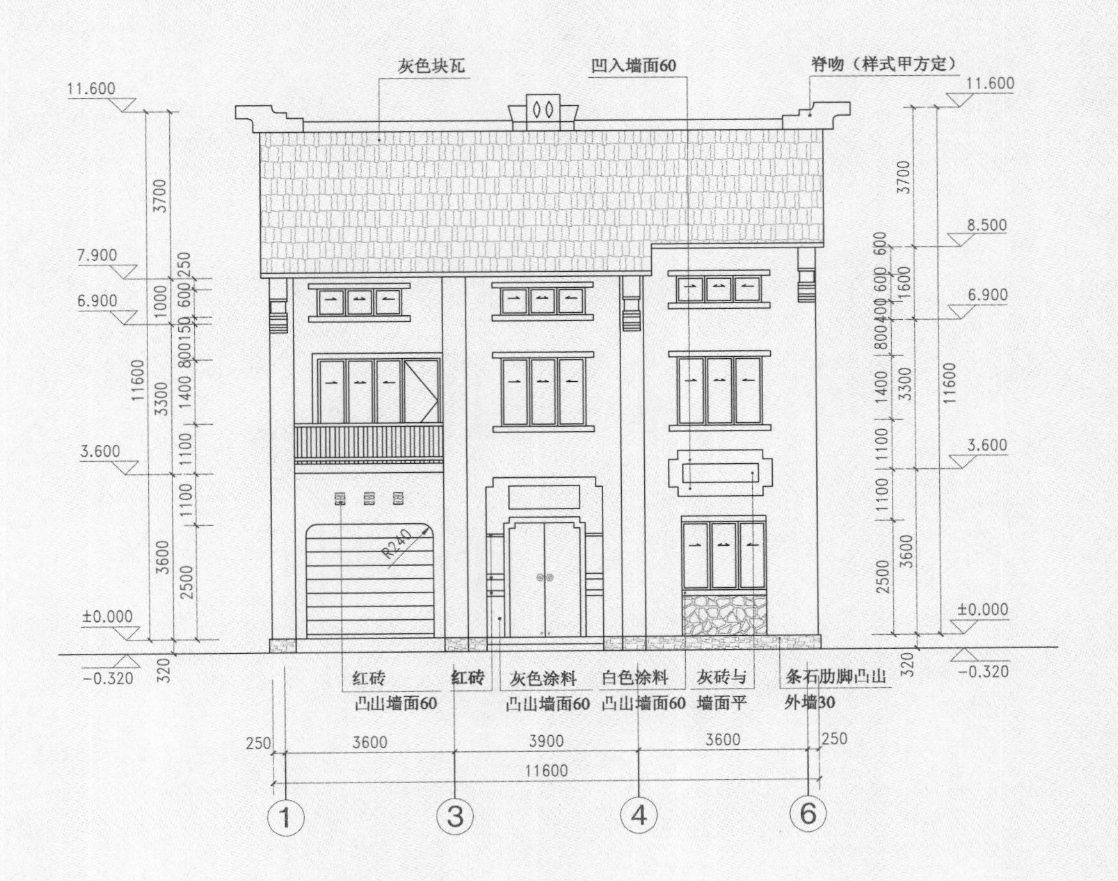

1-6轴立面图

未注明墙体为清水墙

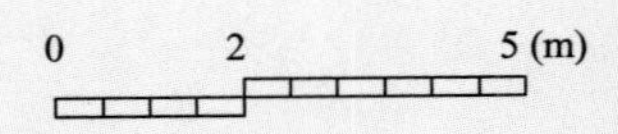

↑ 户型 2 建筑施工图 /1-6 轴立面图

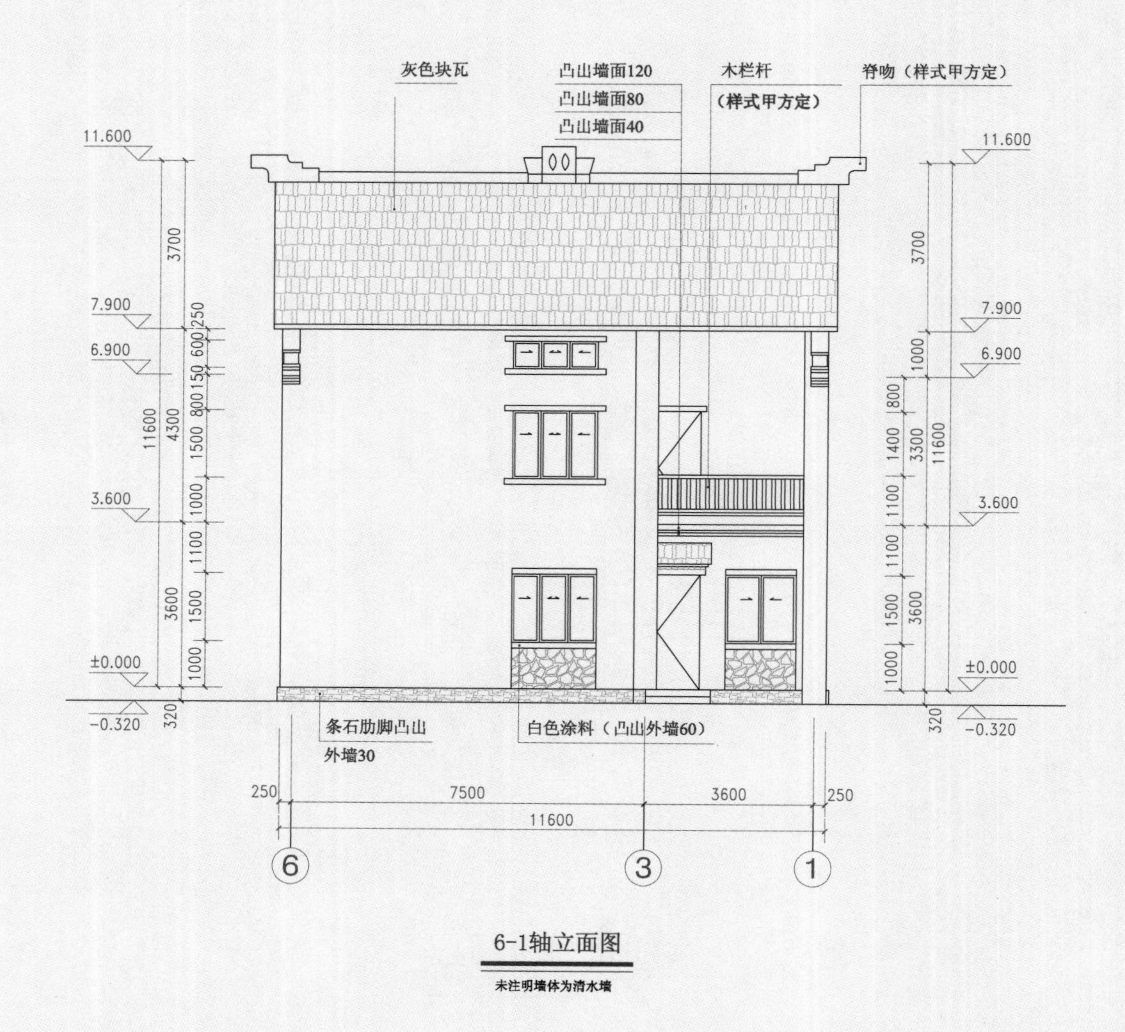

6-1轴立面图

未注明墙体为清水墙

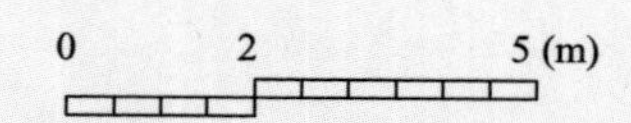

↑ 户型 2 建筑施工图 /6-1 轴立面图

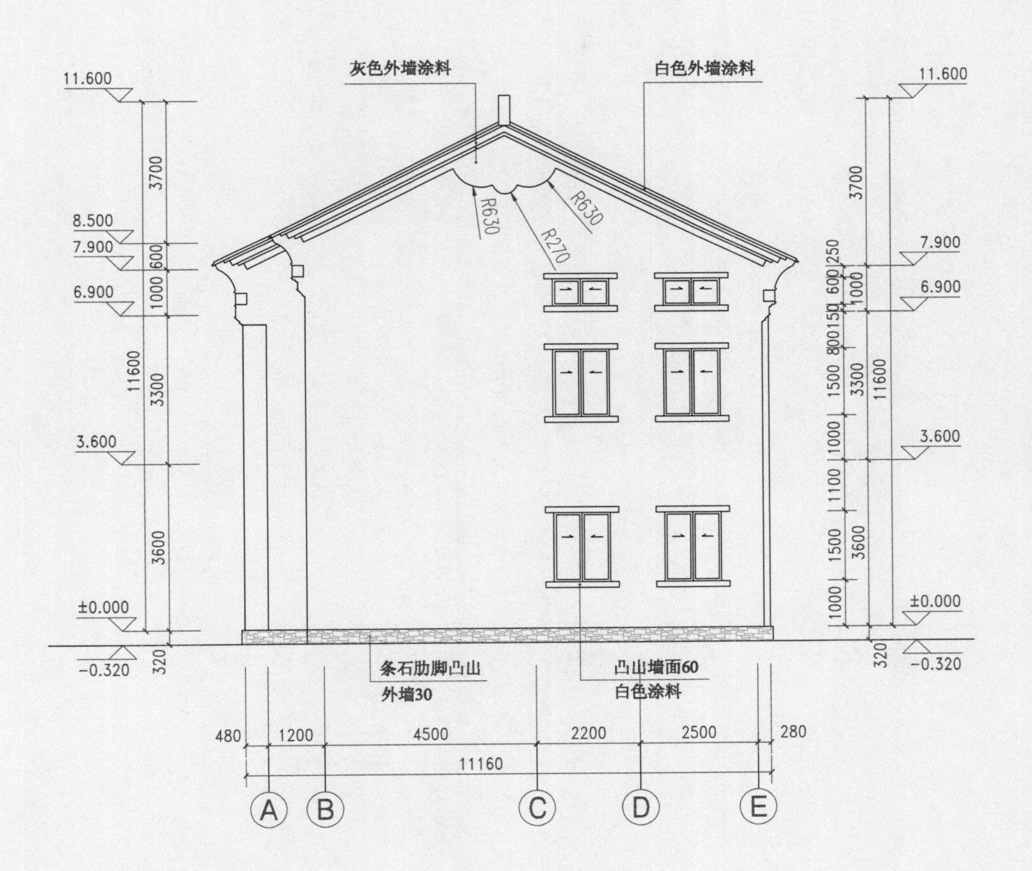

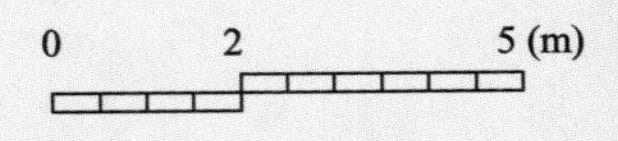

↑ 户型 2 建筑施工图 /A-E 轴立面图

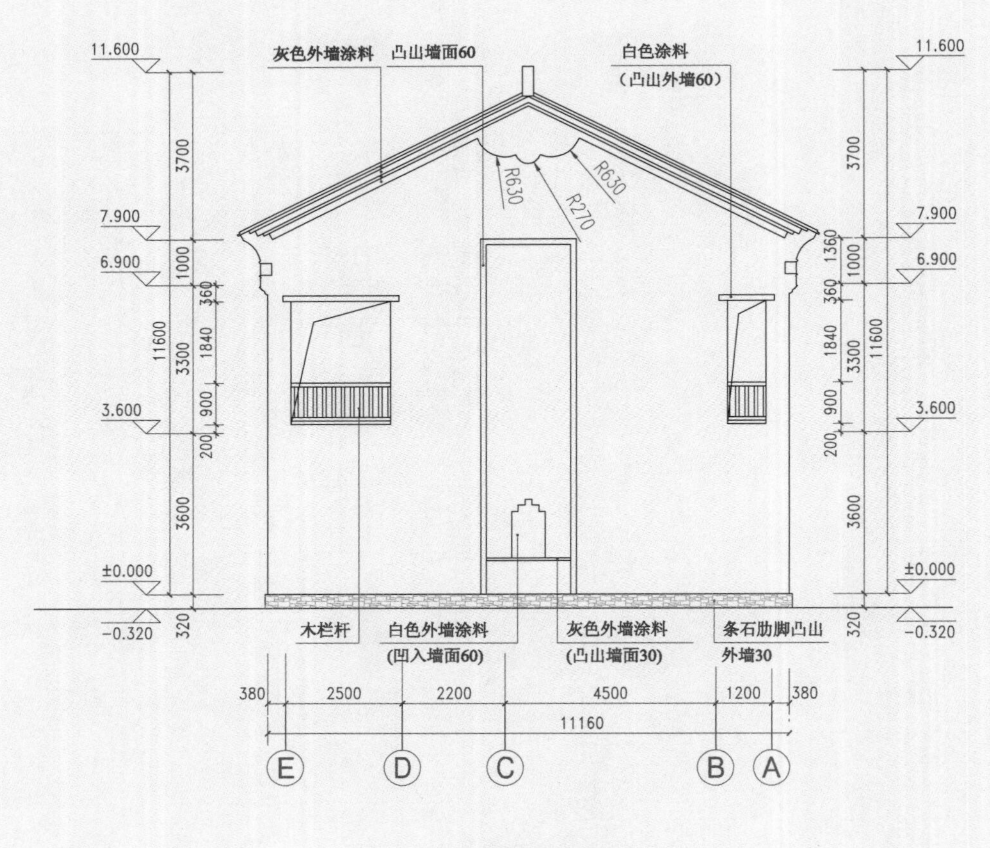

E-A轴立面图

未注明墙体为清水墙

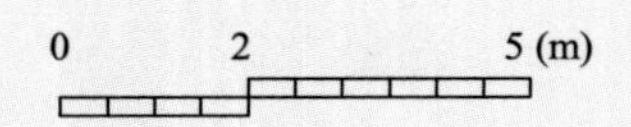

↑ 户型 2 建筑施工图 /E-A 轴立面图

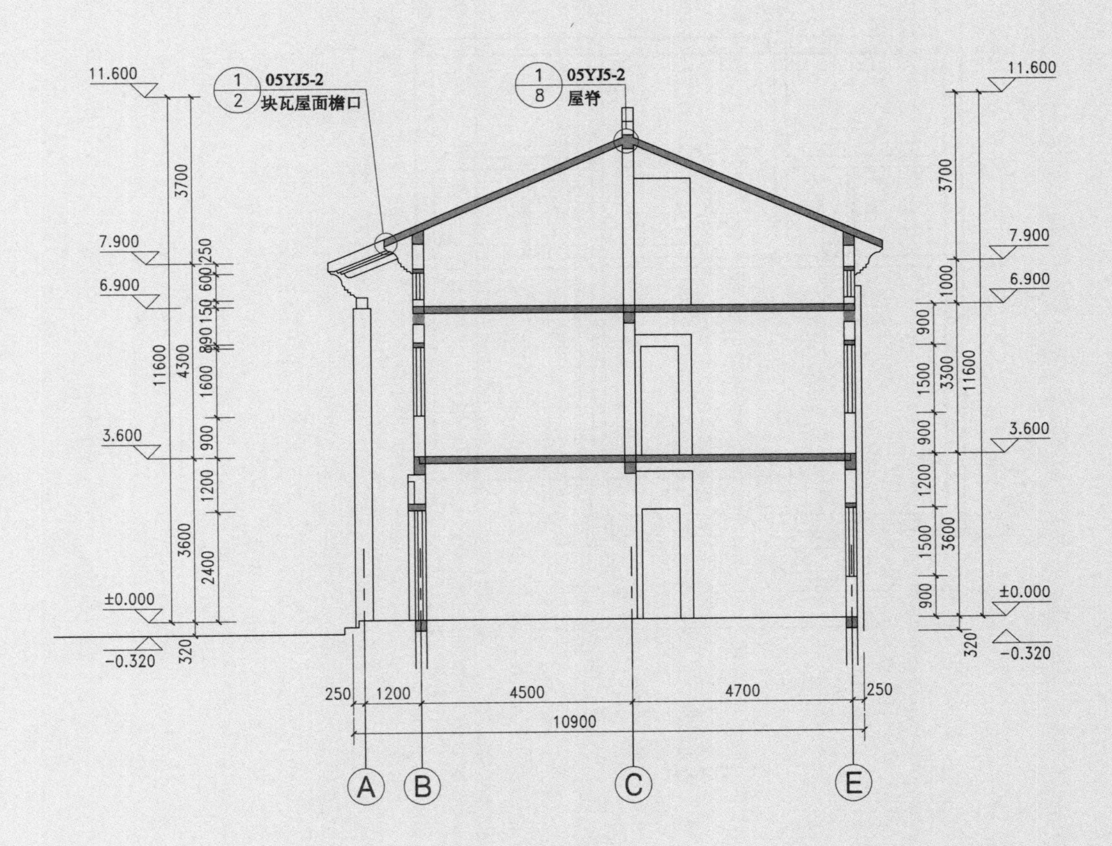

1-1剖面图

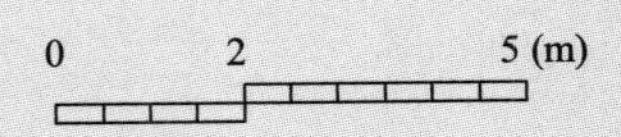

↑ 户型 2 建筑施工图 /1-1 剖面图

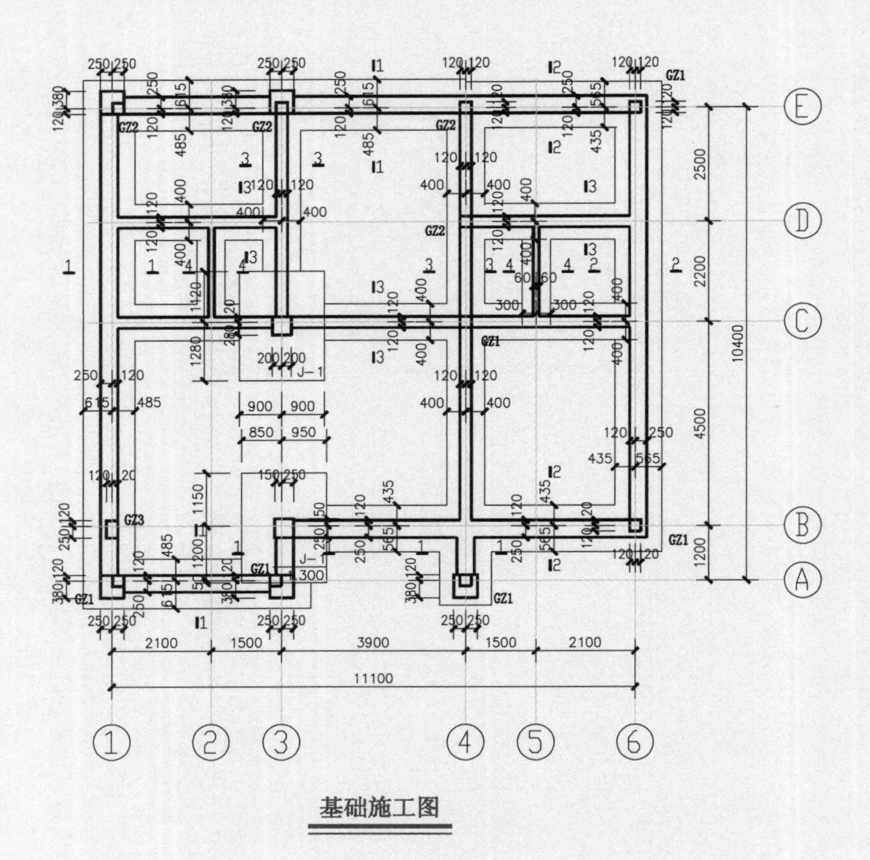

基础施工图

膨胀土地基设计说明：

1 基础底部下设300厚的中粗砂垫层，每边宽于基础300,垫层压实系数不小于0.97；两侧宜采用与垫层相同的材料回填，并做好防水处理。

2 基础施工宜采用分段快速作业法，施工过程中不得使基坑(槽)曝晒或泡水；雨季施工应采取防水措施。

3 基础施工出地面后，基坑(槽)应及时分层回填完毕，填料可选用非膨胀土、弱膨胀土及掺有石灰或其它材料的膨胀土，每层虚铺厚度300mm,选用弱膨胀土作填料时，其含水量宜为1.1~1.2倍的塑限含水量，回填夯实土的干密度不应小于1550kN/m^3。

4 外墙四周设置1500mm宽散水，散水设计宜符合下列规定：

1）散水面层采用C15混凝土，其厚度为90mm；

2）散水垫层采用2:8灰土或三合土，其厚度为150mm；

3）散水伸缩缝间距可为3m，并与水落管错开；

5 未尽事宜，必须按《膨胀土地区建筑技术规范》(GBJ112-1987)施工。

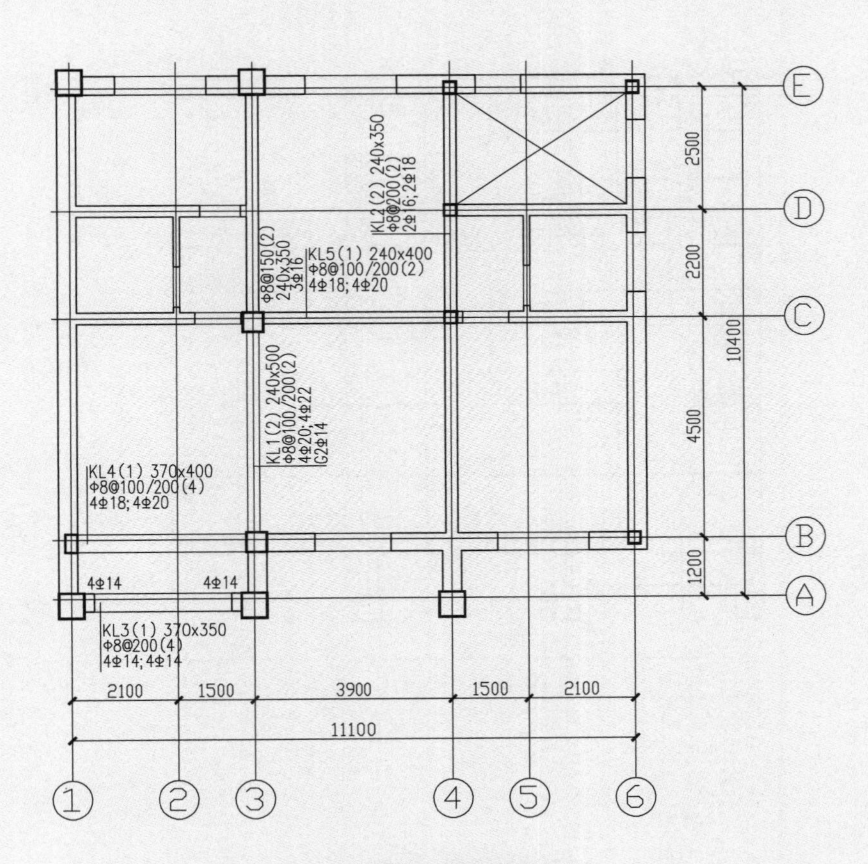

3.570层梁结构平面图

1. 构造柱注明按对应层的结构平面图执行。
2. 梁平法按国标11GB101-1施工。

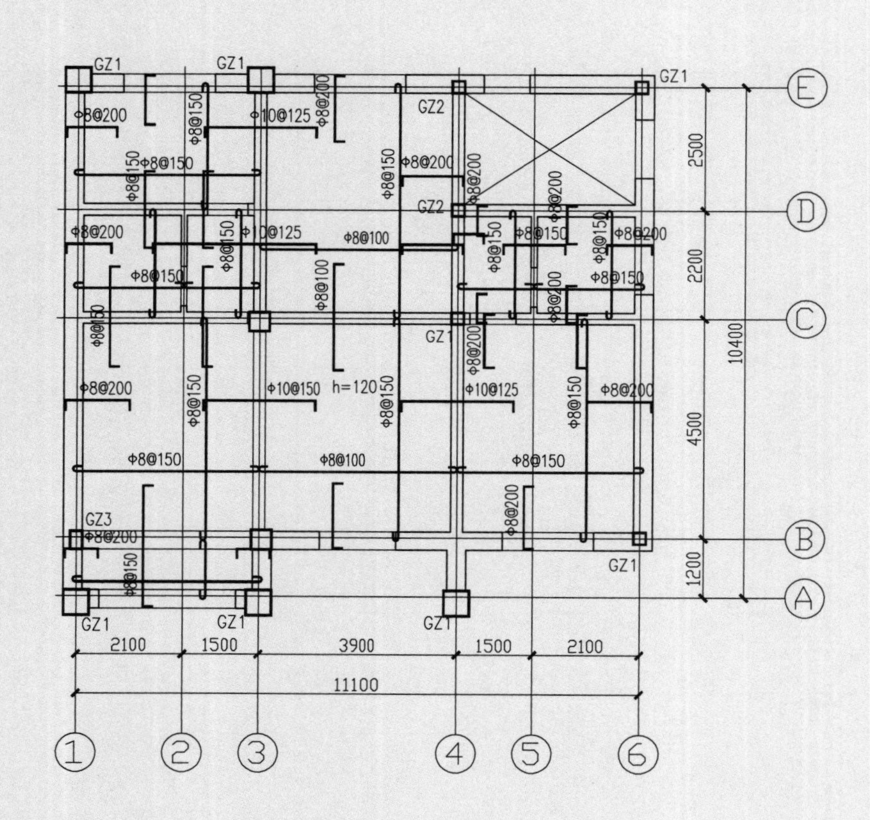

3.570层结构平面图

1．卫生间楼板低于其它楼板90mm。
2．现浇板厚度均为120mm.
3．厨房、阳台楼板低于其它楼板20mm。
4．板面高差不大于50mm时，板面负筋不必断开，可弯折而行。

↑ 户型 2 结构施工图 /3.570 层结构平面图

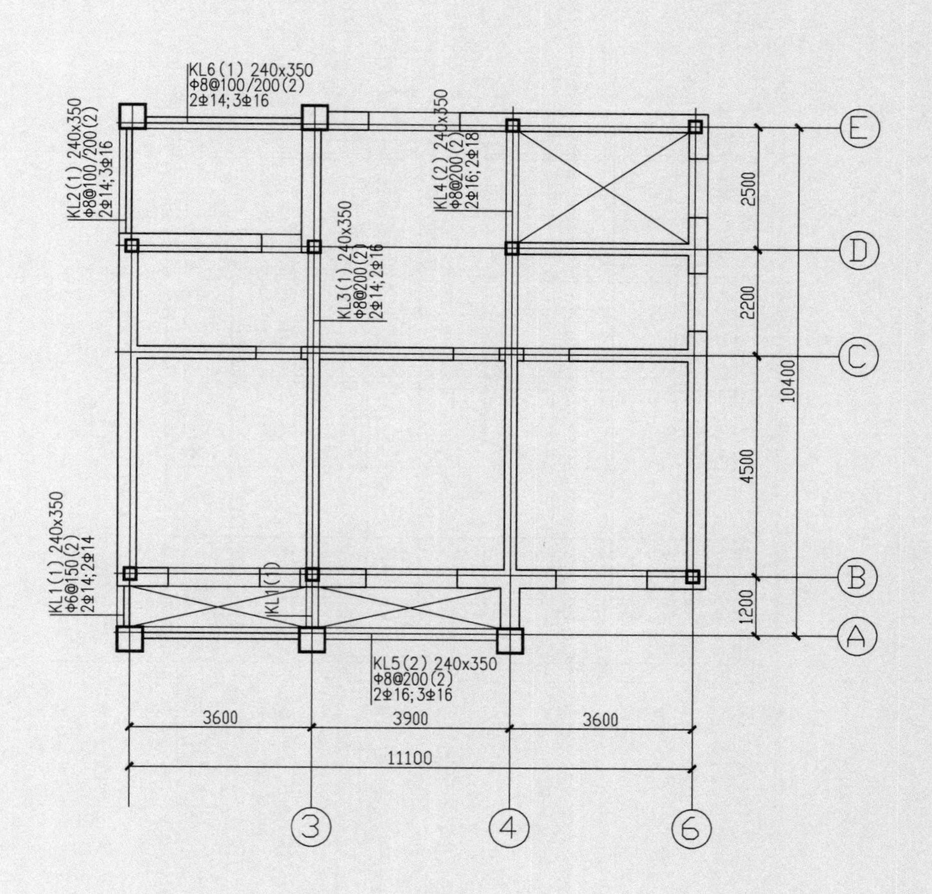

6.870层梁结构平面图

1. 构造柱注明按对应层的结构平面图执行。
2. 梁平法按国标11GB101-1施工。

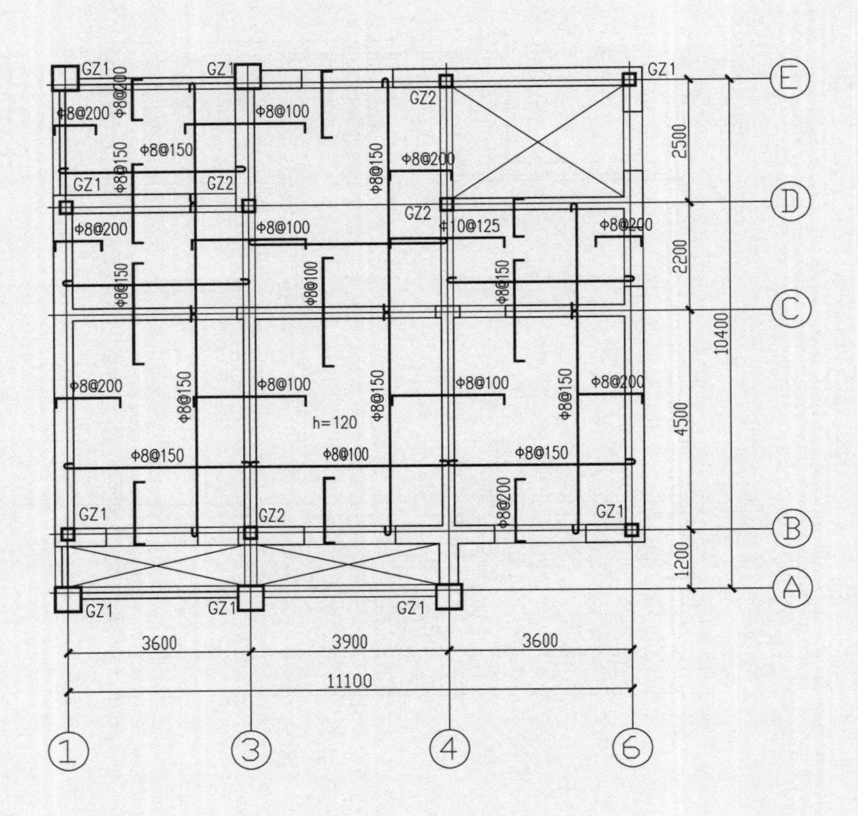

6.870层结构平面图

现浇板厚度均为120mm。

↑ 户型 2 结构施工图 /6.870 层结构平面图

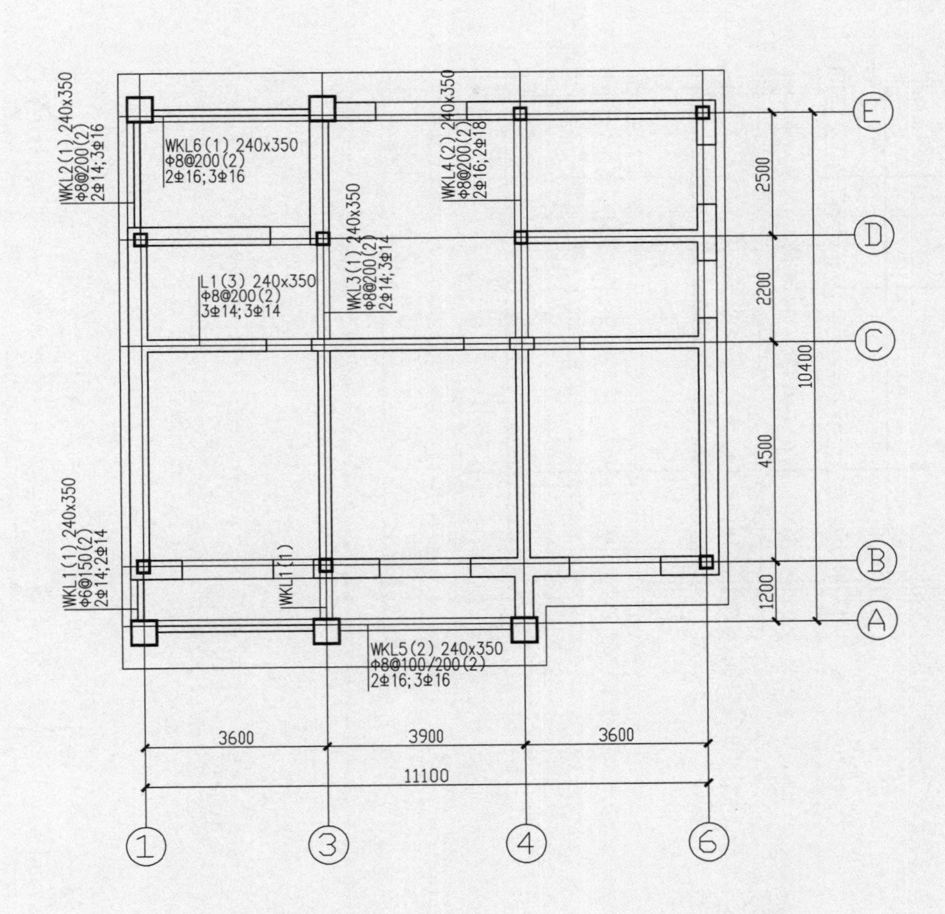

坡面层梁结构平面图

1. 所有的WKL均为梁、板结构且随坡或随脊走。
2. 梁平法按国标11GB101-1施工。
3. 构造柱注明按对应层的结构平面图执行。

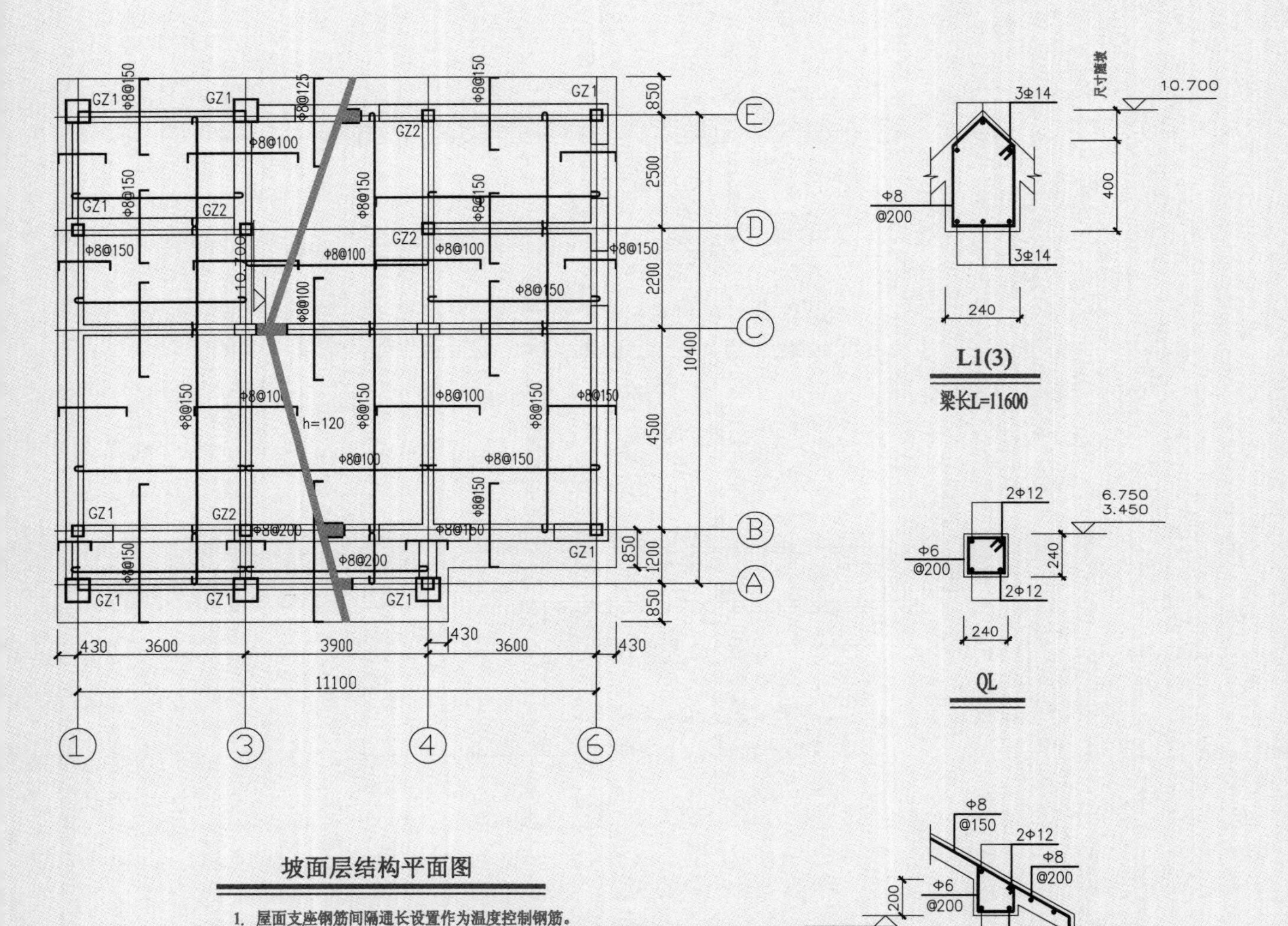

坡面层结构平面图

1. 屋面支座钢筋间隔通长设置作为温度控制钢筋。
2. 挑檐各转角（阳角）板面均增设3根射向钢筋，长度均为1800mm。
3. 现浇板厚度均为120mm。

檐口大样断面图

↑ 户型 2 结构施工图 / 坡面层结构平面图

户型 2 单位工程费用汇总表

建筑设计说明
1 设计依据:
1.1 根据建设单位提供的设计任务书及认可的建筑设计方案。
1.2 双方签定的工程设计合同，建设单位提供的相关技术资料。
1.3 建设单位提供的相关技术资料:
《民用建筑设计通则》 GB50352-2005
《建筑设计防火规范》 GB 50016-2006
《2003全国民用建筑设计技术措施规范.建筑》
《05系列工程建设标准设计图集》DBJT19-20-2005
以及国家和地方现行的有关设计规范和标准。
2 项目概述:
2.1 本项目名称:
淅川县九重镇陶岔新型农村社区（户型 2）
2.2 本工程每户建筑面积320.86平方米，两层住宅。
建筑耐火等级为四级;工程设计合理使用年限为50年。
2.3 本工程主要结构类型:砖混结构。
2.4 抗震设防烈度低于6度。
3 设计标高:
3.1 本工程+0.000标高现场定。
3.2 本图标高以m为单位，其它尺寸以mm为单位。
4 墙体:
4.1 (1) 本工程墙体材料采用:蒸压灰砂砖。
(2) 建筑内的隔墙应砌至梁,板底部,缝隙处应填实。
4.2 门窗或墙洞过梁选用及做法,详见结构专业有关图纸。
4.3 未标注墙体均为240厚蒸压灰砂砖,且轴线居中。
4.4 所有木构件均做防腐处理;预埋铁件除锈后刷红丹防锈漆二遍。
5 屋面:
5.1 本工程的屋面防水等级为III级，防水层合理使用年限为10年。
5.2 屋面排水方式详见工程设计屋顶平面图。

建筑设计说明

6 门窗:

6.1 本工程设计中仅做门窗数量和立面分格及开启形式要求,塑钢门窗框料颜色为灰白色.门窗的基本性能指标（风压强度、气密性、水密性），断面系列及构造应满足有关规范要求，由生产厂家提供加工图纸及质量标准,并配齐五金零件,和校核数量经设计和使用单位认可后方可施工安装。

6.2 图中所注尺寸均为洞口尺寸，门窗加工尺寸要按照装修面厚度由承包商予以调整;

6.3 门的洞口尺寸仅开启方向不同时，本设计均采用统一编号，按平面图所示方向进行加工和安装;

6.4 所有门窗及外窗均立樘中，窗户采用塑钢单框单玻、5厚无色透明浮法玻璃.开启方式采用推拉窗,所有开启的窗扇均设纱窗。

6.5 塑钢推拉窗必须设置防脱落装置。

7 室内、外装修:

7.1 室内、外装修做法,除本说明交待外,其余均见建筑装修表及有关设计图纸;

7.2 外墙面粉刷及贴面材料部位及要求详见立面图。

7.3 各类管线及灯具等必须严格控制标高,以保证今后使用要求和有利于二次装修的进行。

7.4 装饰材料须经设计及建设单位确定,并需做小面积施工样板,共同商定后方可大面积施工。

8 油漆:

8.1 凡金属制品，露明部分除锈后用红丹（防锈漆）打底刷白色醇酸磁漆二度。非露明部分除锈后刷红丹防锈漆二度。

9 其它事项:

9.1 图中构造柱以结构为准。门窗数量以实际为准。

9.2 本工程设计中未尽事宜均应遵循有关施工规范，或与设计人员协商后方能施工。未经设计许可或技术鉴定，不得改变各功能空间使用用途。

构造做法（05YJ1）

编号	名称	使用部位	索引	备注
坡屋面	屋 21（砂浆卧瓦、有柔性防水层）	屋面	05YJ1 屋 21(F3)	SBS 应符合有关标准
地 面	陶瓷地砖防水地面	厨、卫地面	05YJ1 页19 地52	300X300 防滑地砖
	大理石地面	一层其它地面	05YJ1 页14 地21	
楼 面	陶瓷地砖防水楼面	厨、卫楼面	05YJ1 页32 楼28	300X300 防滑地砖
	陶瓷地砖楼面	二层其它楼面	05YJ1 页27 楼10	600X600 抛光耐磨地板砖
	大理石楼面	二层阳台楼面	05YJ1 页28 楼11	
	水泥砂浆楼面	阁楼层楼面	05YJ1 页26 楼1	
内 墙	混合砂浆墙面（二）	所有内墙面	05YJ1 页39 内墙4	
	乳胶漆	所有内墙面	05YJ1 页82 涂24	
顶 棚	混合砂浆顶棚	顶棚	05YJ1 页67 顶3	
	乳胶漆	顶棚	05YJ1 页82 涂24	
踢 脚	面砖踢脚（一）	所有房间	05YJ1 页61 踢22	
散 水	混凝土散水	所有散水	05YJ1 页113 散1	B=1500
外 墙	涂料外墙面（一）	其它外墙	05YJ1 页50 外墙21	颜色及分隔见立面D=10
	清水砖墙外墙面	所有外墙	05YJ1 页50 外墙20	
墙裙	面砖墙裙（一）	厨卫内墙	05YJ1 页55 裙10	300X450 面砖贴至板底
台阶	大理石台阶	所有台阶	05YJ1 页116 台6	
坡道	水泥砂浆防滑坡道	车库门口坡道	05YJ1 页117 坡6	
木构件	调和漆	所有木构件	05YJ1 第77 页涂1	
铁构件	调和漆（一）	所有铁构件	05YJ1 第80 页涂12	

图纸目录

1	建施 1	建筑设计说明　　构造作法表	A2
		图纸目录　　门窗表	
2	建施 2	一层平面　　二层平面	A2
3	建施 3	阁楼层平面　　屋顶平面	A2
4	建施 4	正立面　　背立面	A2
		左.右侧立面	
5	建施 5	1-1剖面 楼梯剖面 节点详图	A2

门 窗 表

类别	设计编号	洞口尺寸 (mm)		数量	采用标准图集及编号	备注
		宽	高			
门	M-1	2700	2500	1	车库卷帘门	
	M-2	1500	2500	1	钢制防盗门	
	M-3	900	2500	8	参05YJ4-1,7PM-0924	套装门
	M-4	800	2500	6	参05YJ4-1,1PM-0824	塑钢门
窗	C-1	1800	1500	7	参05YJ4-1,1TC-1815	
	C-2	1200	1500	4	参05YJ4-1,1TC-0915	
	C-3	1800	600	4	参05YJ4-1,1TC-1806	
	C-4	1200	600	2	参05YJ4-1,1TC-0906	
	C-5	1500	1500	1		
	注 :一层外窗均采取防护措施，具体甲方自定；白框白玻，玻璃为 6mm 厚。					

民居施工图

户型 3

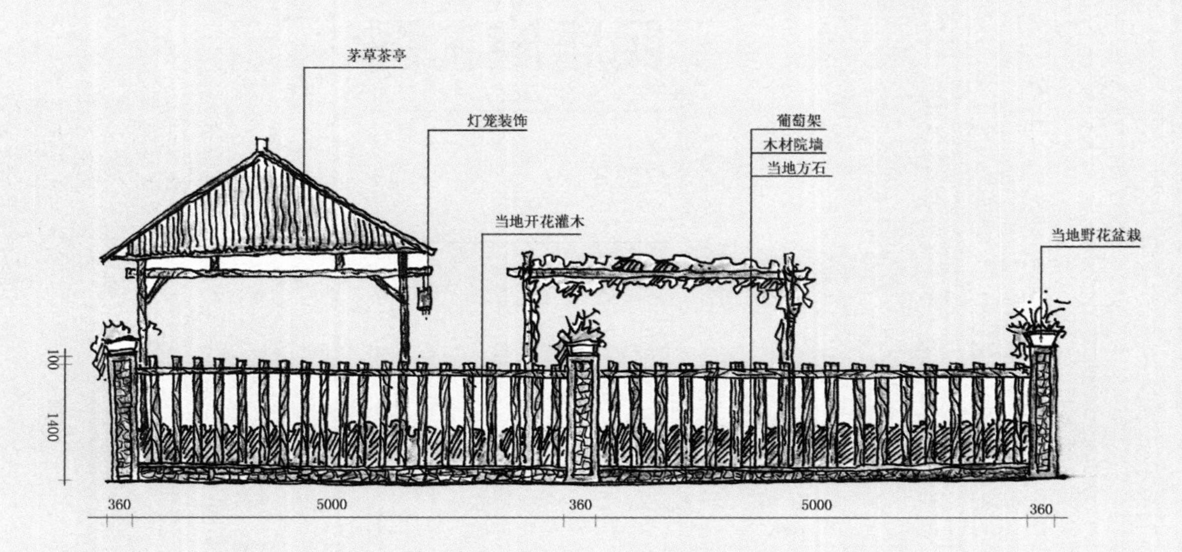
茅草茶亭
灯笼装饰
葡萄架
木材院墙
当地方石
当地开花灌木
当地野花盆栽
100
1400
360
5000
360
5000
360

↑ 户型 3 院落景观图

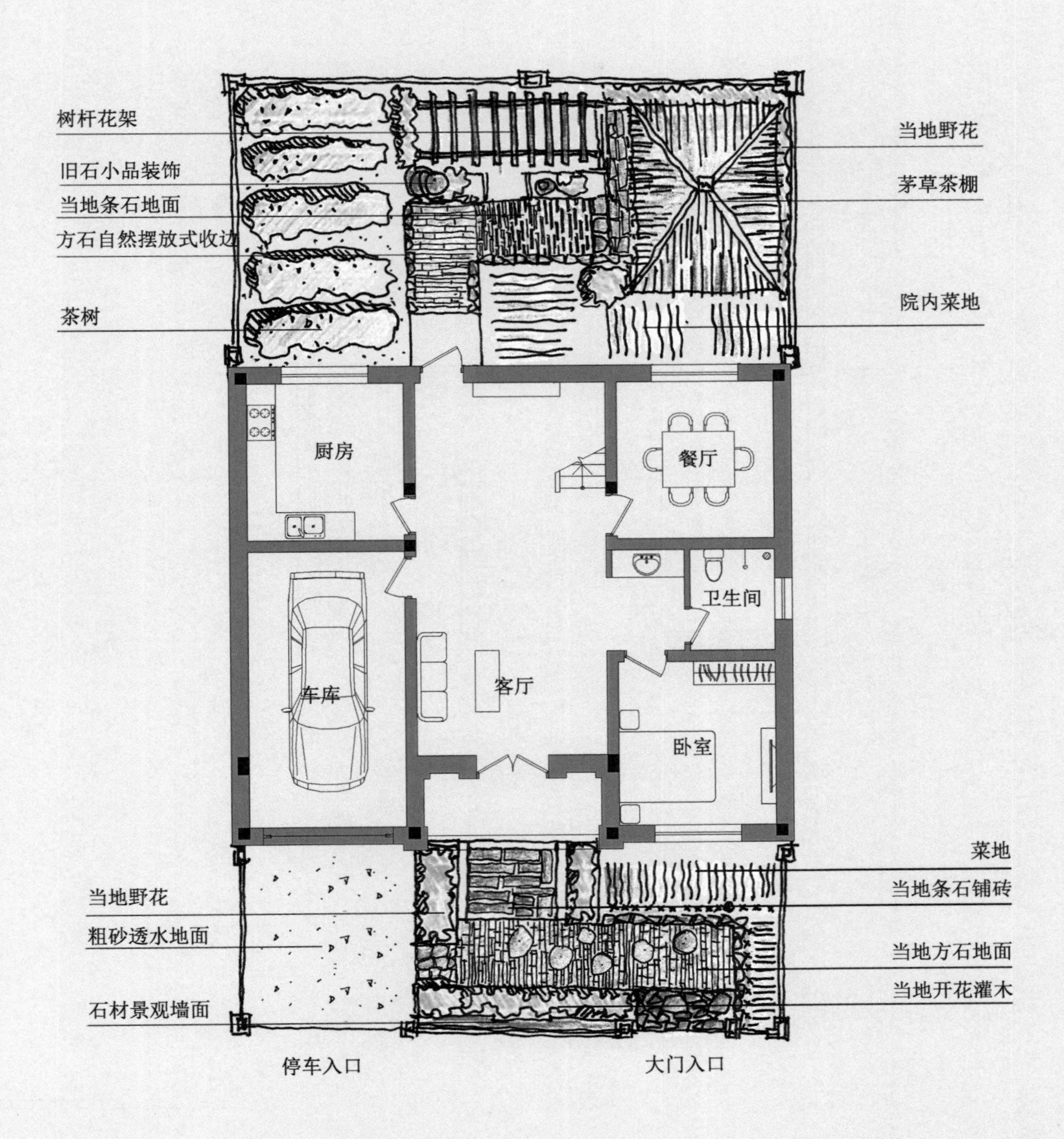
树杆花架
旧石小品装饰
当地条石地面
方石自然摆放式收边
茶树
当地野花
茅草茶棚
院内菜地
厨房
餐厅
卫生间
车库
客厅
卧室
菜地
当地条石铺砖
当地方石地面
当地开花灌木
当地野花
粗砂透水地面
石材景观墙面
停车入口
大门入口

↑ 户型3院落平面图

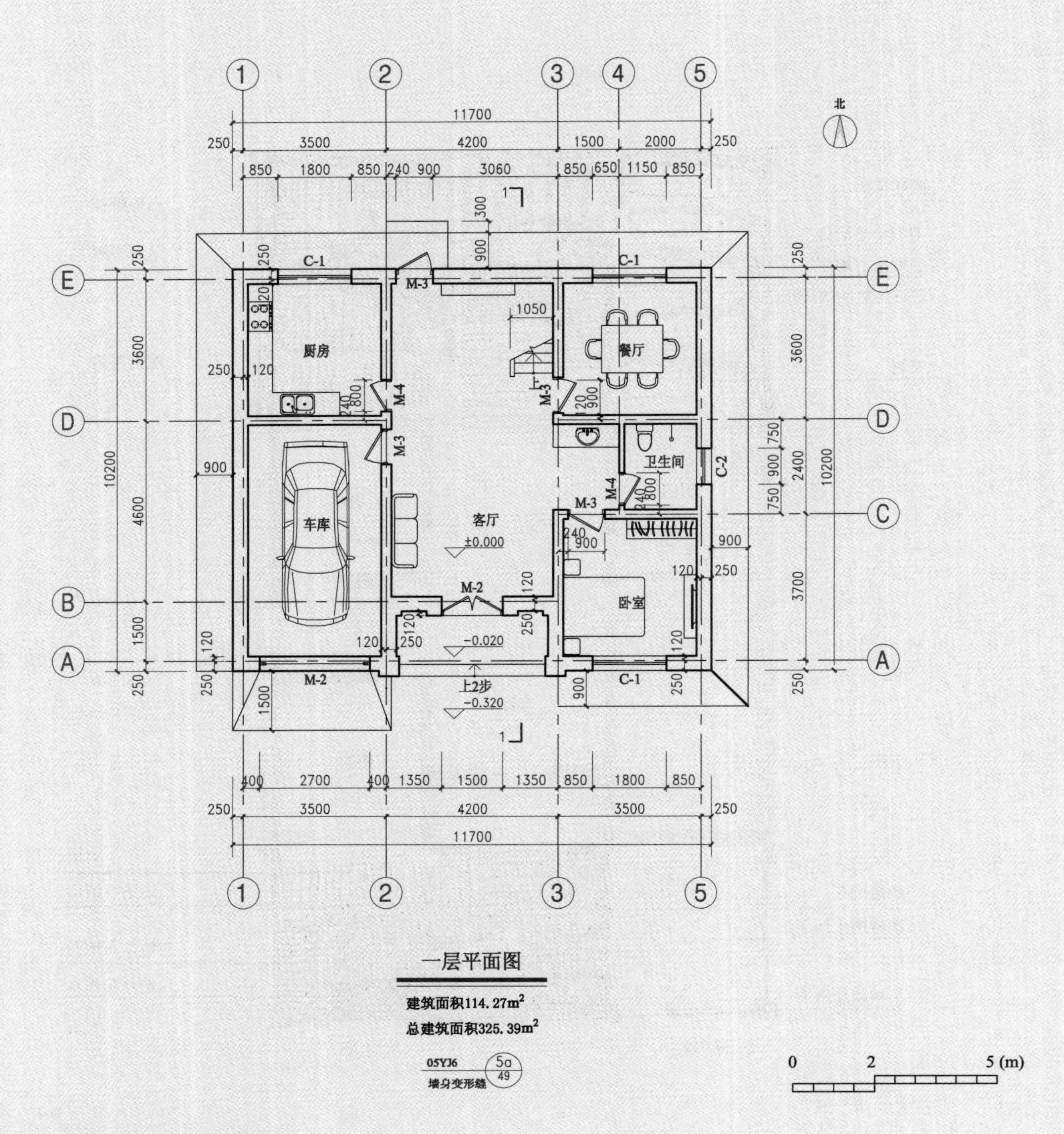

↑ 户型 3 建筑施工图 / 一层平面图

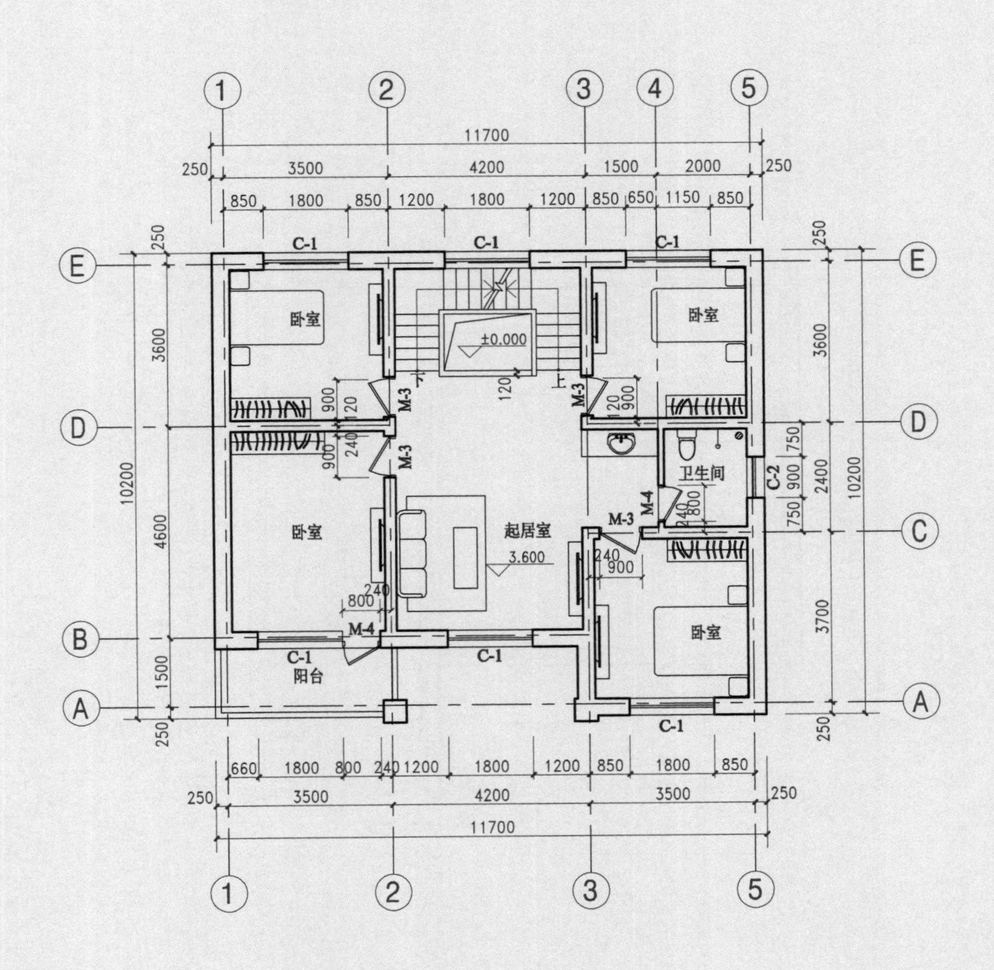

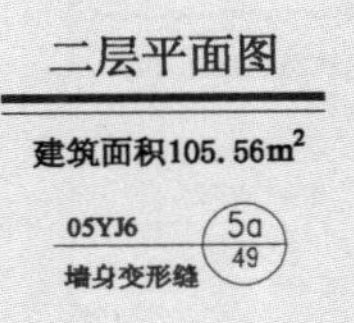

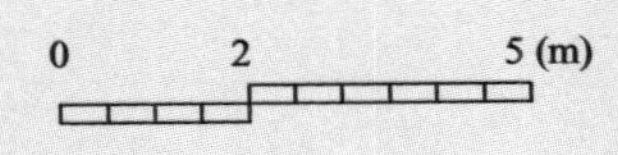

↑ 户型 3 建筑施工图 / 二层平面图

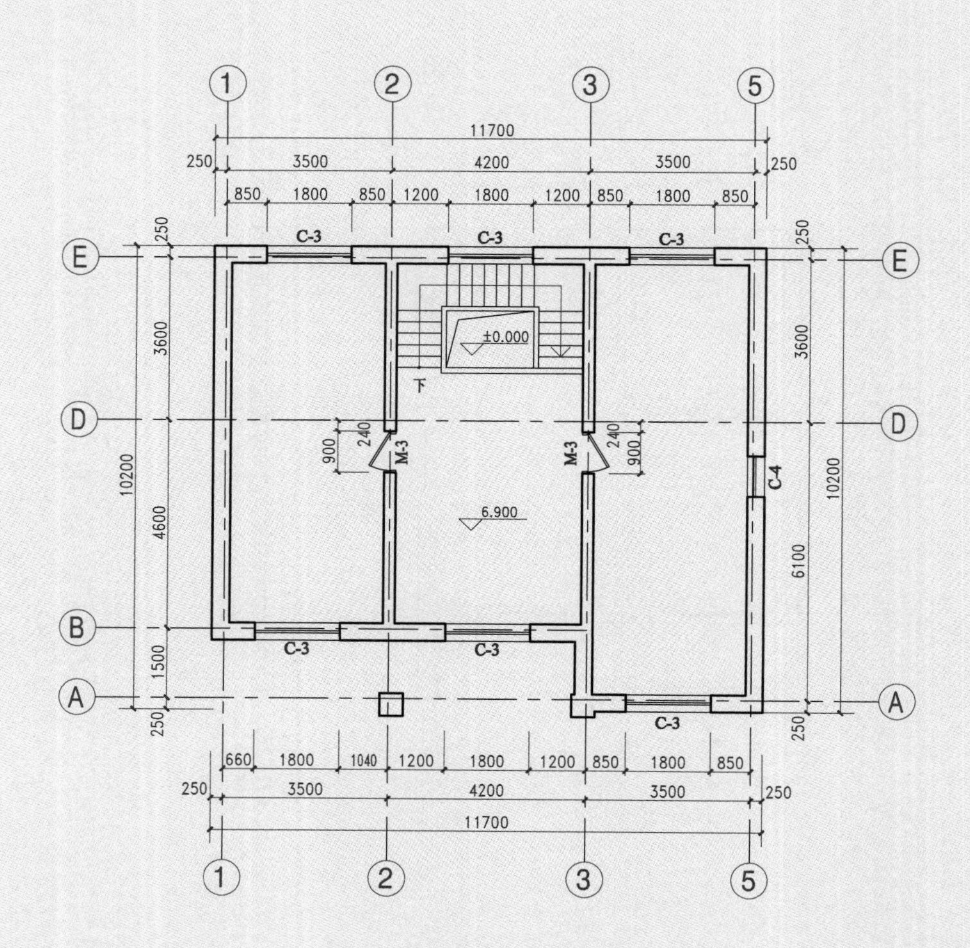

阁楼层平面图

建筑面积105.56m²

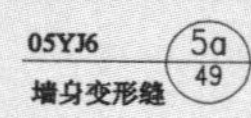

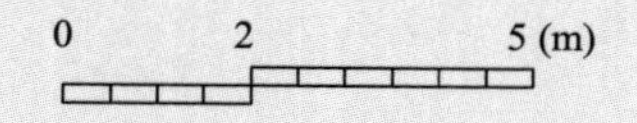

↑ 户型 3 建筑施工图 / 阁楼层平面图

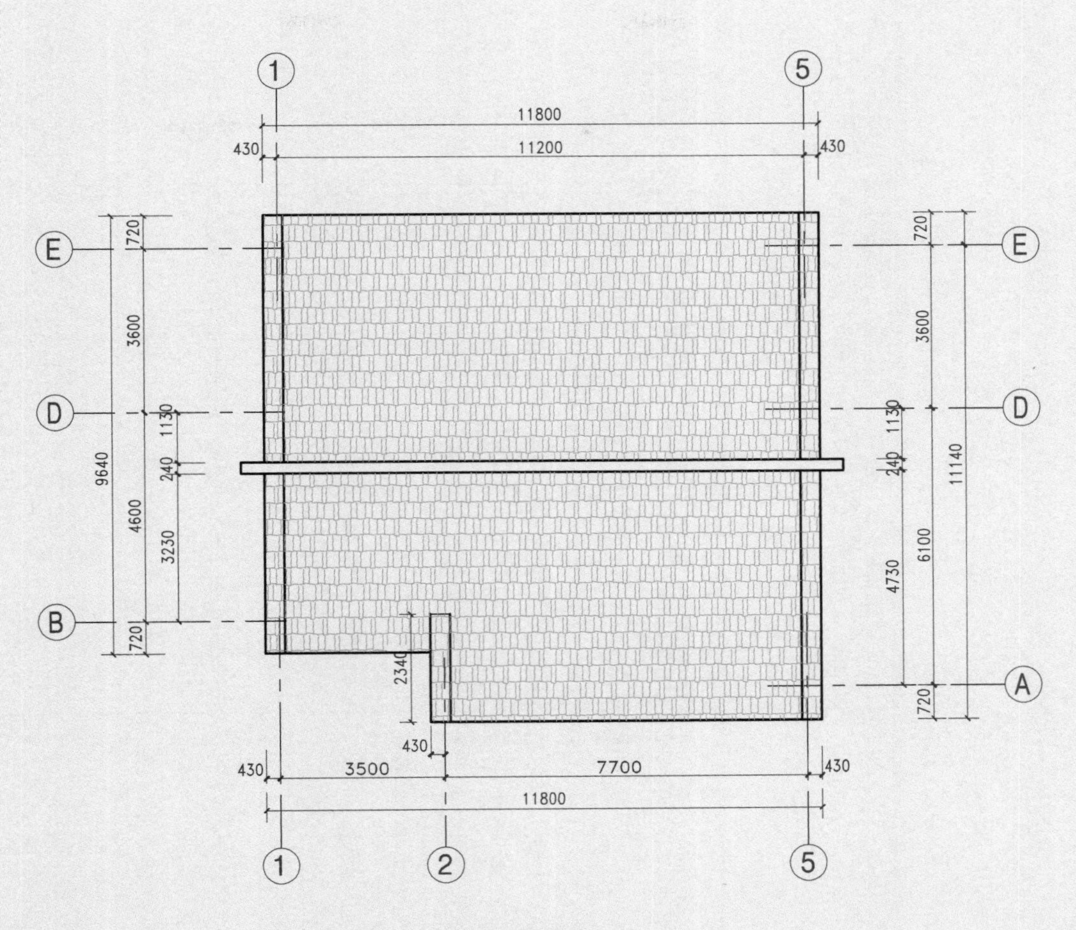

屋顶平面图

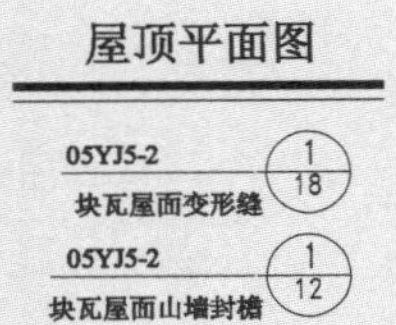

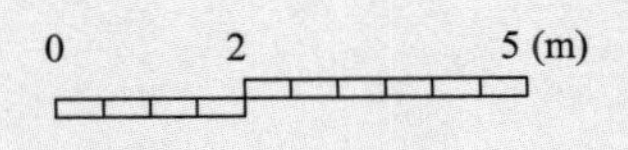

↑ 户型 3 建筑施工图 / 屋顶平面图

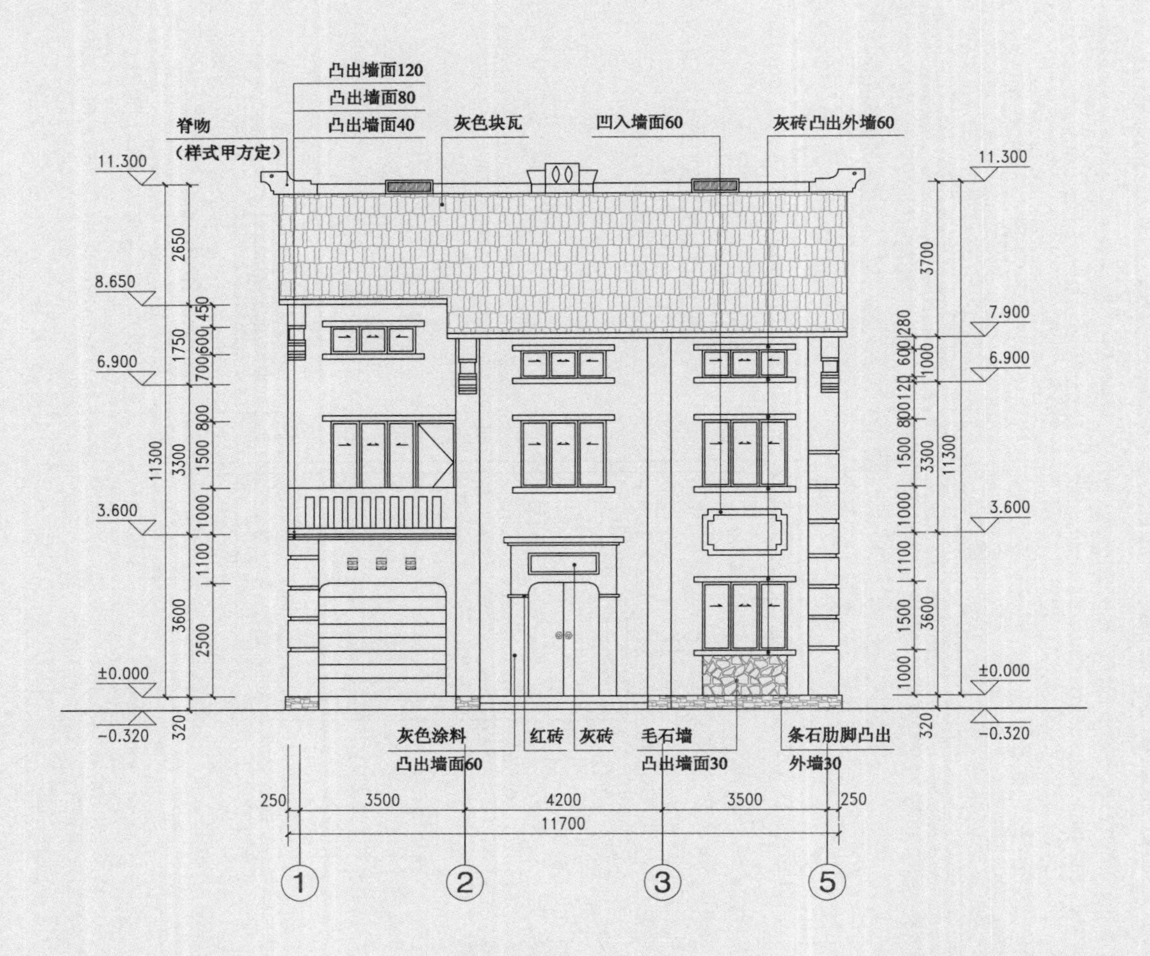

1-5轴立面图

未注明墙体为清水墙

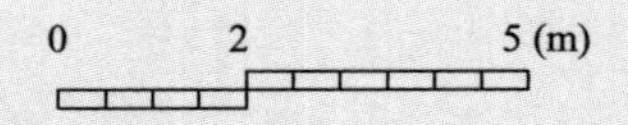

个 户型 3 建筑施工图 /1-5 轴立面图

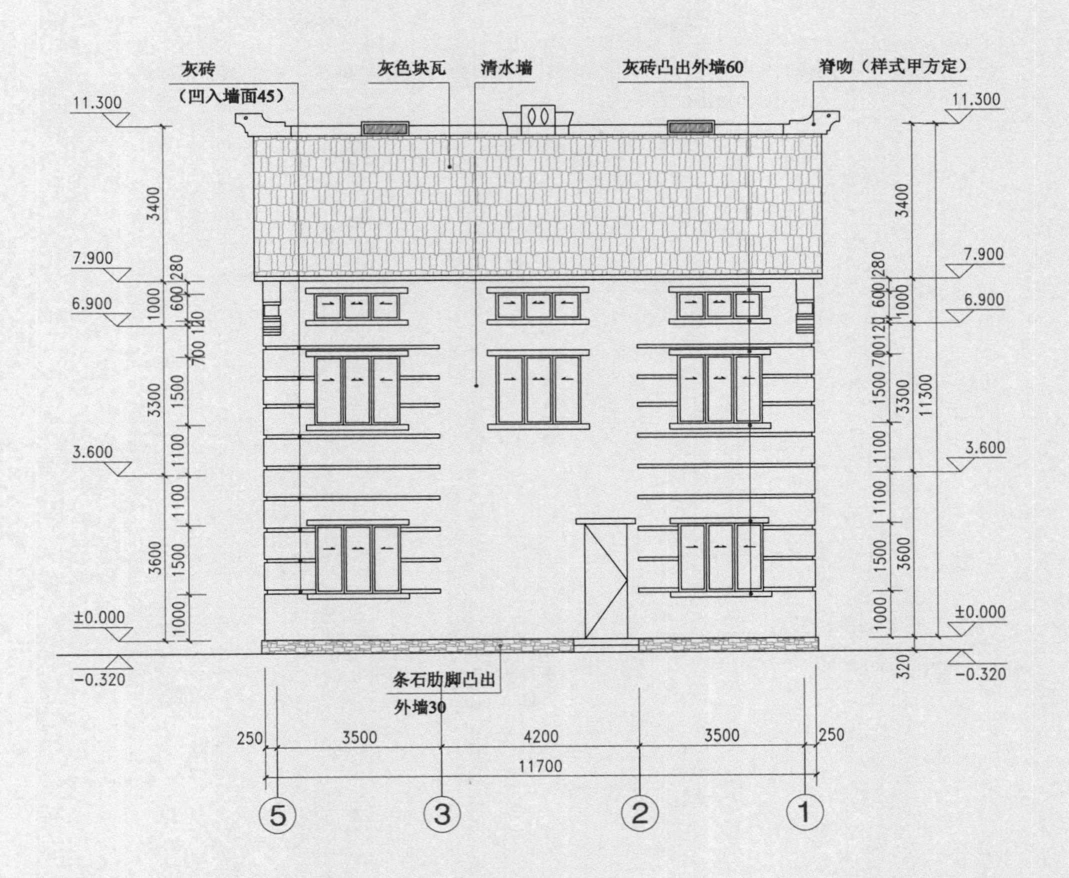

5-1轴立面图

未注明墙体为清水墙

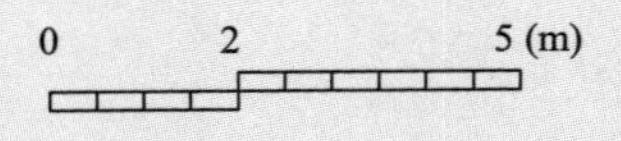

↑ 户型 3 建筑施工图 /5-1 轴立面图

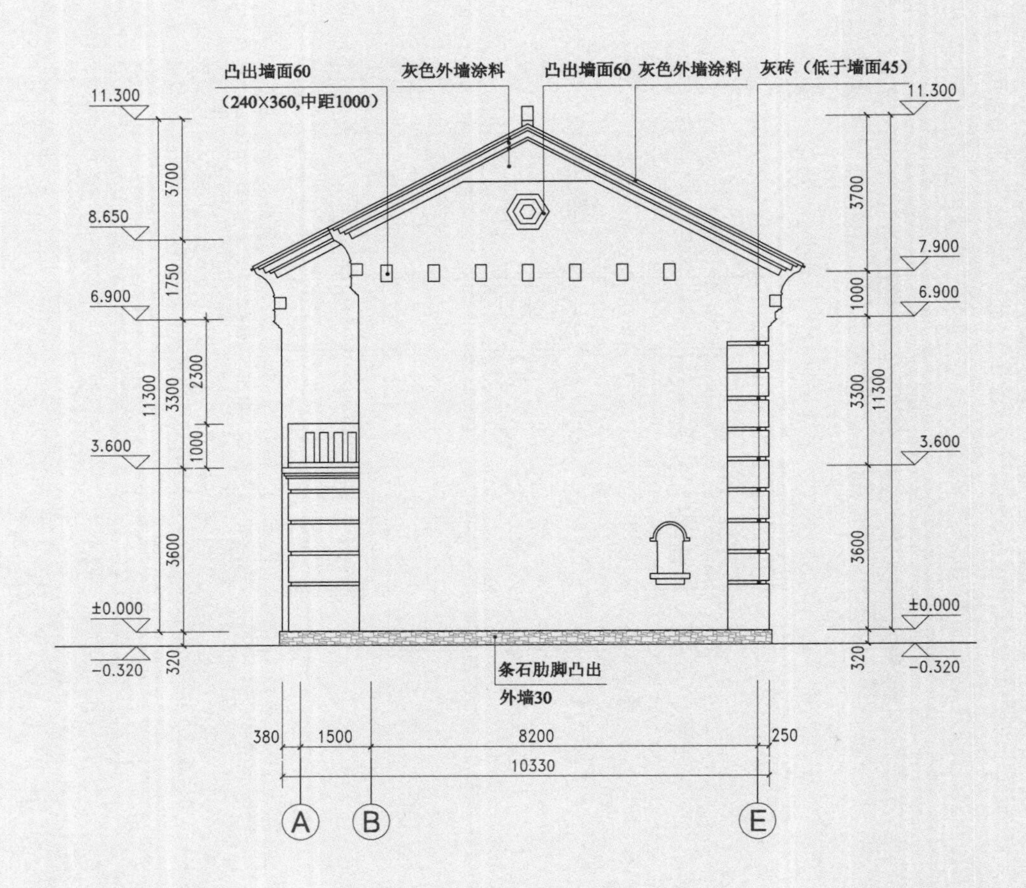

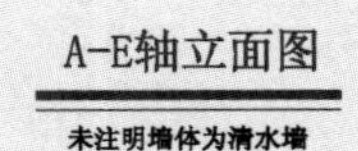

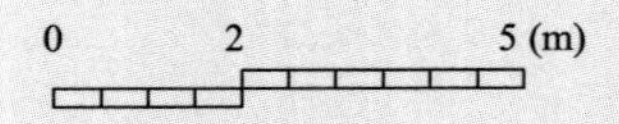

↑ 户型 3 建筑施工图 /A-E 轴立面图

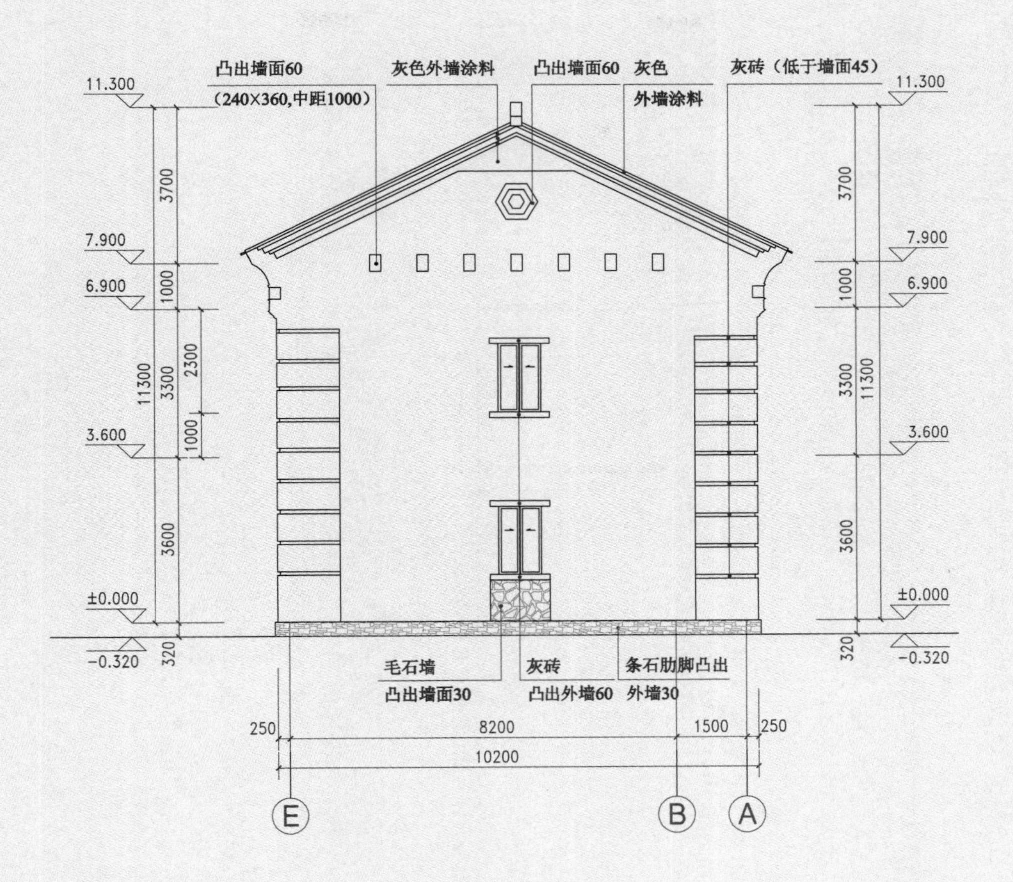

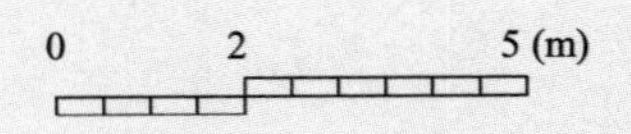

↑ 户型 3 建筑施工图 /E-A 轴立面图

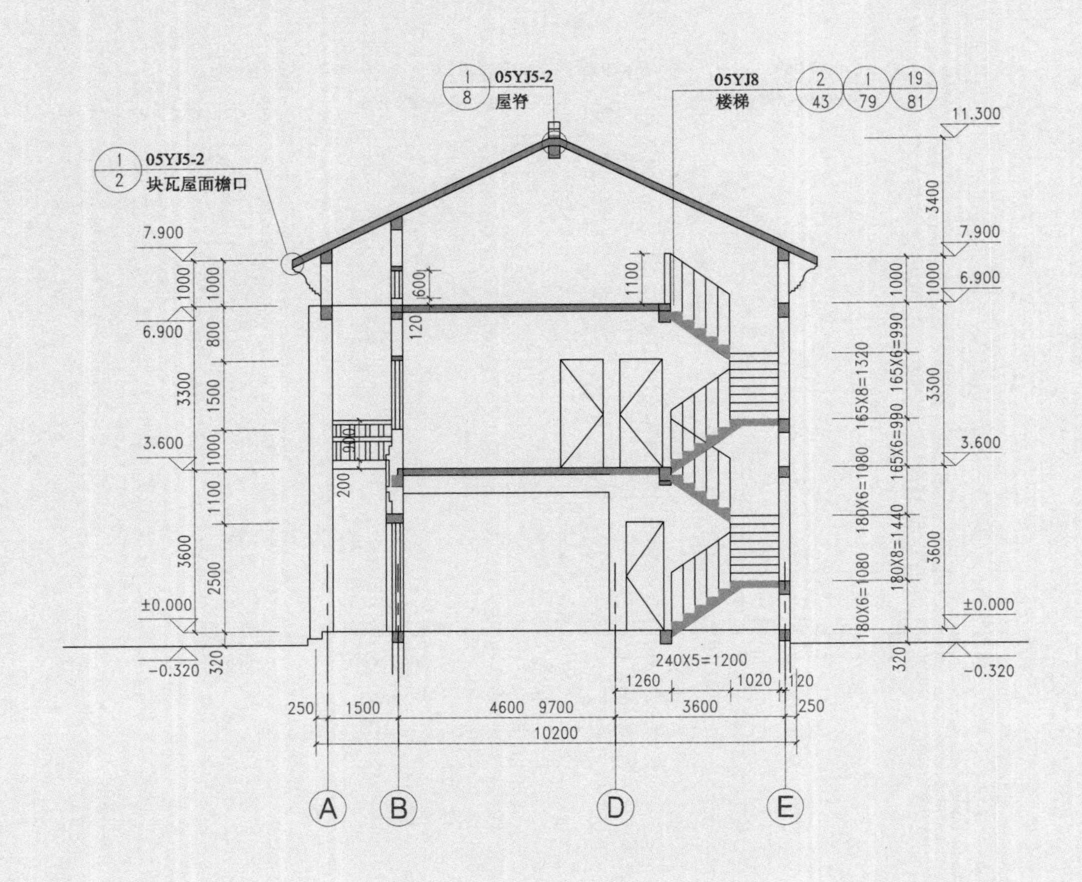

1-1剖面图

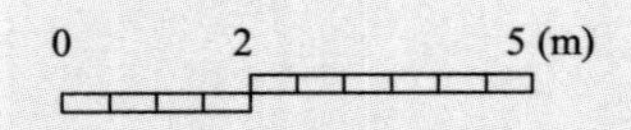

↑ 户型 3 建筑施工图 /1-1 剖面图

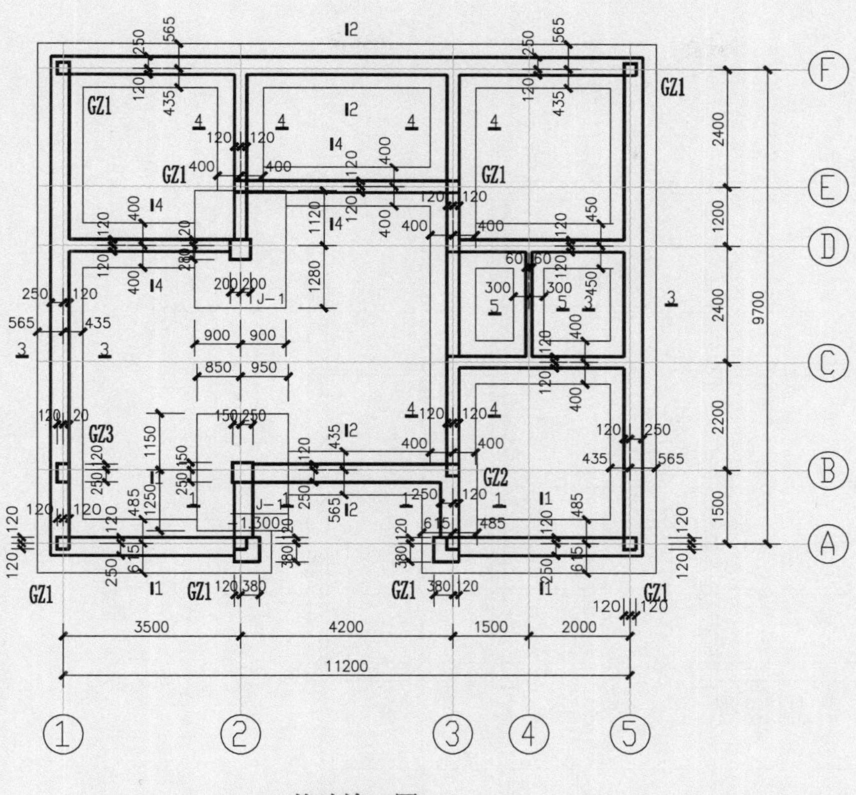

基础施工图

膨胀土地基设计说明：

1 基础底部下设300厚的中粗砂垫层，每边宽于基础300,垫层压实系数不小于0.97；两侧宜采用与垫层相同的材料回填，并做好防水处理。

2 基础施工宜采用分段快速作业法，施工过程中不得使基坑(槽)曝晒或泡水；雨季施工应采取防水措施。

3 基础施工出地面后，基坑(槽)应及时分层回填完毕，填料可选用非膨胀土、弱膨胀土及掺有石灰或其它材料的膨胀土，每层虚铺厚度300mm,选用弱膨胀土作填料时，其含水量宜为1.1～1.2倍的塑限含水量，回填夯实土的干密度不应小于1550kN/m^3。

4 外墙四周设置1500mm宽散水，散水设计宜符合下列规定：

1）散水面层采用C15混凝土，其厚度为90mm；

2）散水垫层采用2:8灰土或三合土，其厚度为150mm；

3）散水伸缩缝间距可为3m，并与水落管错开；

5 未尽事宜，必须按《膨胀土地区建筑技术规范》(GBJ112-1987)施工。

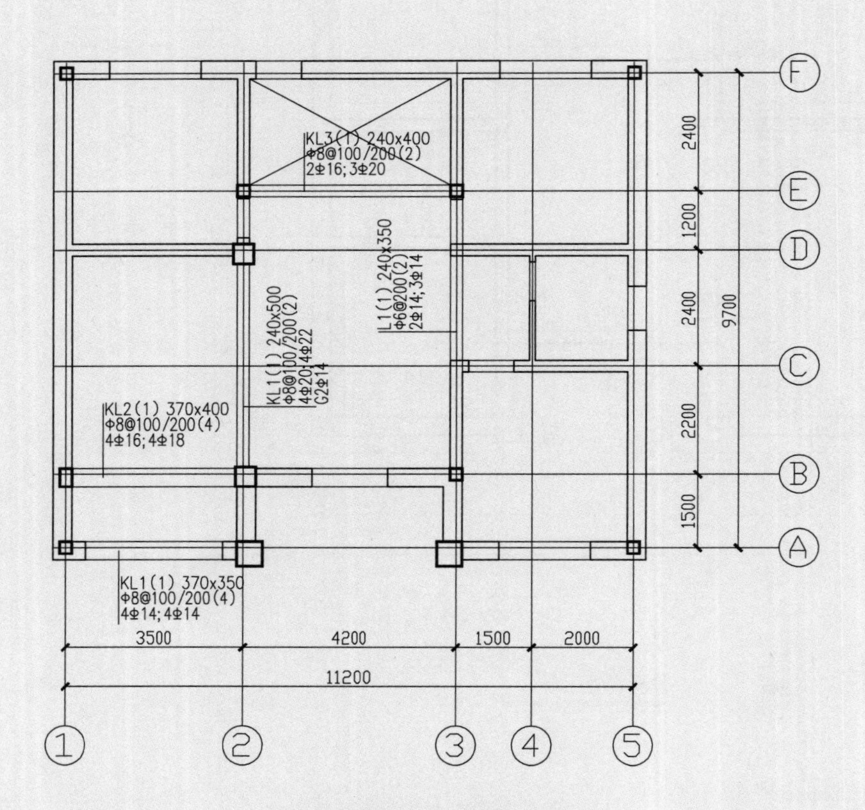

3.570层梁结构平面图

1. 构造柱注明按对应层的结构平面图执行。
2. 梁平法按国标11GB101-1施工。

↑ 户型 3 结构施工图 /3.570 层梁结构平面图

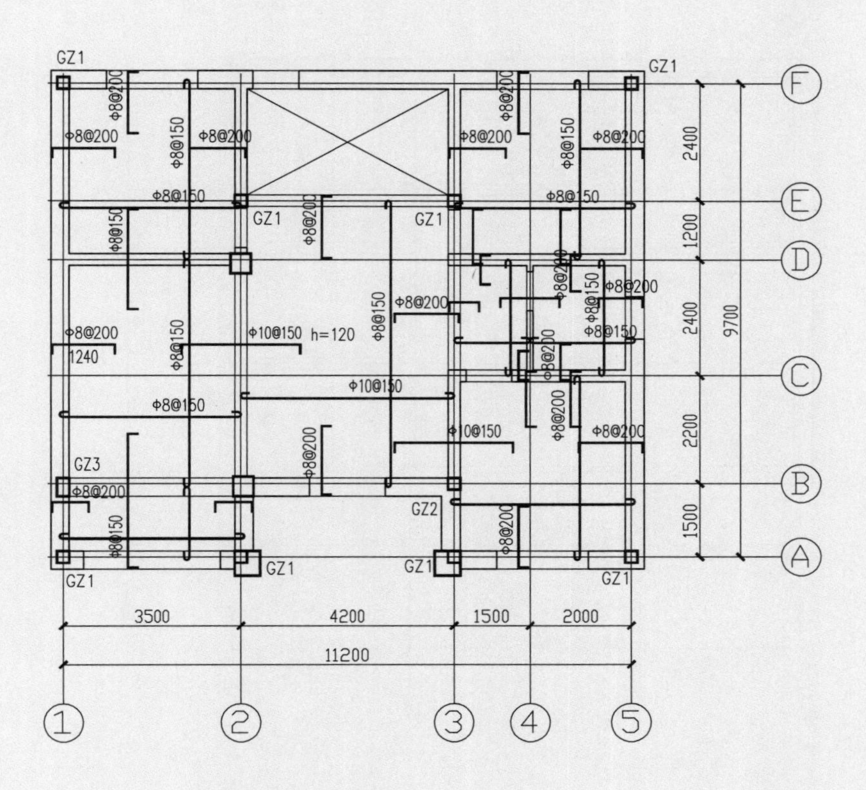

3.570层结构平面图

1. 卫生间楼板低于其它楼板90mm。
2. 现浇板厚度均为120mm。
3. 厨房、阳台楼板低于其它楼板20mm。
4. 板面高差不大于50mm时，板面负筋不必断开，可弯折而行。

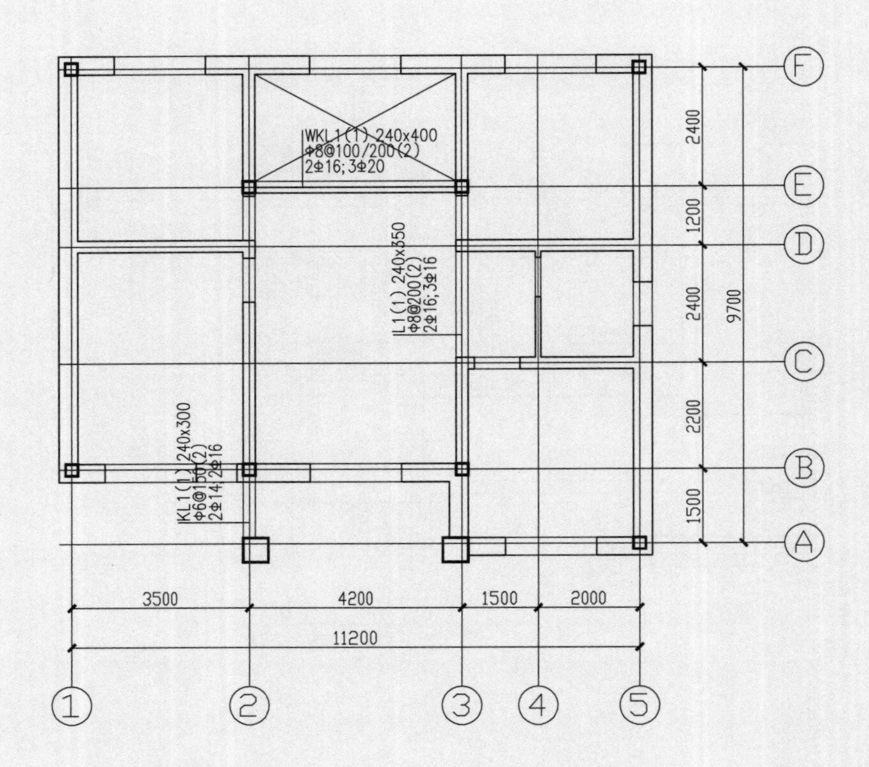

6.870层梁结构平面图

1. 构造柱注明按对应层的结构平面图执行。
2. 梁平法按国标11GB101-1施工。

↑ 户型 3 结构施工图 /6.870 层梁结构平面图

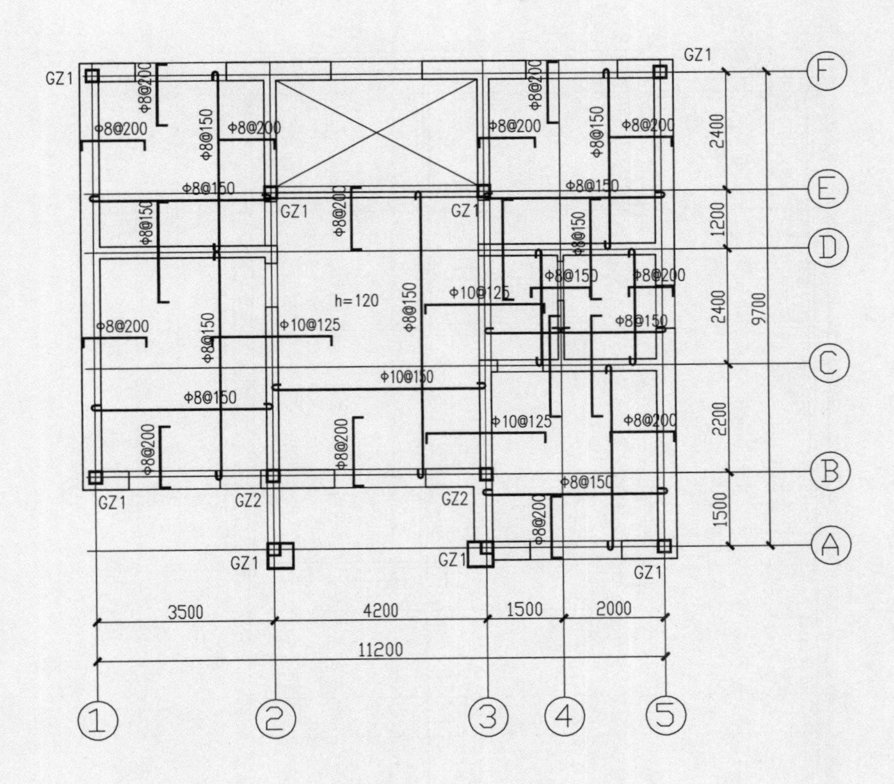

6.870层结构平面图

现浇板厚度均为120mm。

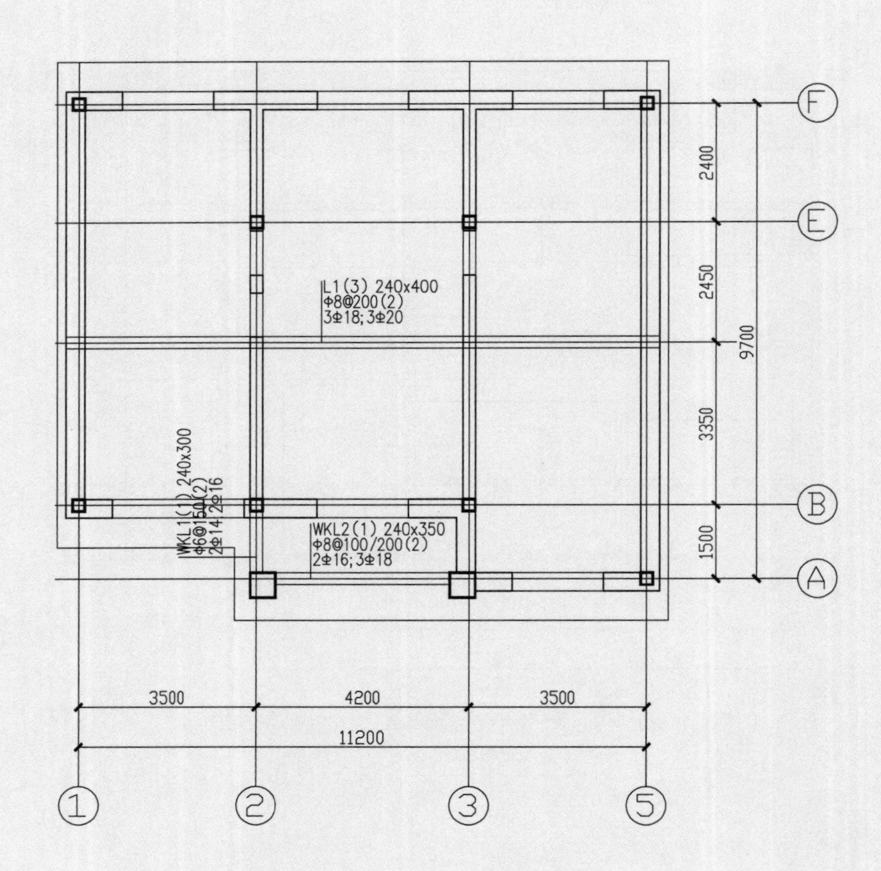

坡面层梁结构平面图

1. 所有的WKL均为梁、板结构且随坡或随脊走。
2. 梁平法按国标11GB101-1施工。
3. 构造柱注明按对应层的结构平面图执行。

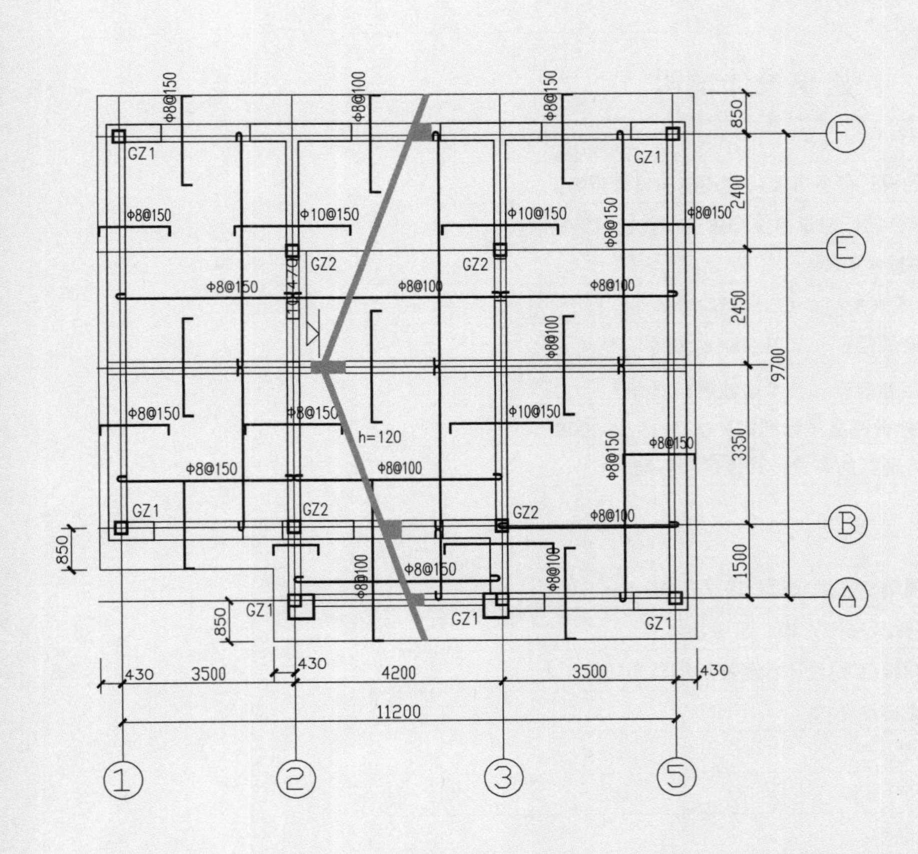

坡面层结构平面图

1. 屋面支座钢筋间隔通长设置作为温度控制钢筋。
2. 挑檐各转角（阳角）板面均增设3根射向钢筋，长度均为1800mm。
3. 现浇板厚度均为120mm。

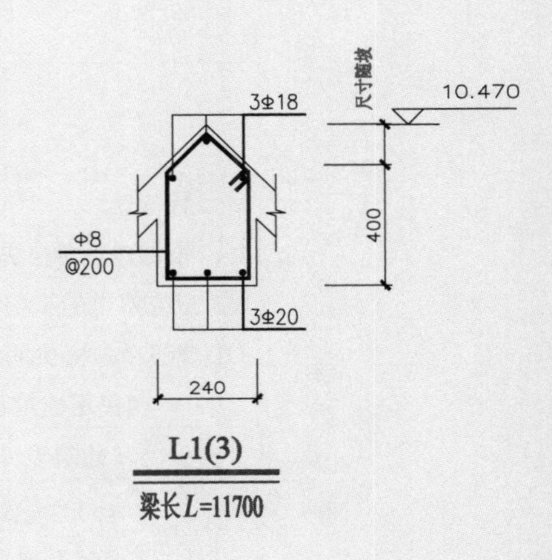

L1(3)

梁长L=11700

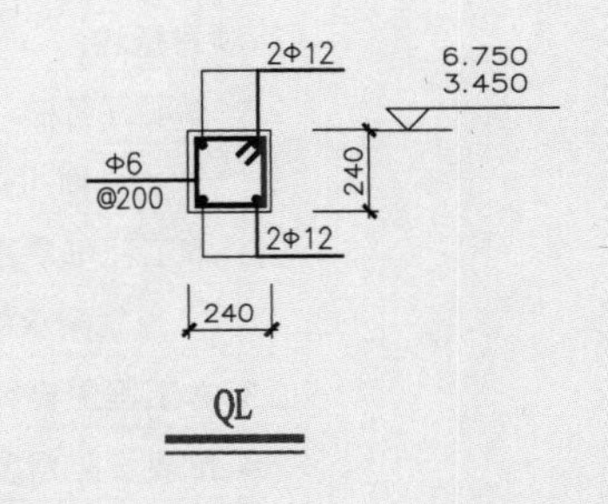

QL

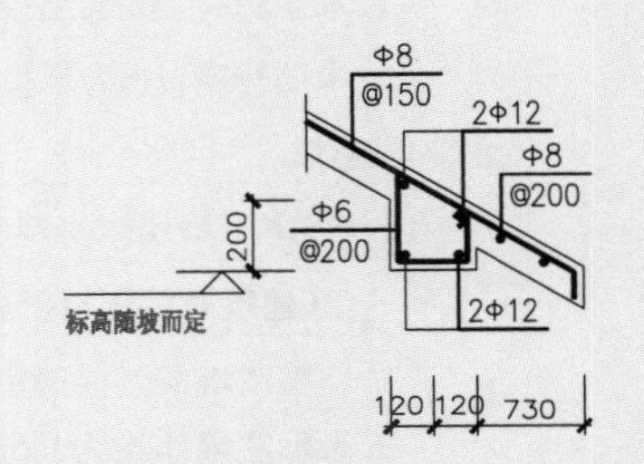

檐口大样断面图

户型 3 单位工程费用汇总表

建筑设计说明
1 设计依据:
1.1 根据建设单位提供的设计任务书及认可的建筑设计方案。
1.2 双方签定的工程设计合同，建设单位提供的相关技术资料。
1.3 建设单位提供的相关技术资料:
《民用建筑设计通则》 GB50352-2005
《建筑设计防火规范》 GB 50016-2006
《2003全国民用建筑设计技术措施规范.建筑》
《05系列工程建设标准设计图集》DBJT19-20-2005
以及国家和地方现行的有关设计规范和标准。
2 项目概述:
2.1 本项目名称:
淅川县九重镇陶岔新型农村社区（户型 3）
2.2 本工程每户建筑面积320.86平方米，两层住宅。
建筑耐火等级为四级;工程设计合理使用年限为50年。
2.3 本工程主要结构类型:砖混结构。
2.4 抗震设防烈度低于6度。
3 设计标高:
3.1 本工程+0.000标高现场定。
3.2 本图标高以m为单位，其它尺寸以mm为单位。
4 墙体:
4.1 (1) 本工程墙体材料采用:蒸压灰砂砖。
(2) 建筑内的隔墙应砌至梁,板底部,缝隙处应填实。
4.2 门窗或墙洞过梁选用及做法,详见结构专业有关图纸。
4.3 未标注墙体均为240厚蒸压灰砂砖,且轴线居中。
4.4 所有木构件均做防腐处理;预埋铁件除锈后刷红丹防锈漆二遍。
5 屋面:
5.1 本工程的屋面防水等级为III级，防水层合理使用年限为10年。
5.2 屋面排水方式详见工程设计屋顶平面图。

建筑设计说明

6 门窗:

6.1 本工程设计中仅做门窗数量和立面分格及开启形式要求,塑钢门窗框料颜色为灰白色.门窗的基本性能指标（风压强度、气密性、水密性），断面系列及构造应满足有关规范要求，由生产厂家提供加工图纸及质量标准,并配齐五金零件,和校核数量经设计和使用单位认可后方可施工安装。

6.2 图中所注尺寸均为洞口尺寸，门窗加工尺寸要按照装修面厚度由承包商予以调整；

6.3 门的洞口尺寸仅开启方向不同时，本设计均采用统一编号，按平面图所示方向进行加工和安装；

6.4 所有门窗及外窗均立樘中，窗户采用塑钢单框单玻、5厚无色透明浮法玻璃.开启方式采用推拉窗,所有开启的窗扇均设纱窗。

6.5 塑钢推拉窗必须设置防脱落装置。

7 室内、外装修:

7.1 室内、外装修做法,除本说明交待外,其余均见建筑装修表及有关设计图纸；

7.2 外墙面粉刷及贴面材料部位及要求详见立面图。

7.3 各类管线及灯具等必须严格控制标高,以保证今后使用要求和有利于二次装修的进行。

7.4 装饰材料须经设计及建设单位确定,并需做小面积施工样板,共同商定后方可大面积施工。

8 油漆:

8.1 凡金属制品，露明部分除锈后用红丹（防锈漆）打底刷白色醇酸磁漆二度。非露明部分除锈后刷红丹防锈漆二度。

9 其它事项：

9.1 图中构造柱以结构为准。门窗数量以实际为准。

9.2 本工程设计中未尽事宜均应遵循有关施工规范，或与设计人员协商后方能施工。未经设计许可或技术鉴定，不得改变各功能空间使用用途。

构造做法（05YJ1）				
编号	名称	使用部位	索引	备注
坡屋面	屋21 （砂浆卧瓦、有柔性防水层）	屋面	05YJ1 屋 21(F3)	SBS 应符合有关标准
地 面	陶瓷地砖防水地面	厨、卫地面	05YJ1 页 19地 52	300×300 防滑地砖
	大理石地面	一层其它地面	05YJ1 页 14地 21	
楼 面	陶瓷地砖防水楼面	厨、卫楼面	05YJ1 页 32 楼 28	300×300 防滑地砖
	陶瓷地砖楼面	二层其它楼面	05YJ1 页 27 楼 10	600×600 抛光耐磨地板砖
	大理石楼面	二层阳台楼面	05YJ1 页 28 楼 11	
	水泥砂浆楼面	阁楼层楼面	05YJ1 页 26 楼 1	
内 墙	混合砂浆墙面（二）	所有内墙面	05YJ1 页 39 内墙4	
	乳胶漆	所有内墙面	05YJ1 页 82 涂 24	
顶 棚	混合砂浆顶棚	顶棚	05YJ1 页 67 顶 3	
	乳胶漆	顶棚	05YJ1 页 82 涂 24	
踢 脚	面砖踢脚（一）	所有房间	05YJ1 页 61 踢 22	
散 水	混凝土散水	所有散水	05YJ1 页 113散 1	B=1500
外 墙	涂料外墙面（一）	其它外墙	05YJ1 页 50 外墙 21	颜色及分隔见立面 D=10
	清水砖墙外墙面	所有外墙	05YJ1 页 50 外墙 20	
墙裙	面砖墙裙（一）	厩卫内墙	05YJ1 页 55 裙 10	300×450 面砖贴至板底
台阶	大理石台阶	所有台阶	05YJ1 页 116 台 6	
坡道	水泥砂浆防滑坡道	车库门口坡道	05YJ1 页 117 坡 6	
木构件	调和漆	所有木构件	05YJ1 第 77 页涂 1	
铁构件	调和漆（一）	所有铁构件	05YJ1 第 80 页涂 12	

图纸目录

<table>
<tr><td rowspan="2">1</td><td rowspan="2">建施 1</td><td>建筑设计说明　　构造作法表</td><td rowspan="2">A2</td></tr>
<tr><td>图纸目录　　门窗表</td></tr>
<tr><td>2</td><td>建施 2</td><td>一层平面　　二层平面</td><td>A2</td></tr>
<tr><td>3</td><td>建施 3</td><td>阁楼层平面　　屋顶平面</td><td>A2</td></tr>
<tr><td rowspan="2">4</td><td rowspan="2">建施 4</td><td>正立面　　背立面</td><td rowspan="2">A2</td></tr>
<tr><td>左.右侧立面</td></tr>
<tr><td>5</td><td>建施 5</td><td>1-1剖面　　节点详图</td><td>A2</td></tr>
</table>

门 窗 表

<table>
<tr><th rowspan="2">类别</th><th rowspan="2">设计编号</th><th colspan="2">洞口尺寸　(mm)</th><th rowspan="2">数量</th><th rowspan="2">采用标准图集
及编号</th><th rowspan="2">备 注</th></tr>
<tr><th>宽</th><th>高</th></tr>
<tr><td rowspan="7">门</td><td>M-1</td><td>2700</td><td>2500</td><td>1</td><td>车库卷帘门</td><td></td></tr>
<tr><td>M-2</td><td>1500</td><td>2500</td><td>1</td><td>钢制防盗门</td><td></td></tr>
<tr><td>M-3</td><td>900</td><td>2500</td><td>9</td><td>参05YJ4-1,7PM-0924</td><td>套装门</td></tr>
<tr><td>M-4</td><td>800</td><td>2500</td><td>4</td><td>参05YJ4-1,1PM-0824</td><td>塑钢门</td></tr>
<tr><td></td><td></td><td></td><td></td><td></td><td></td></tr>
<tr><td></td><td></td><td></td><td></td><td></td><td></td></tr>
<tr><td></td><td></td><td></td><td></td><td></td><td></td></tr>
<tr><td rowspan="4">窗</td><td>C-1</td><td>1800</td><td>1500</td><td>9</td><td>参05YJ4-1,1TC-1815</td><td></td></tr>
<tr><td>C-2</td><td>900</td><td>1500</td><td>2</td><td>参05YJ4-1,1TC-0915</td><td></td></tr>
<tr><td>C-3</td><td>1800</td><td>600</td><td>6</td><td>参05YJ4-1,1TC-1806</td><td></td></tr>
<tr><td>C-4</td><td>900</td><td>600</td><td>1</td><td>参05YJ4-1,1TC-0906</td><td></td></tr>
<tr><td></td><td colspan="6">注 :一层外窗均采取防护措施 具体甲方自定；白框白玻，玻璃为 6mm厚。</td></tr>
</table>

民居施工图

户型 4

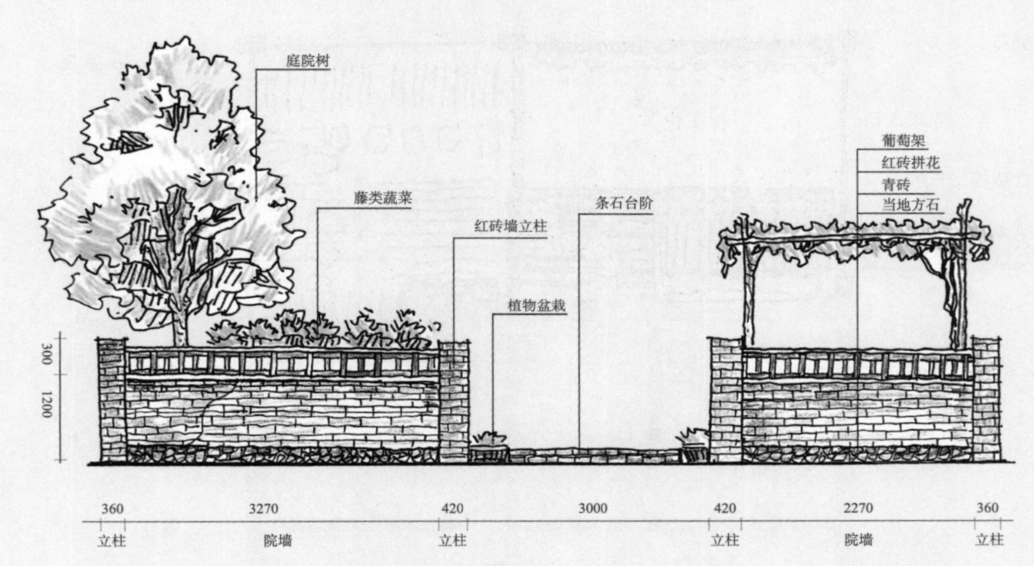
庭院树
藤类蔬菜
红砖墙立柱
条石台阶
植物盆栽
葡萄架
红砖拼花
青砖
当地方石
300
1200
360
3270
420
3000
420
2270
360
立柱
院墙
立柱
立柱
院墙
立柱

↑ 户型 4 院落景观图

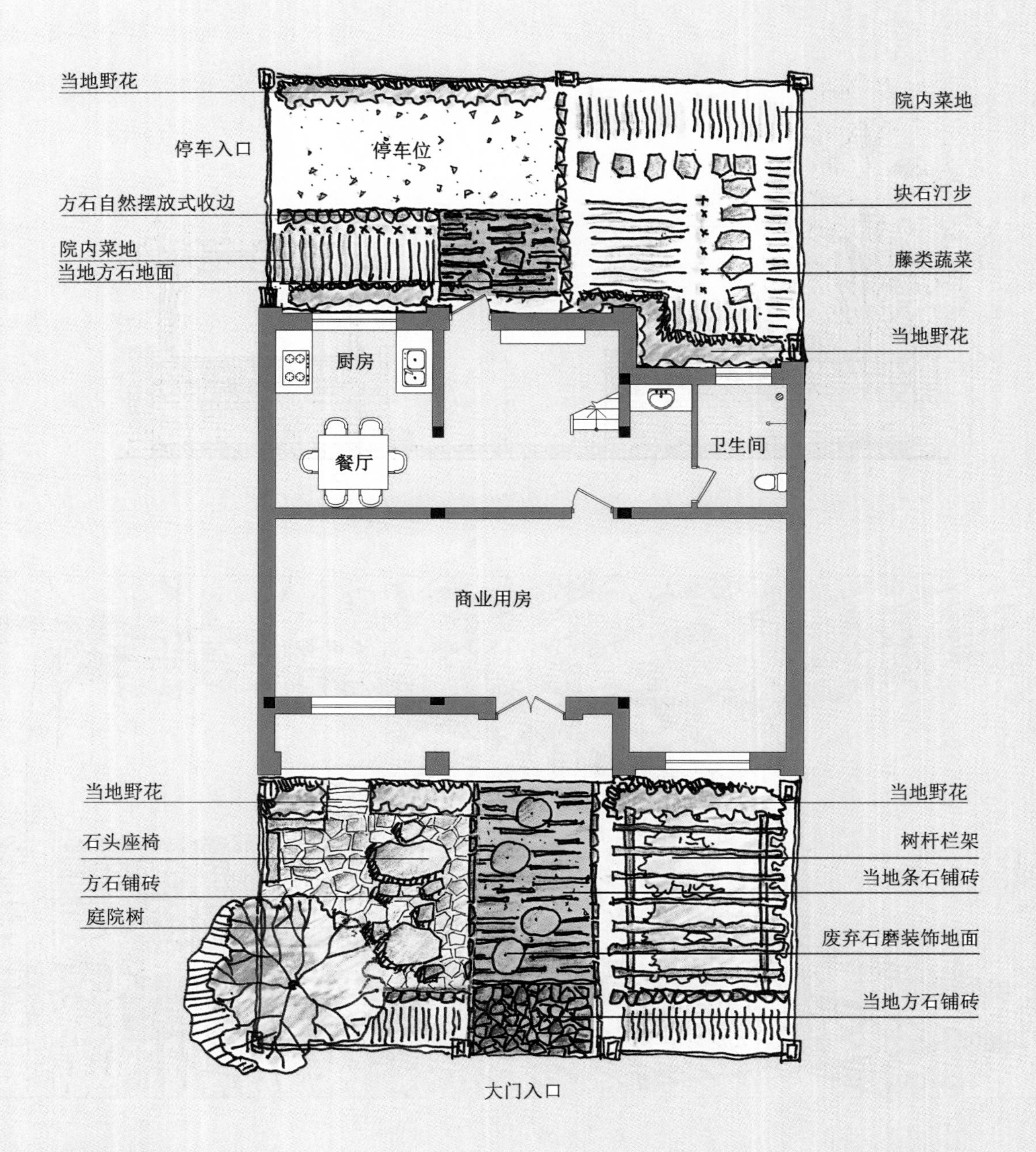
当地野花
停车入口
停车位
院内菜地
块石汀步
方石自然摆放式收边
院内菜地
当地方石地面
藤类蔬菜
当地野花
厨房
餐厅
卫生间
商业用房
当地野花
当地野花
石头座椅
树杆栏架
方石铺砖
当地条石铺砖
庭院树
废弃石磨装饰地面
当地方石铺砖
大门入口

↑ 户型 4 院落平面图

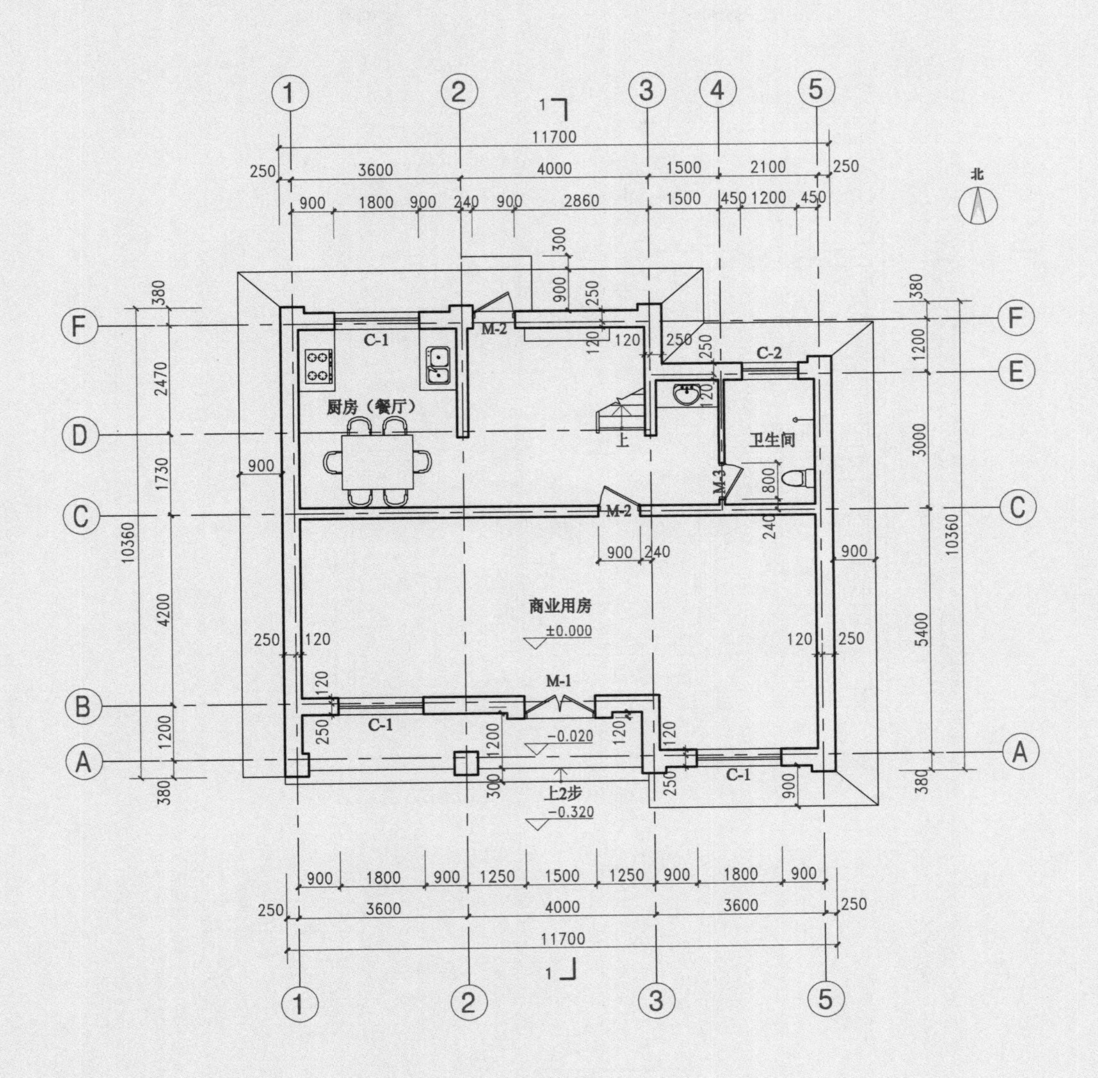

一层平面图

建筑面积105.39m²
总建筑面积312.13m²

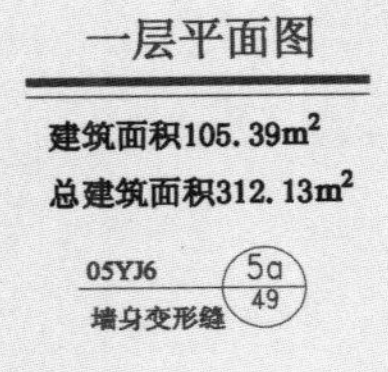

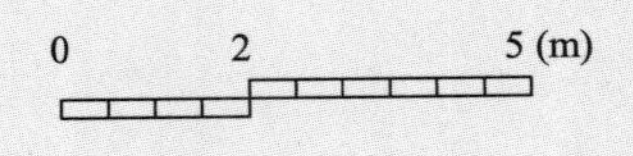

↑ 户型 4 建筑施工图 / 一层平面图

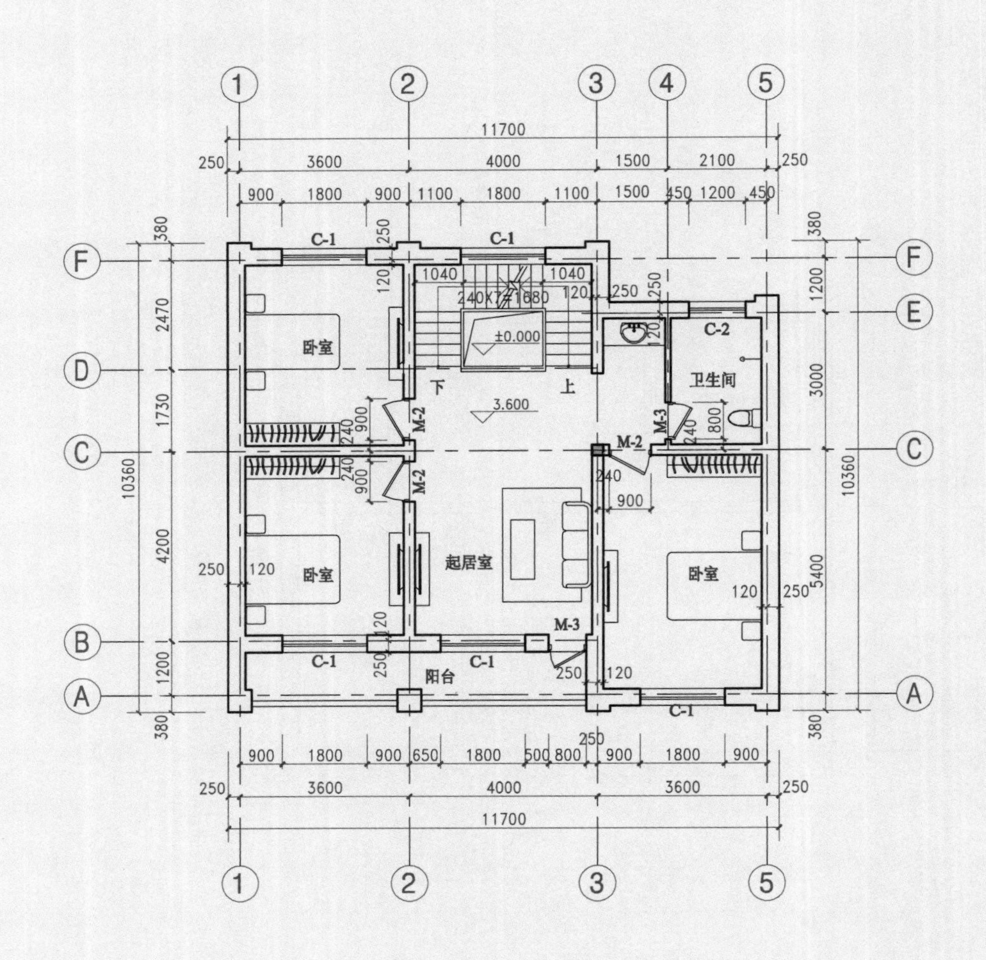

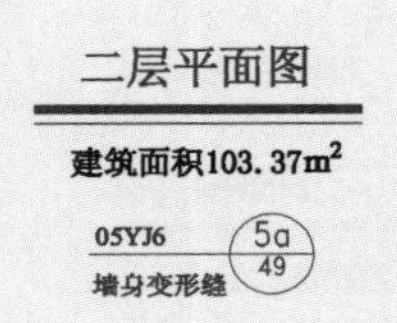

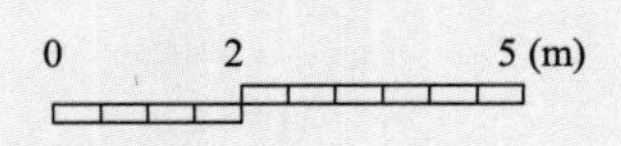

↑ 户型 4 建筑施工图 / 二层平面图

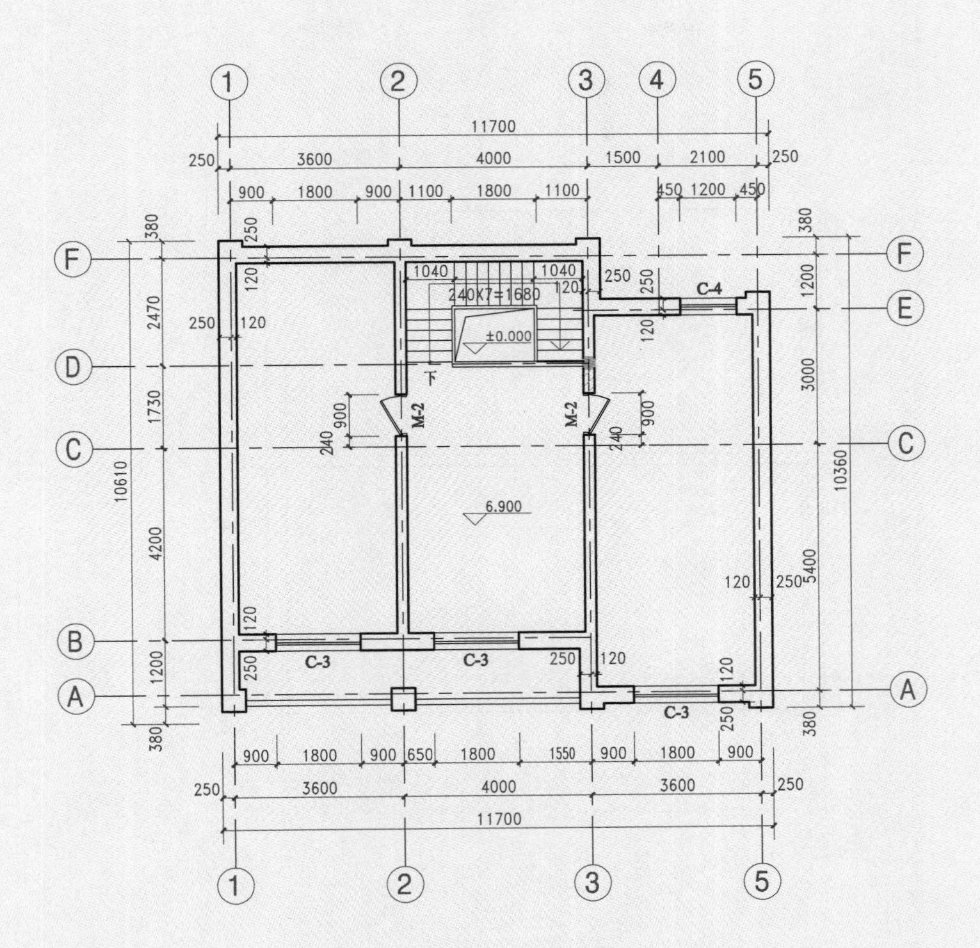

阁楼层平面图

建筑面积103.37m^2

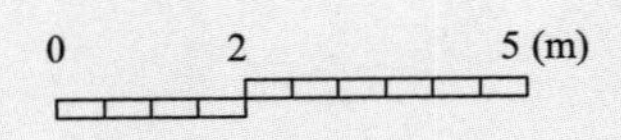

↑ 户型 4 建筑施工图 / 阁楼层平面图

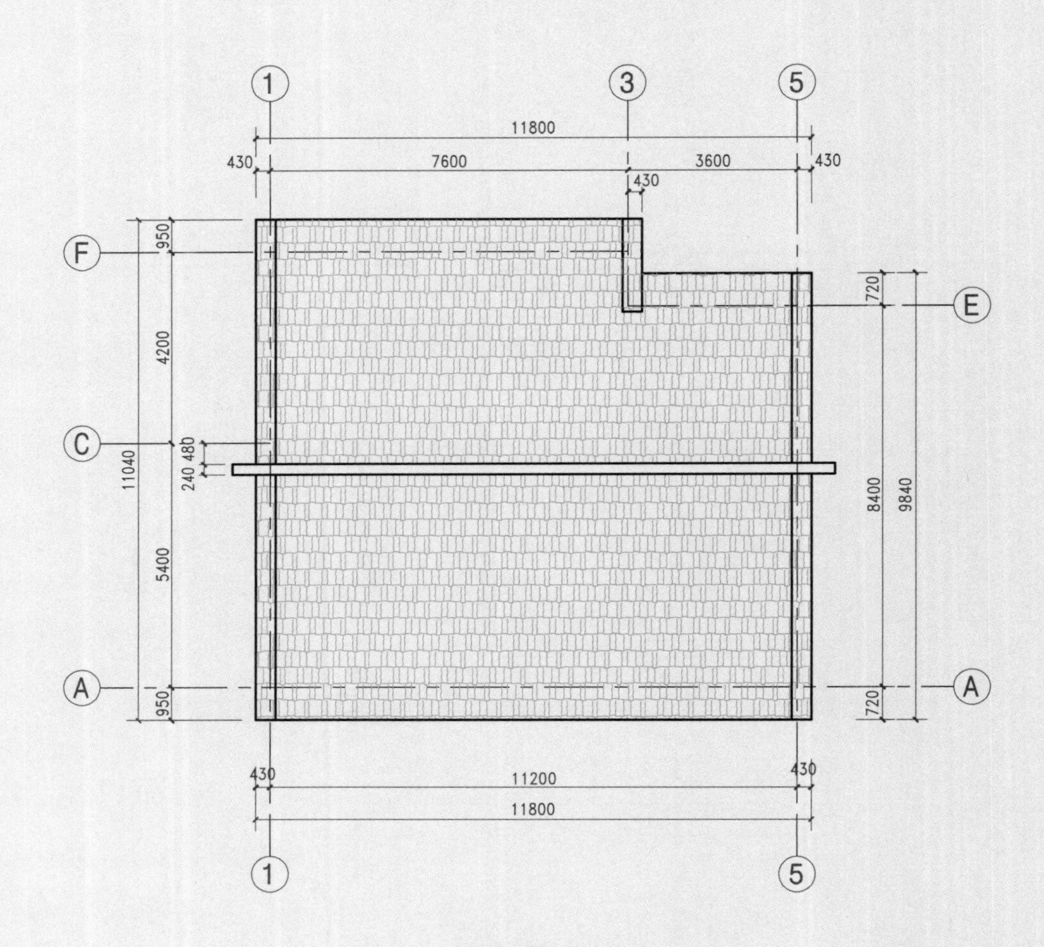

屋顶平面图

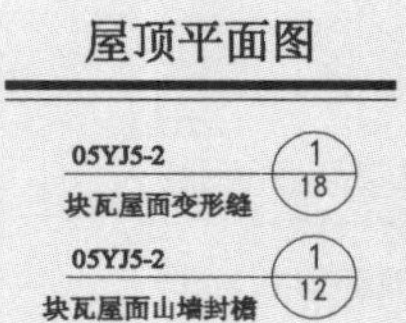

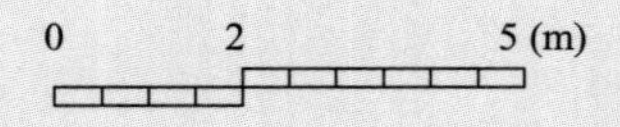

↑ 户型 4 建筑施工图 / 屋顶平面图

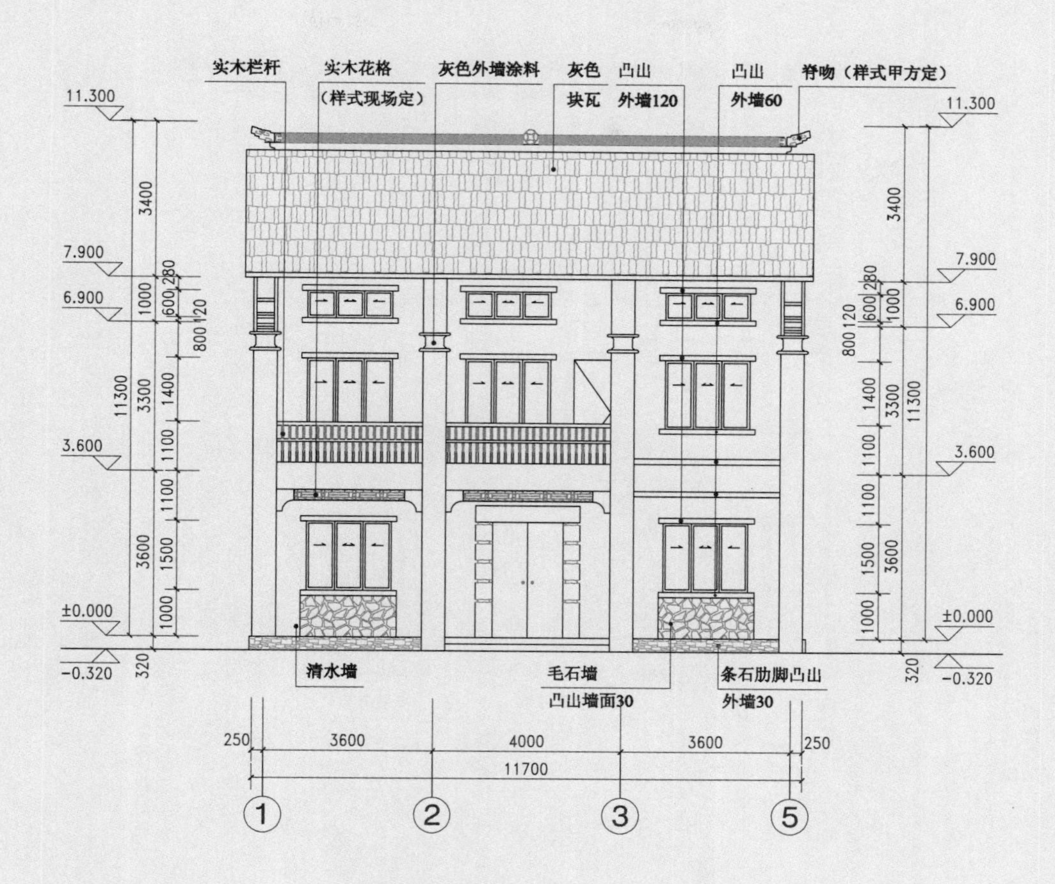

1-5轴立面图

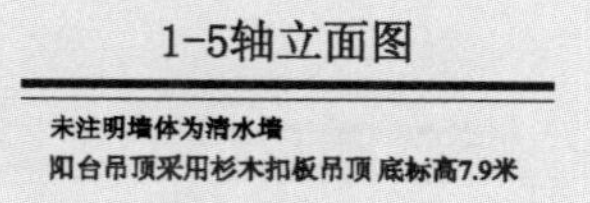

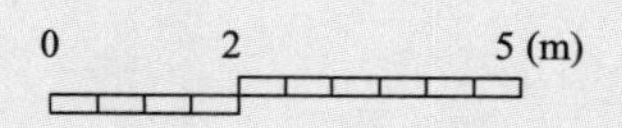

↑ 户型 4 建筑施工图 /1-5 轴立面图

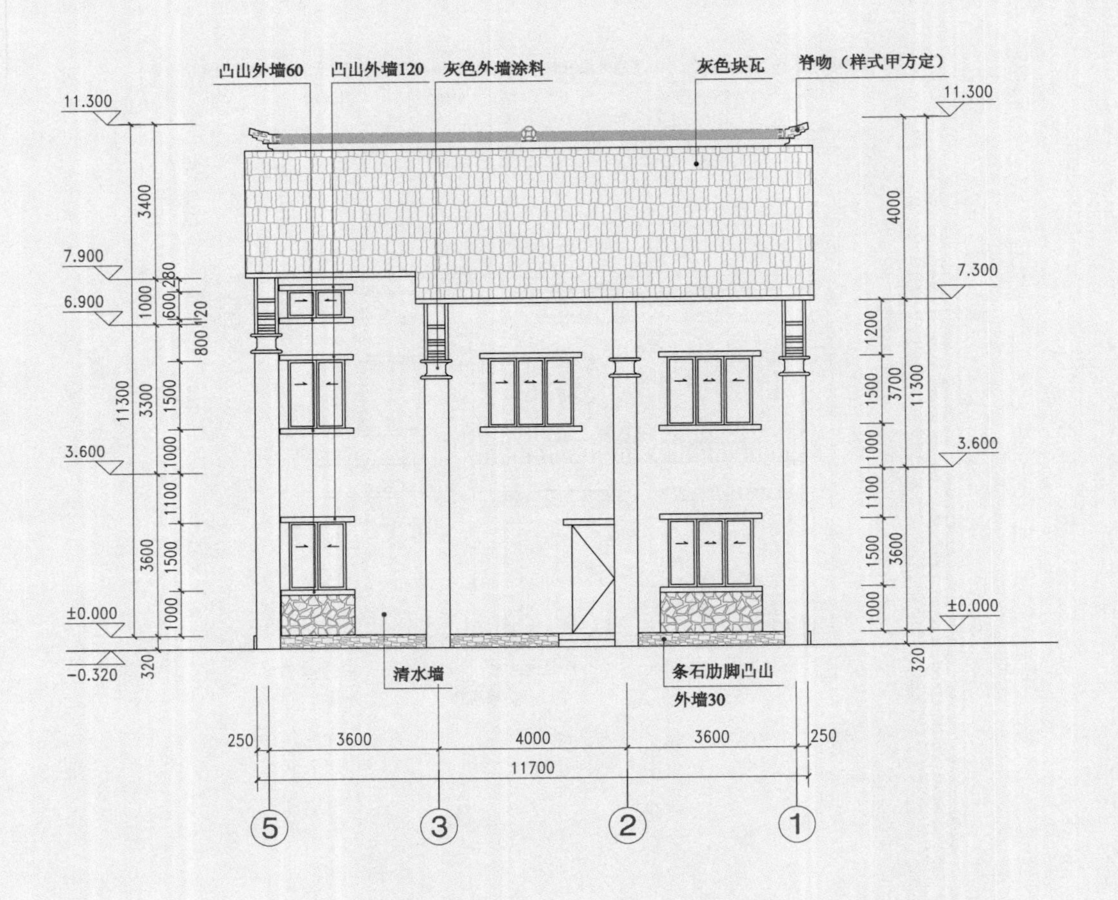

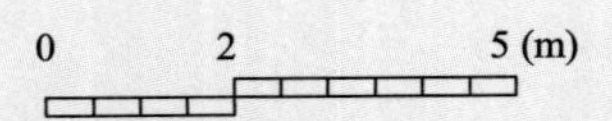

↑ 户型 4 建筑施工图 /5-1 轴立面图

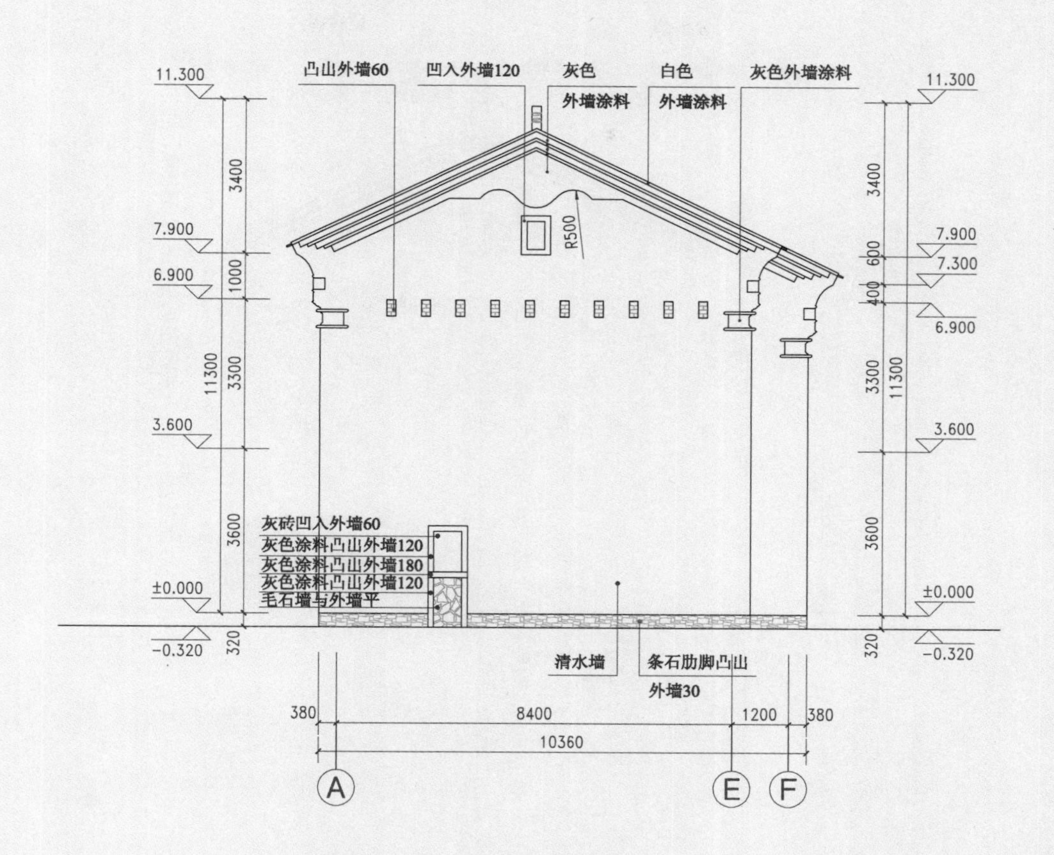

A-F轴立面图

未注明墙体为清水墙

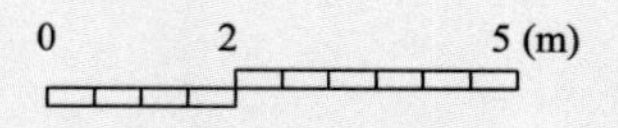

↑ 户型 4 建筑施工图 /A-F 轴立面图

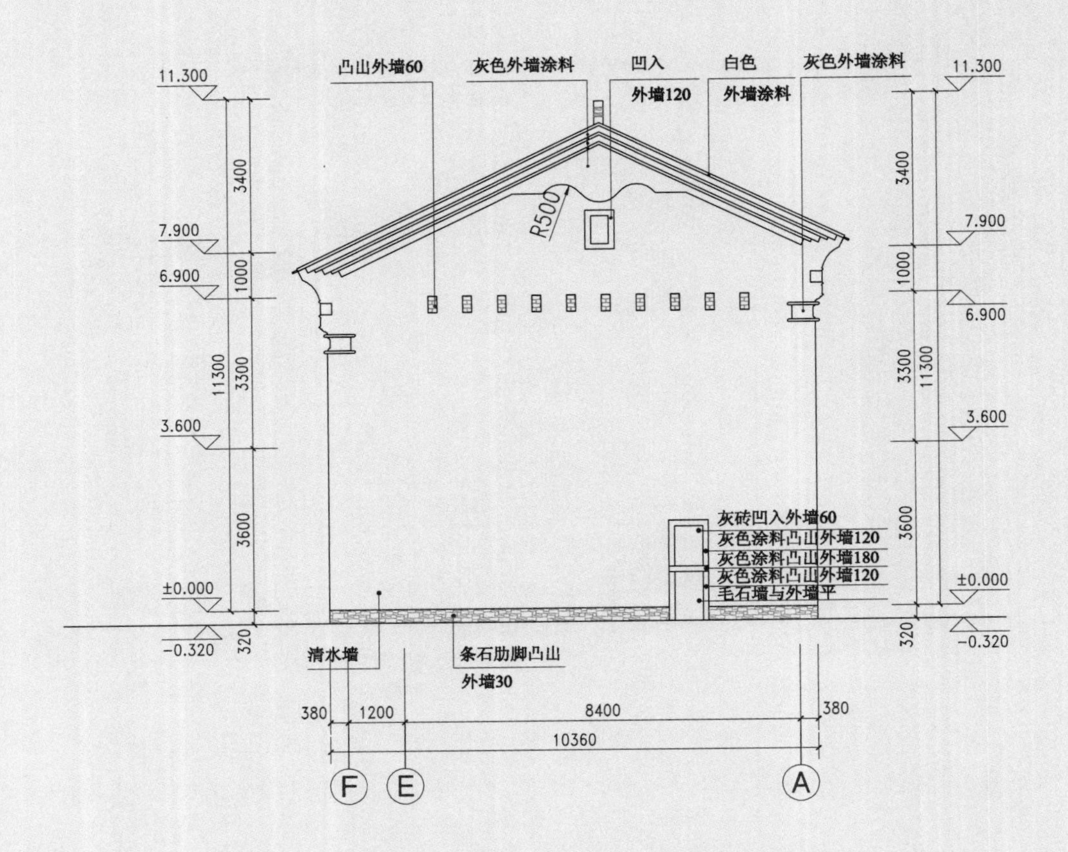

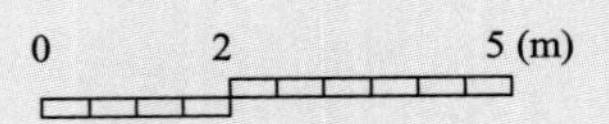

↑ 户型 4 建筑施工图 /F-A 轴立面图

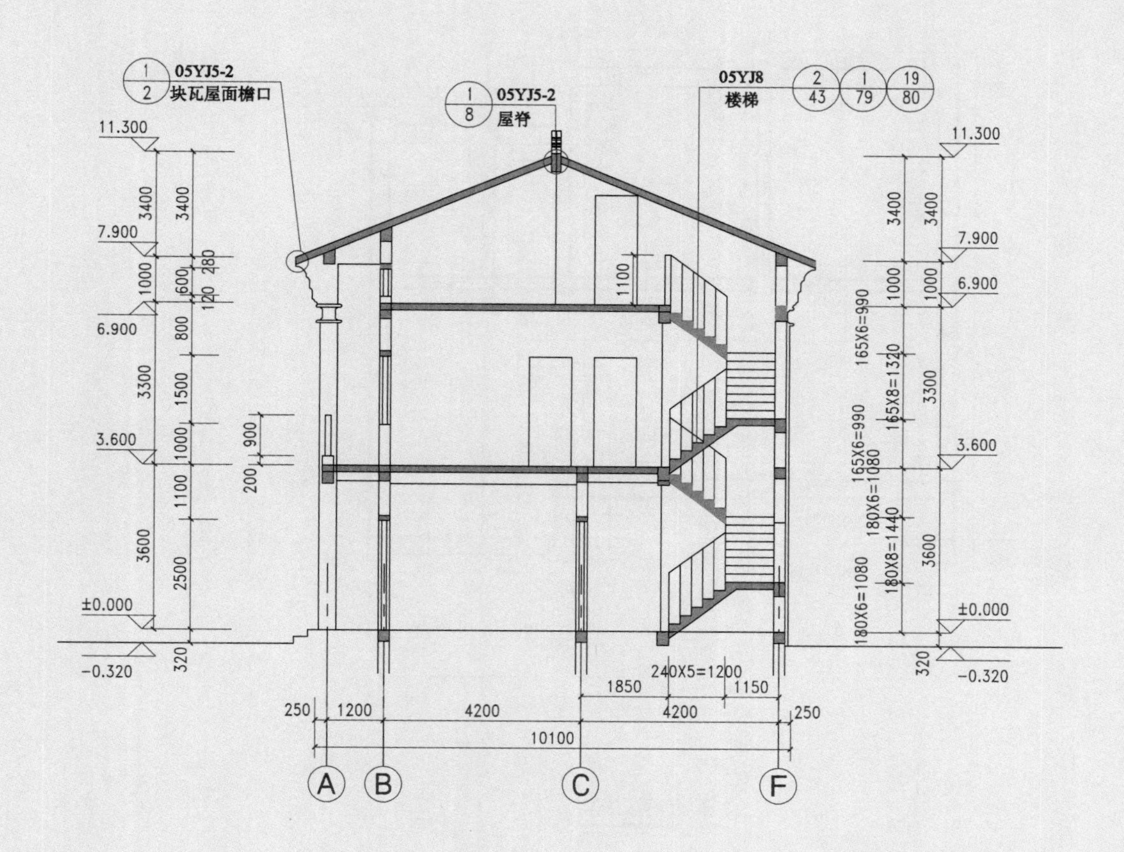

1-1剖面图

户型 4 建筑施工图 /1-1 剖面图

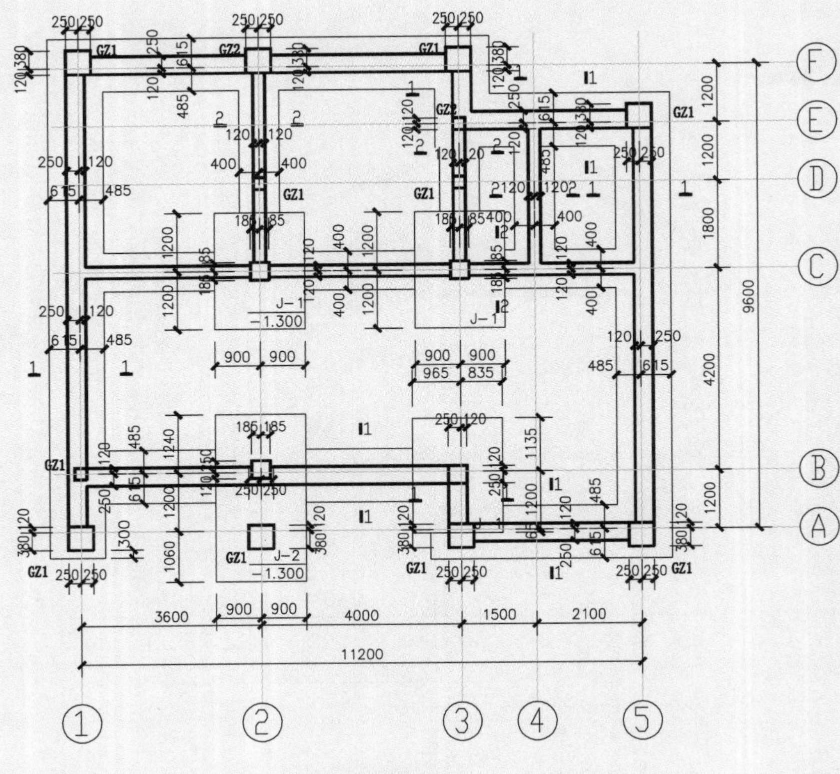

膨胀土地基设计说明：

1. 基础底部下设300厚的中粗砂垫层，每边宽于基础300,垫层压实系数不小于0.97；两侧宜采用与垫层相同的材料回填，并做好防水处理。
2. 基础施工宜采用分段快速作业法，施工过程中不得使基坑(槽)曝晒或泡水；雨季施工应采取防水措施。
3. 基础施工出地面后，基坑(槽)应及时分层回填完毕，填料可选用非膨胀土、弱膨胀土及掺有石灰或其它材料的膨胀土，每层虚铺厚度300mm,选用弱膨胀土作填料时，其含水量宜为1.1~1.2倍的塑限含水量，回填夯实土的干密度不应小于1550kN/m^3。
4. 外墙四周设置1500mm宽散水，散水设计宜符合下列规定：
1）散水面层采用C15混凝土，其厚度为90mm；
2）散水垫层采用2:8灰土或三合土，其厚度为150mm；
3）散水伸缩缝间距可为3m，并与水落管错开；
5. 未尽事宜，必须按《膨胀土地区建筑技术规范》(GBJ112-1987)施工。

↑ 户型 4 结构施工图 / 基础施工图

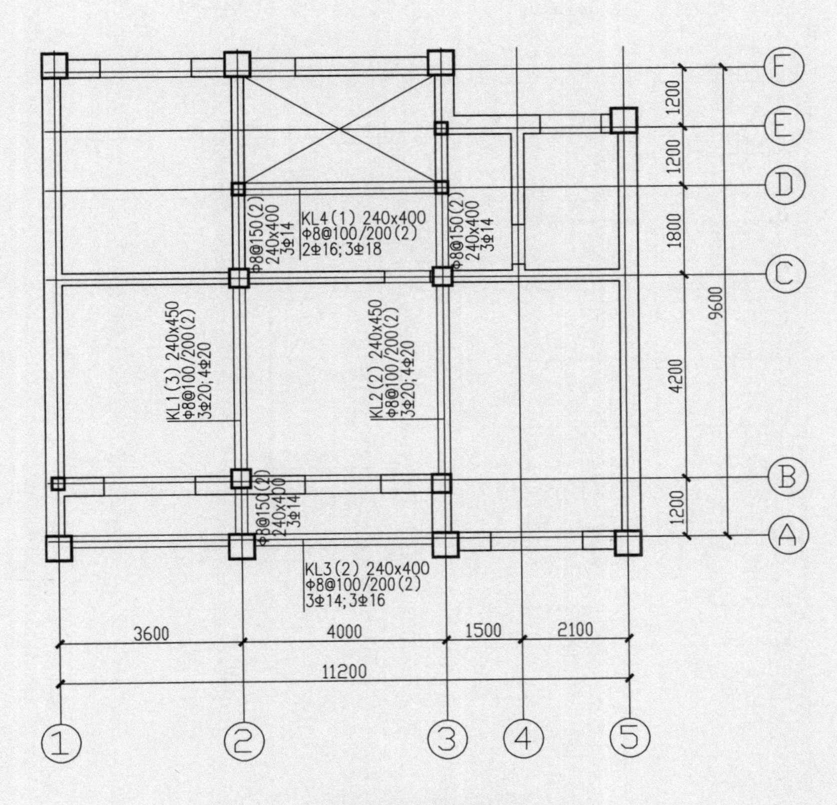

3.570层梁结构平面图

1. 构造柱注明按对应层的结构平面图执行。
2. 梁平法按国标11GB101-1施工。

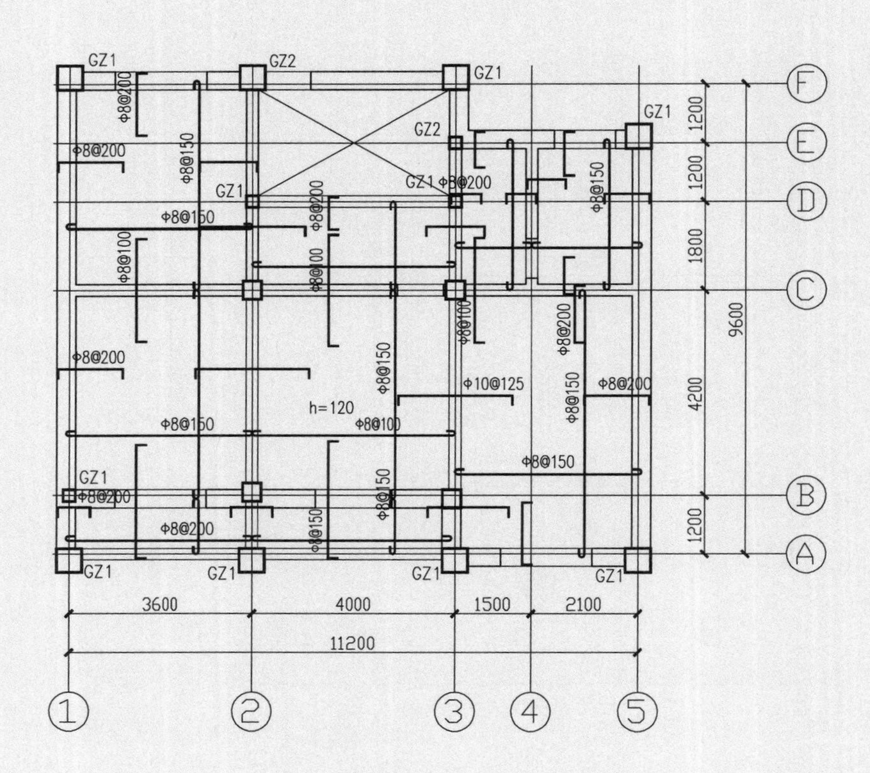

3.570层结构平面图

1. 卫生间楼板低于其它楼板90mm。
2. 现浇板厚度均为120mm。
3. 厨房、阳台楼板低于其它楼板20mm。
4. 板面高差不大于50mm时，板面负筋不必断开，可弯折而行。

↑ 户型 4 结构施工图 /3.570 层结构平面图

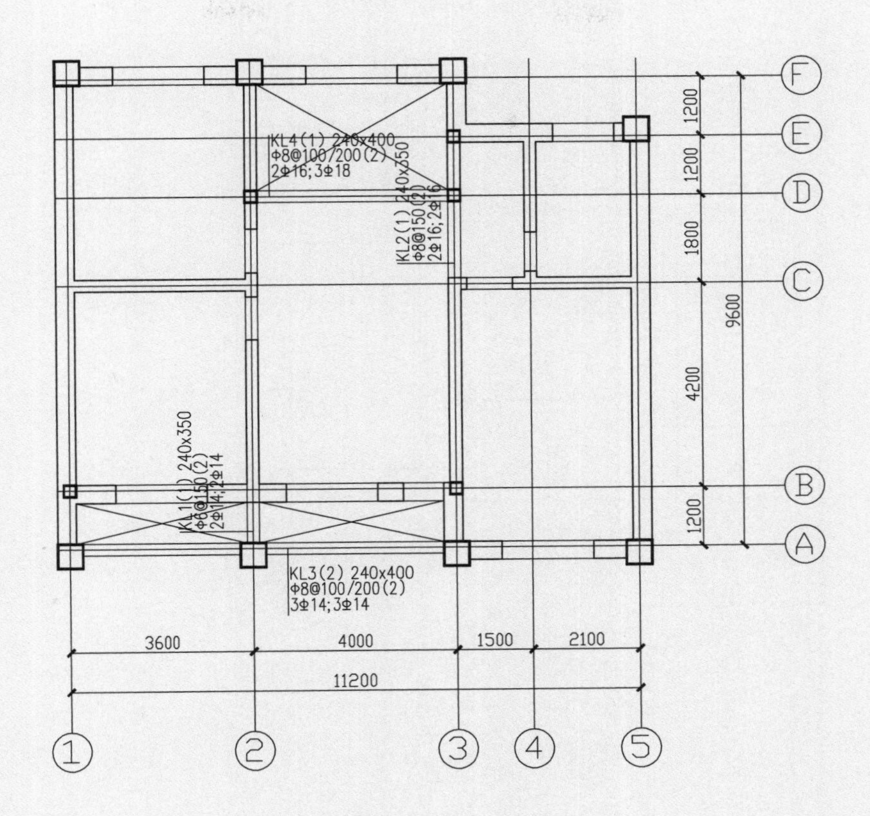

6.870层梁结构平面图

1. 构造柱注明按对应层的结构平面图执行。
2. 梁平法按国标11GB101-1施工。

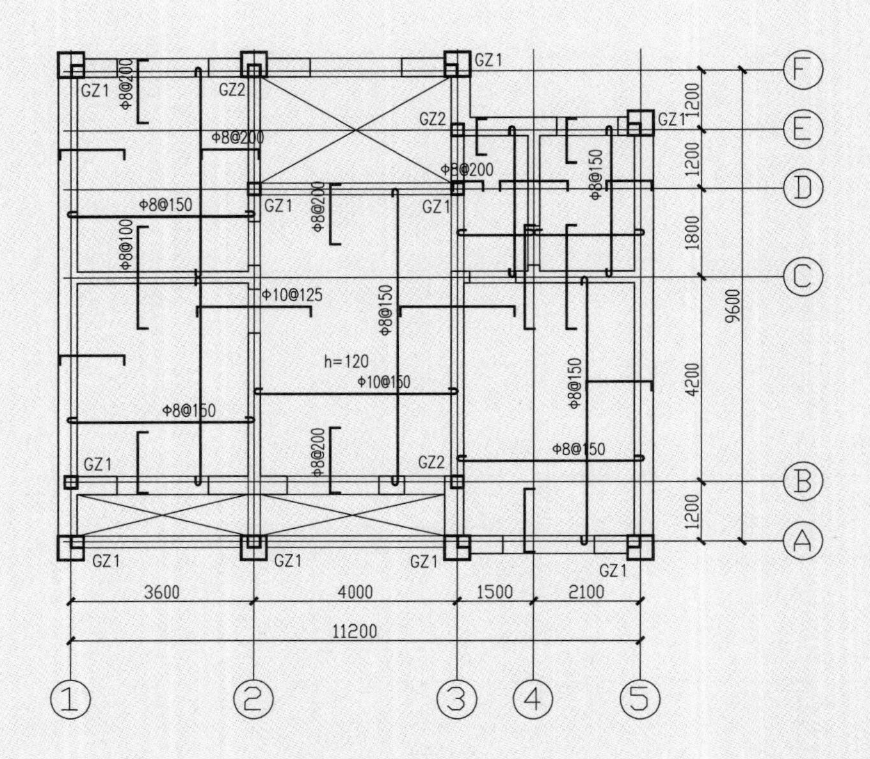

6.870层结构平面图

现浇板厚度均为120mm。

↑ 户型 4 结构施工图 /6.870 层结构平面图

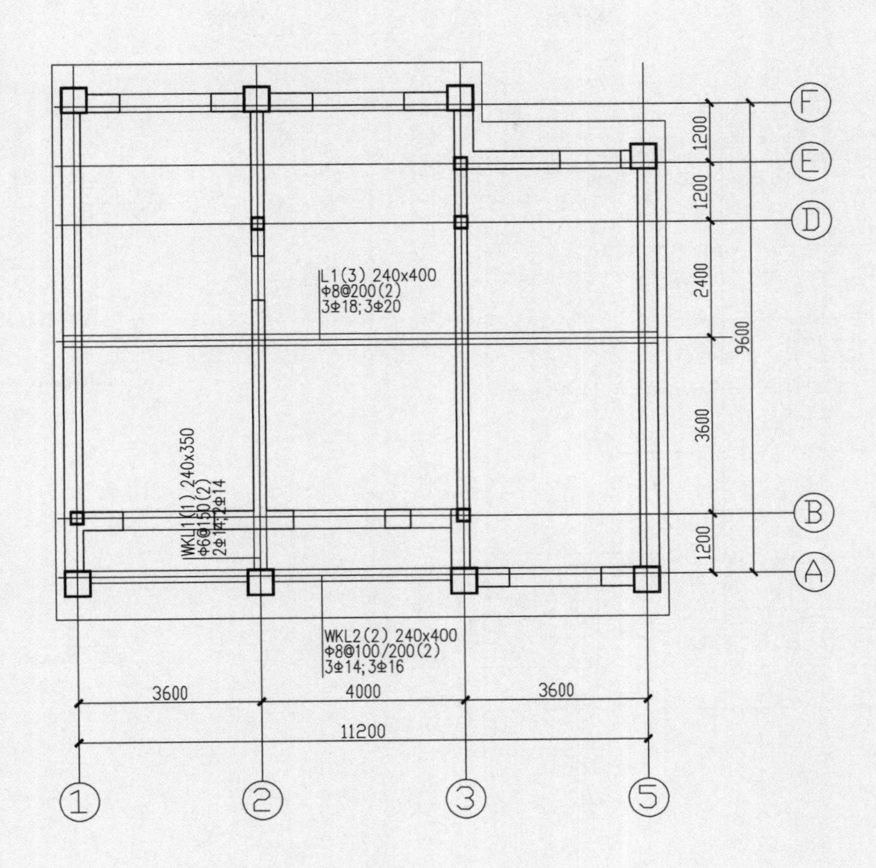

坡面层梁结构平面图

1. 所有的WKL均为梁、板结构且随坡或随脊走。
2. 梁平法按国标11GB101-1施工。
3. 构造柱注明按对应层的结构平面图执行。

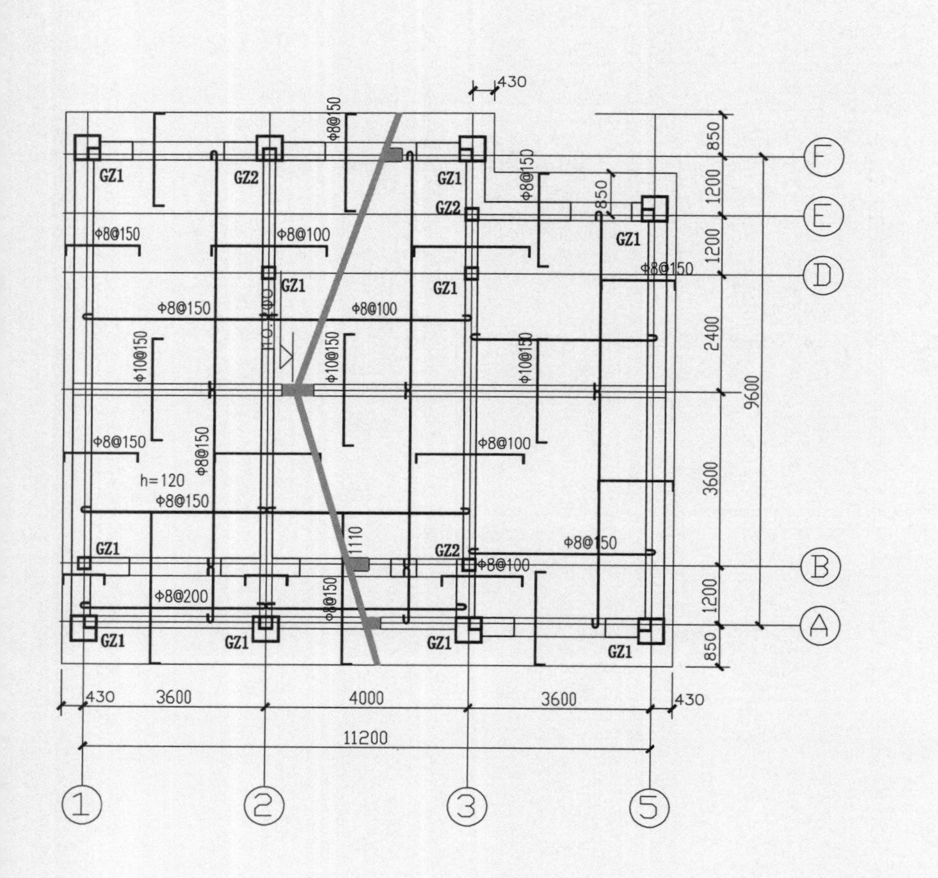

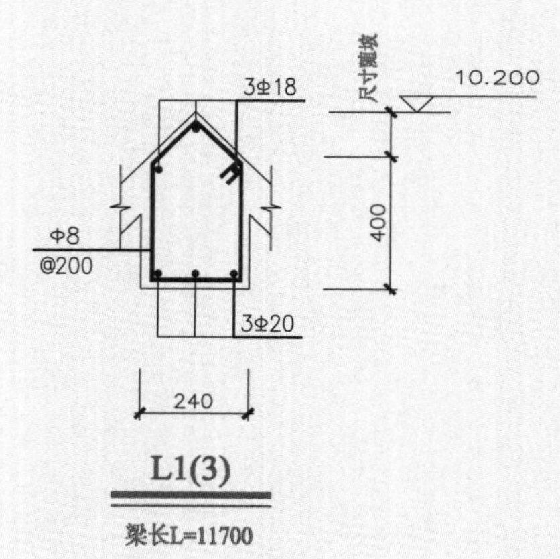

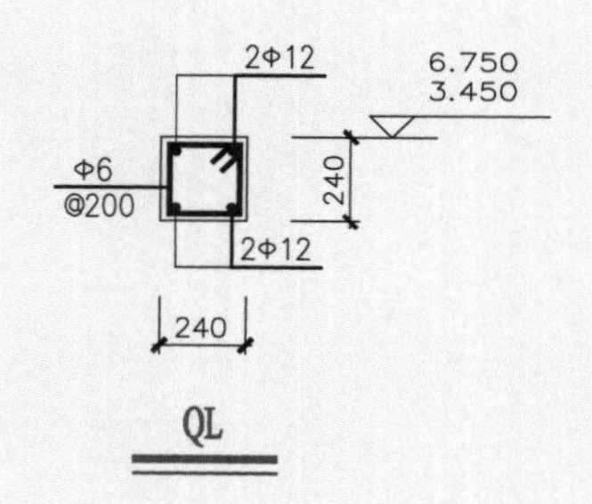

坡面层结构平面图

1. 屋面支座钢筋间隔通长设置作为温度控制钢筋。
2. 挑檐各转角（阳角）板面均增设3根射向钢筋，长度均为1800mm。
3. 现浇板厚度均为120mm。

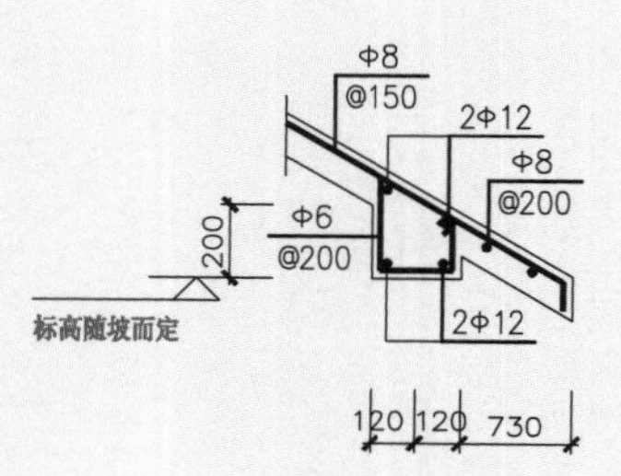

檐口大样断面图

↑ 户型 4 结构施工图 / 坡面层结构平面图

户型 4 单位工程费用汇总表

建筑设计说明
1 设计依据:
1.1 根据建设单位提供的设计任务书及认可的建筑设计方案。
1.2 双方签定的工程设计合同，建设单位提供的相关技术资料。
1.3 建设单位提供的相关技术资料:
《民用建筑设计通则》 GB50352-2005
《建筑设计防火规范》 GB 50016-2006
《2003全国民用建筑设计技术措施规范.建筑》
《05系列工程建设标准设计图集》DBJT19-20-2005
以及国家和地方现行的有关设计规范和标准。
2 项目概述:
2.1 本项目名称:
淅川县九重镇陶岔新型农村社区（户型 4）
2.2 本工程每户建筑面积320.86平方米，两层住宅。
建筑耐火等级为四级;工程设计合理使用年限为50年。
2.3 本工程主要结构类型:砖混结构。
2.4 抗震设防烈度低于6度。
3 设计标高:
3.1 本工程+0.000标高现场定。
3.2 本图标高以m为单位，其它尺寸以mm为单位。
4 墙体:
4.1 (1) 本工程墙体材料采用:蒸压灰砂砖。
(2) 建筑内的隔墙应砌至梁,板底部,缝隙处应填实。
4.2 门窗或墙洞过梁选用及做法,详见结构专业有关图纸。
4.3 未标注墙体均为240厚蒸压灰砂砖,且轴线居中。
4.4 所有木构件均做防腐处理;预埋铁件除锈后刷红丹防锈漆二遍。
5 屋面:
5.1 本工程的屋面防水等级为III级，防水层合理使用年限为10年。
5.2 屋面排水方式详见工程设计屋顶平面图。

建筑设计说明

6 门窗:

6.1 本工程设计中仅做门窗数量和立面分格及开启形式要求,塑钢门窗框料颜色为灰白色.门窗的基本性能指标（风压强度、气密性、水密性），断面系列及构造应满足有关规范要求，由生产厂家提供加工图纸及质量标准，并配齐五金零件,和校核数量经设计和使用单位认可后方可施工安装。

6.2 图中所注尺寸均为洞口尺寸，门窗加工尺寸要按照装修面厚度由承包商予以调整;

6.3 门的洞口尺寸仅开启方向不同时，本设计均采用统一编号，按平面图所示方向进行加工和安装;

6.4 所有门窗及外窗均立樘中，窗户采用塑钢单框单玻、5厚无色透明浮法玻璃.开启方式采用推拉窗,所有开启的窗扇均设纱窗。

6.5 塑钢推拉窗必须设置防脱落装置。

7 室内、外装修:

7.1 室内、外装修做法,除本说明交待外,其余均见建筑装修表及有关设计图纸;

7.2 外墙面粉刷及贴面材料部位及要求详见立面图。

7.3 各类管线及灯具等必须严格控制标高,以保证今后使用要求和有利于二次装修的进行。

7.4 装饰材料须经设计及建设单位确定,并需做小面积施工样板,共同商定后方可大面积施工。

8 油漆:

8.1 凡金属制品，露明部分除锈后用红丹（防锈漆）打底刷白色醇酸磁漆二度。非露明部分除锈后刷红丹防锈漆二度。

9 其它事项:

9.1 图中构造柱以结构为准。门窗数量以实际为准。

9.2 本工程设计中未尽事宜均应遵循有关施工规范，或与设计人员协商后方能施工。未经设计许可或技术鉴定，不得改变各功能空间使用用途。

构造做法（05YJ1）				
编号	名称	使用部位	索引	备注
坡屋面	屋21（砂浆卧瓦、有柔性防水层）	屋面	05YJ1 屋21(F3)	SBS 应符合有关标准
地 面	陶瓷地砖防水地面	厨、卫地面	05YJ1 页19地52	300×300 防滑地砖
	大理石地面	一层其它地面	05YJ1 页14地21	
楼 面	陶瓷地砖防水楼面	厨、卫楼面	05YJ1 页32 楼28	300×300 防滑地砖
	陶瓷地砖楼面	二层其它楼面	05YJ1 页27 楼10	600×600 抛光耐磨地板砖
	大理石楼面	二层阳台楼面	05YJ1 页28 楼11	
	水泥砂浆楼面	阁楼层楼面	05YJ1 页26 楼1	
内 墙	混合砂浆墙面（二）	所有内墙面	05YJ1 页39 内墙4	
	乳胶漆	所有内墙面	05YJ1 页82 涂24	
顶 棚	混合砂浆顶棚	顶棚	05YJ1 页67 顶3	
	乳胶漆	顶棚	05YJ1 页82 涂24	
踢 脚	面砖踢脚（一）	所有房间	05YJ1 页61踢22	
散 水	混凝土散水	所有散水	05YJ1 页113散1	B=1500
外 墙	涂料外墙面（一）	其它外墙	05YJ1 页50 外墙21	颜色及分隔见立面D=10
	清水砖墙外墙面	所有外墙	05YJ1 页50 外墙20	
墙裙	面砖墙裙（一）	厨卫内墙	05YJ1 页55 裙10	300×450 面砖贴至板底
台阶	大理石台阶	所有台阶	05YJ1 页116 台6	
坡道	水泥砂浆防滑坡道	车库门口坡道	05YJ1 页117 坡6	
木构件	调和漆	所有木构件	05YJ1 第77 页涂1	
铁构件	调和漆（一）	所有铁构件	05YJ1 第80 页涂12	

图纸目录

1	建施 1	建筑设计说明　构造作法表 图纸目录　门窗表	A2
2	建施 2	一层平面　二层平面	A2
3	建施 3	阁楼层平面　屋顶平面	A2
4	建施 4	正立面　背立面 左.右侧立面	A2
5	建施 5	1-1剖面　楼梯剖面　节点详图	A2

门 窗 表

类别	设计编号	洞口尺寸 (mm)		数量	采用标准图集及编号	备 注
		宽	高			
门	M-1	1500	2500	1	钢制防盗门	
	M-2	900	2500	7	参05YJ4-1,7PM-0924	套装门
	M-3	800	2500	3	参05YJ4-1,1PM-0824	塑钢门
窗	C-1	1800	1500	8	参05YJ4-1,1TC-1815	
	C-2	1200	1500	2	参05YJ4-1,1TC-0915	
	C-3	1800	600	5	参05YJ4-1,1TC-1806	
	C-4	1200	600	1	参05YJ4-1,1TC-0906	
	注 :一层外窗均采取防护措施 具体甲方自定；白框白玻，玻璃为 6mm 厚。					

民居施工图

户型 5

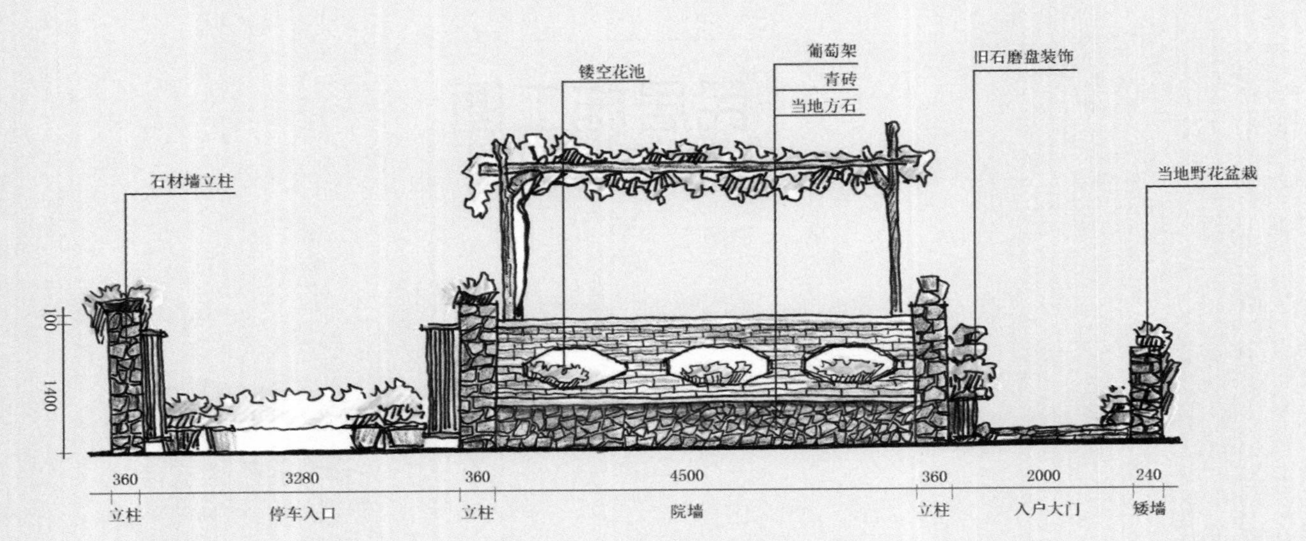
镂空花池
葡萄架
青砖
当地方石
旧石磨盘装饰
石材墙立柱
当地野花盆栽
100
1400
360
3280
360
4500
360
2000
240
立柱
停车入口
立柱
院墙
立柱
入户大门
矮墙

↑ 户型 5 院落景观图

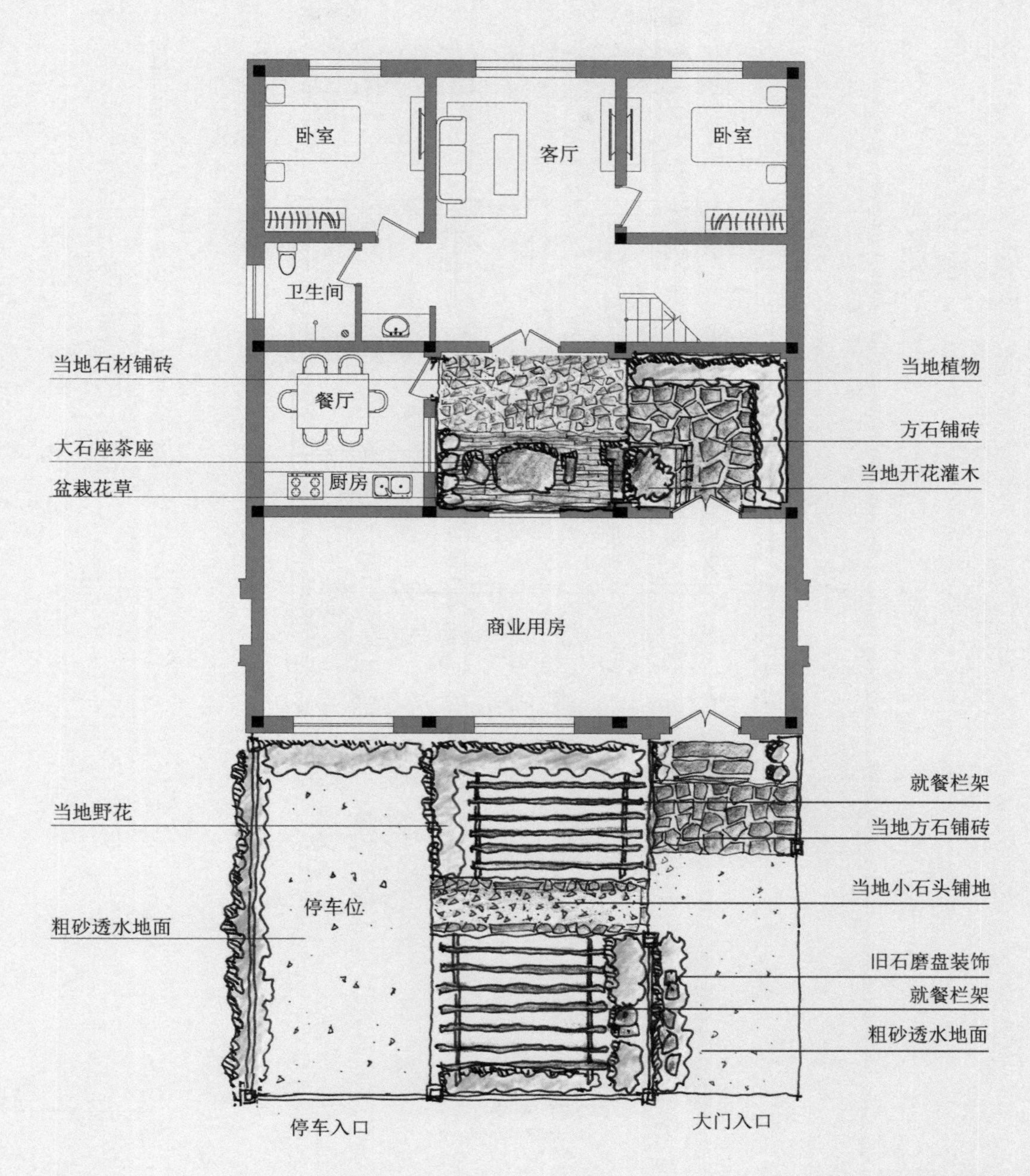
卧室
客厅
卧室
卫生间
当地石材铺砖
餐厅
当地植物
方石铺砖
大石座茶座
厨房
当地开花灌木
盆栽花草
商业用房
就餐栏架
当地野花
当地方石铺砖
当地小石头铺地
停车位
粗砂透水地面
旧石磨盘装饰
就餐栏架
粗砂透水地面
停车入口
大门入口

↑ 户型 5 院落平面图

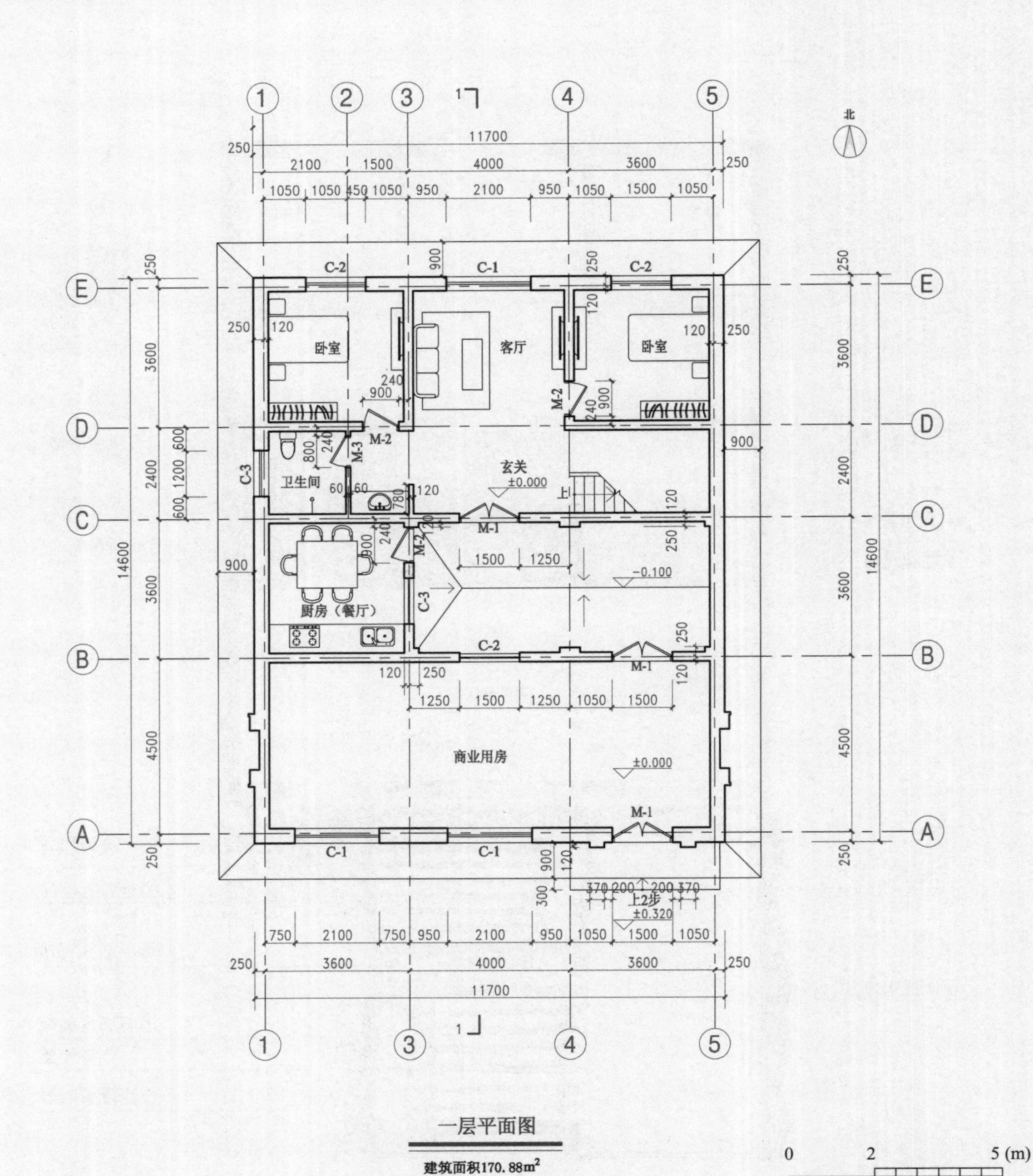

↑ 户型 5 建筑施工图 / 一层平面图

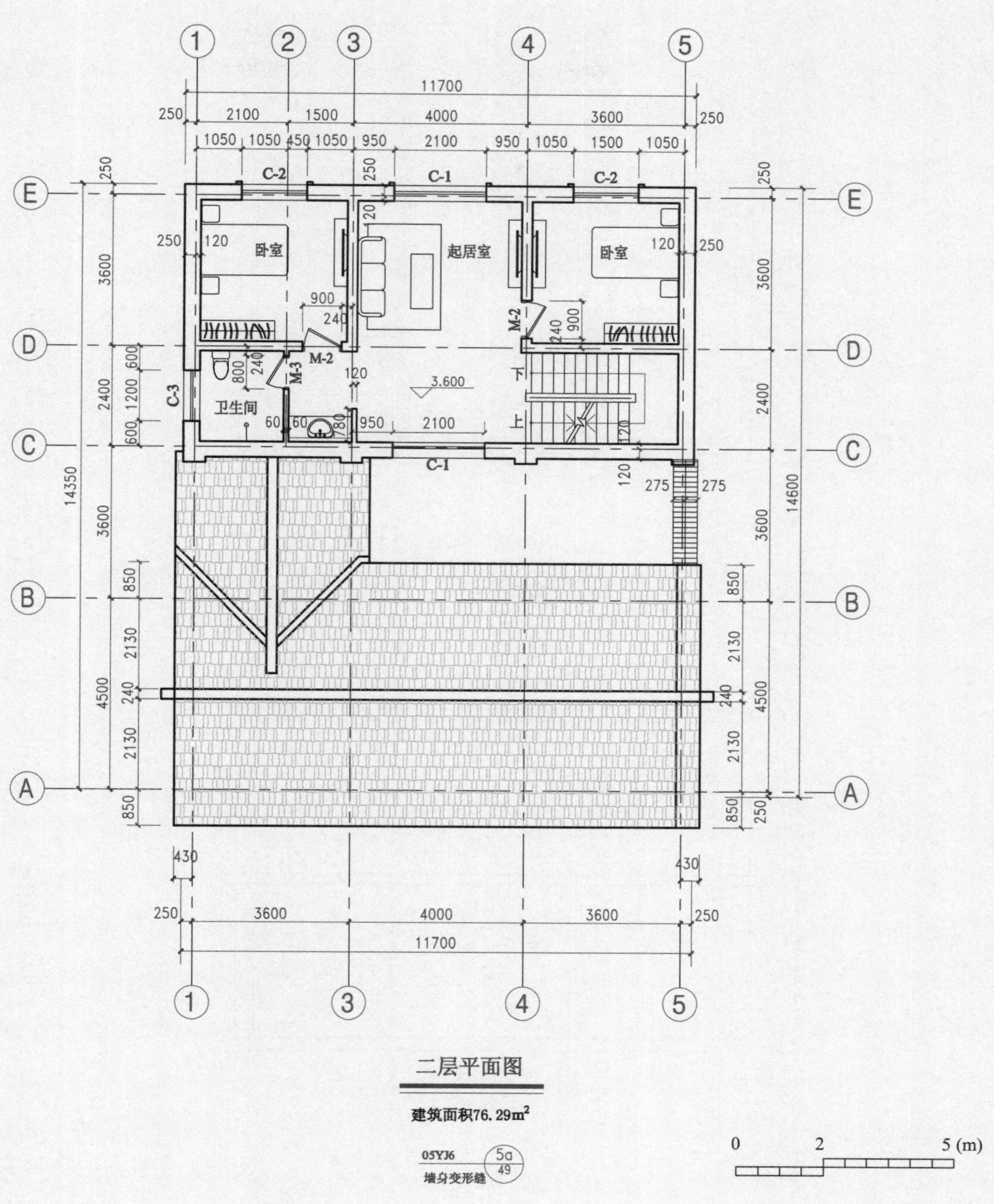

户型 5 建筑施工图 / 二层平面图

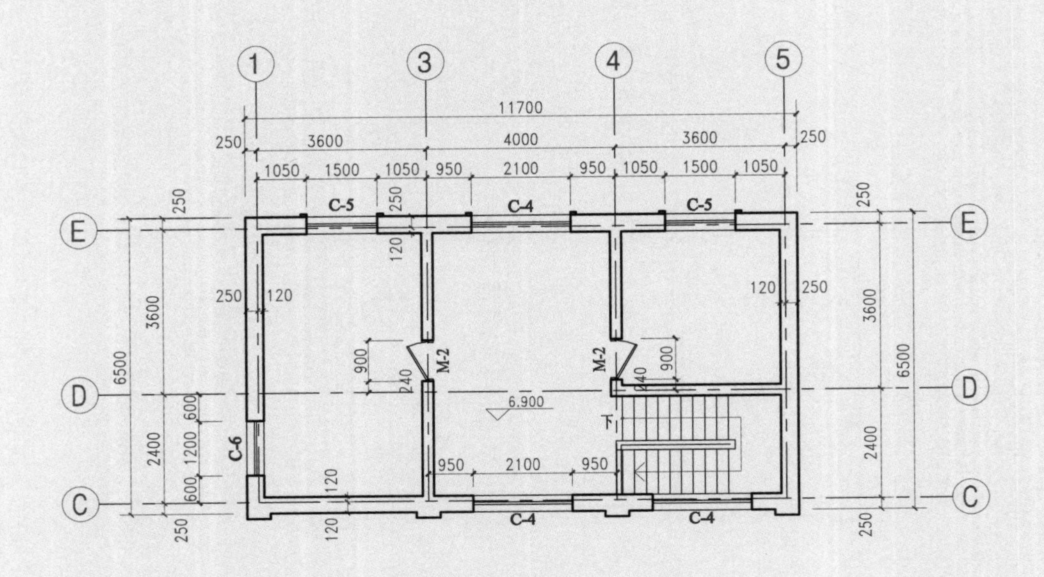

阁楼层平面图

建筑面积76.29m²

05YJ6 5a/49
墙身变形缝

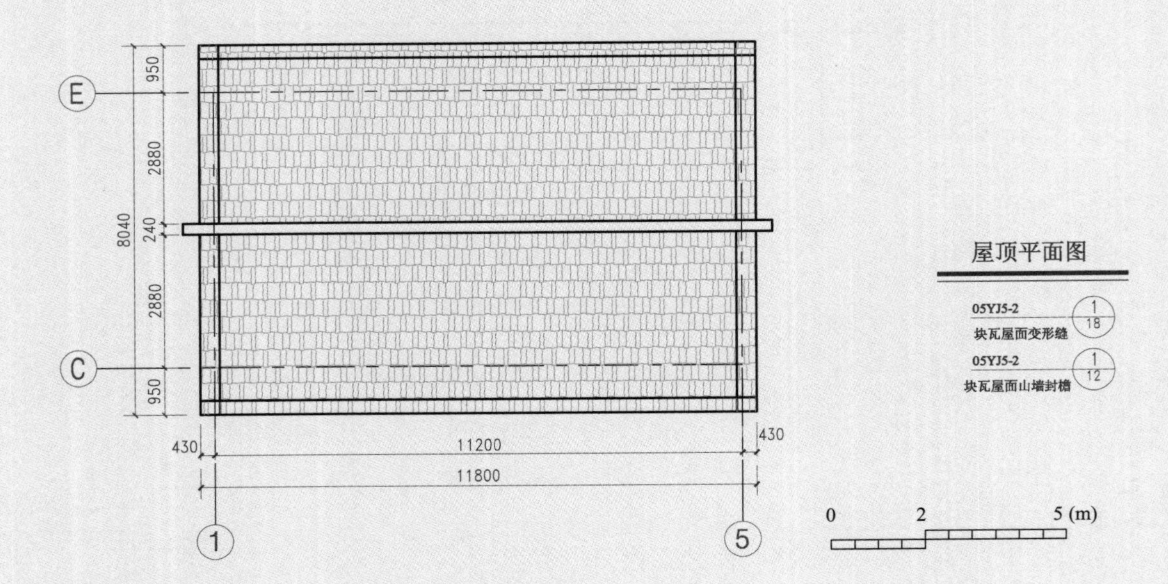

屋顶平面图

05YJ5-2 1/18
块瓦屋面变形缝
05YJ5-2 1/12
块瓦屋面山墙封檐

↑ 户型 5 建筑施工图 / 屋顶平面图

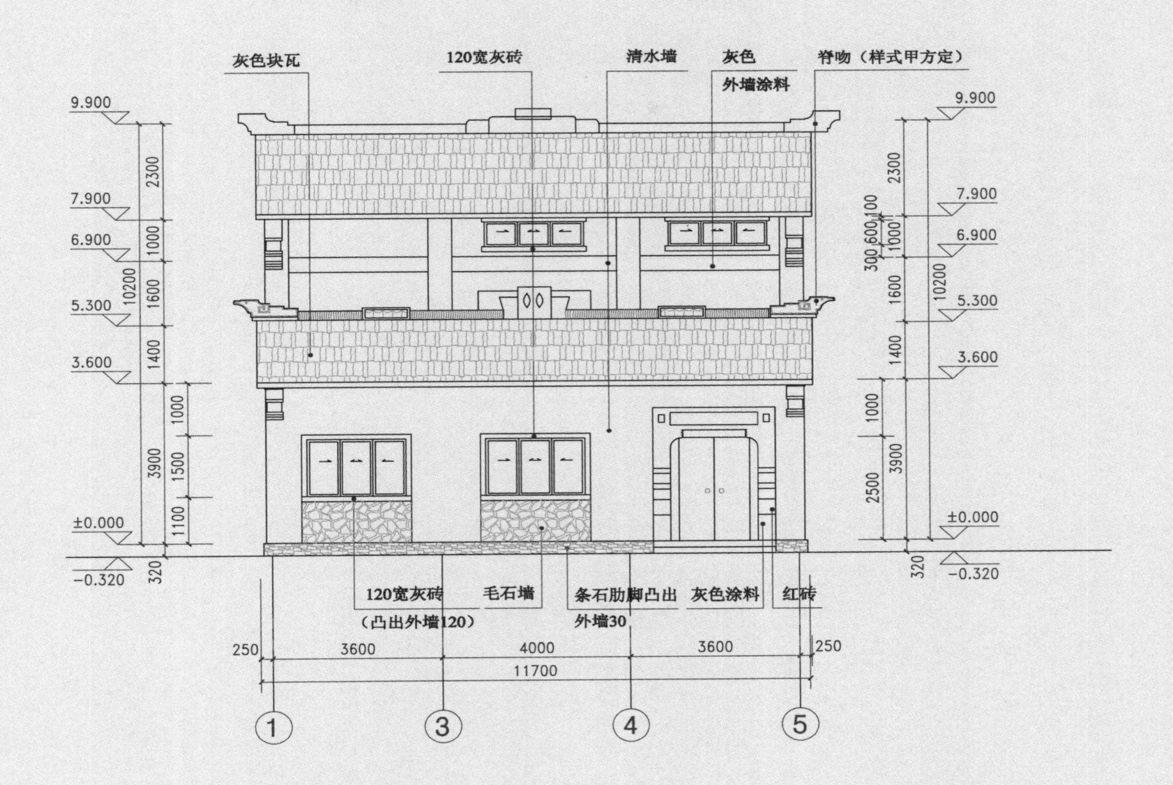

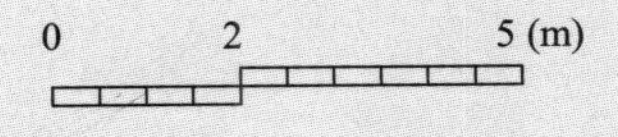

↑ 户型 5 建筑施工图 /1-5 轴立面图

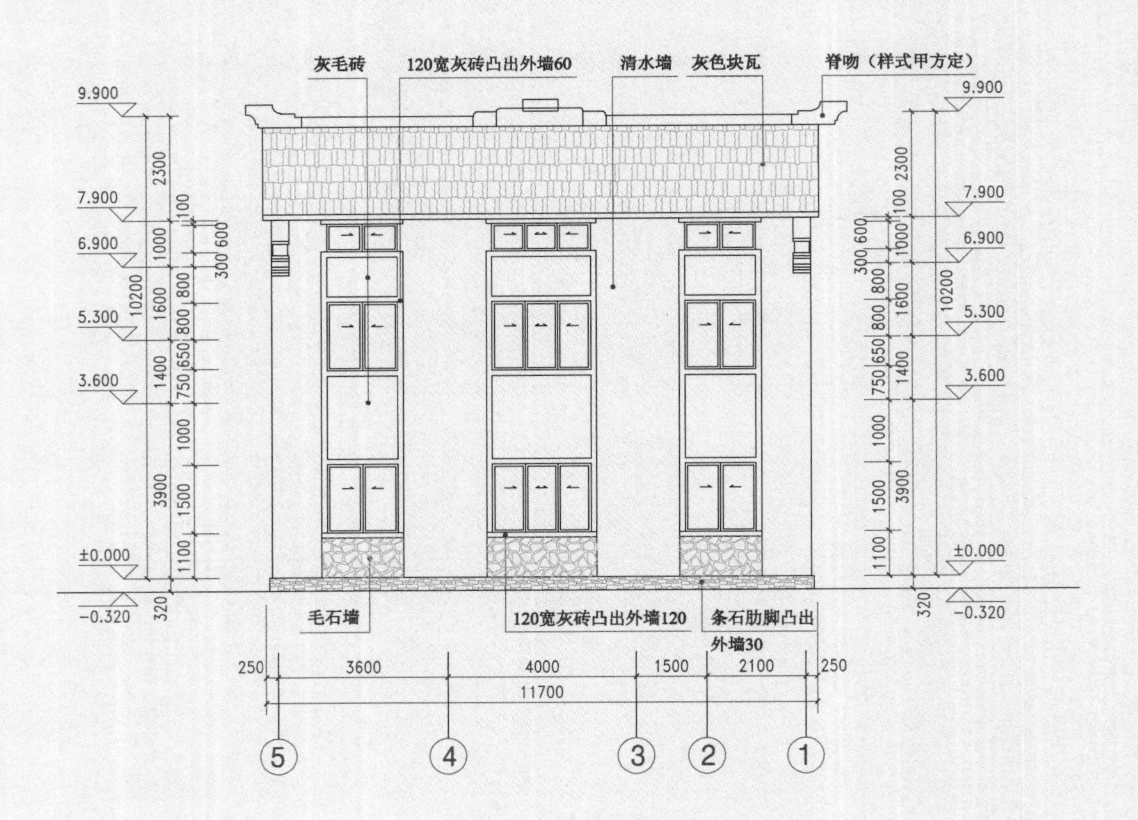

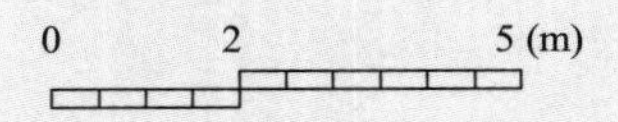

↑ 户型 5 建筑施工图 /5-1 轴立面图

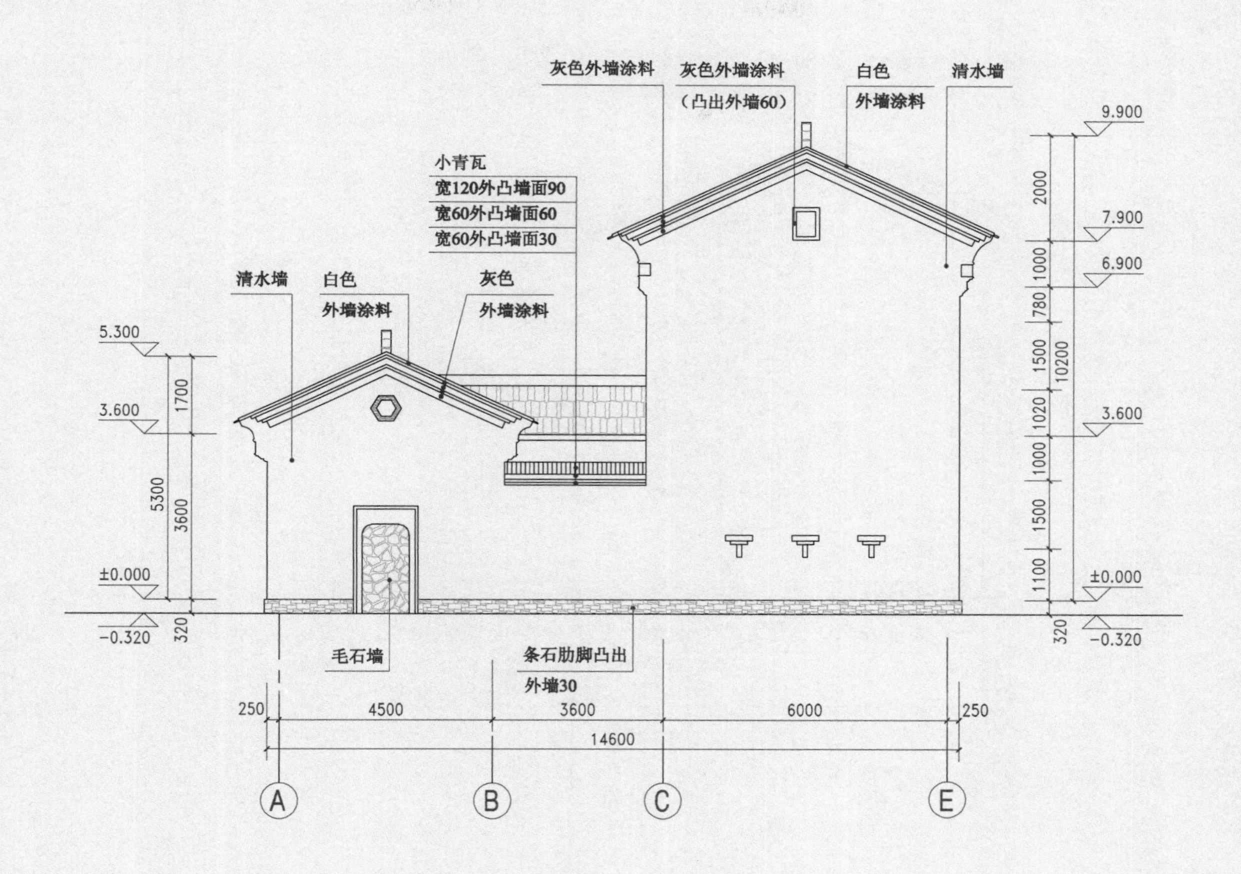

A-E轴立面图

未注明墙体为清水墙

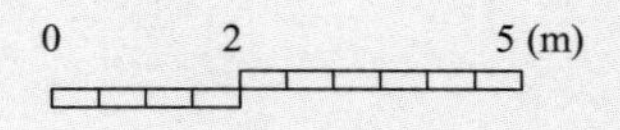

↑ 户型 5 建筑施工图 /A-E 轴立面图

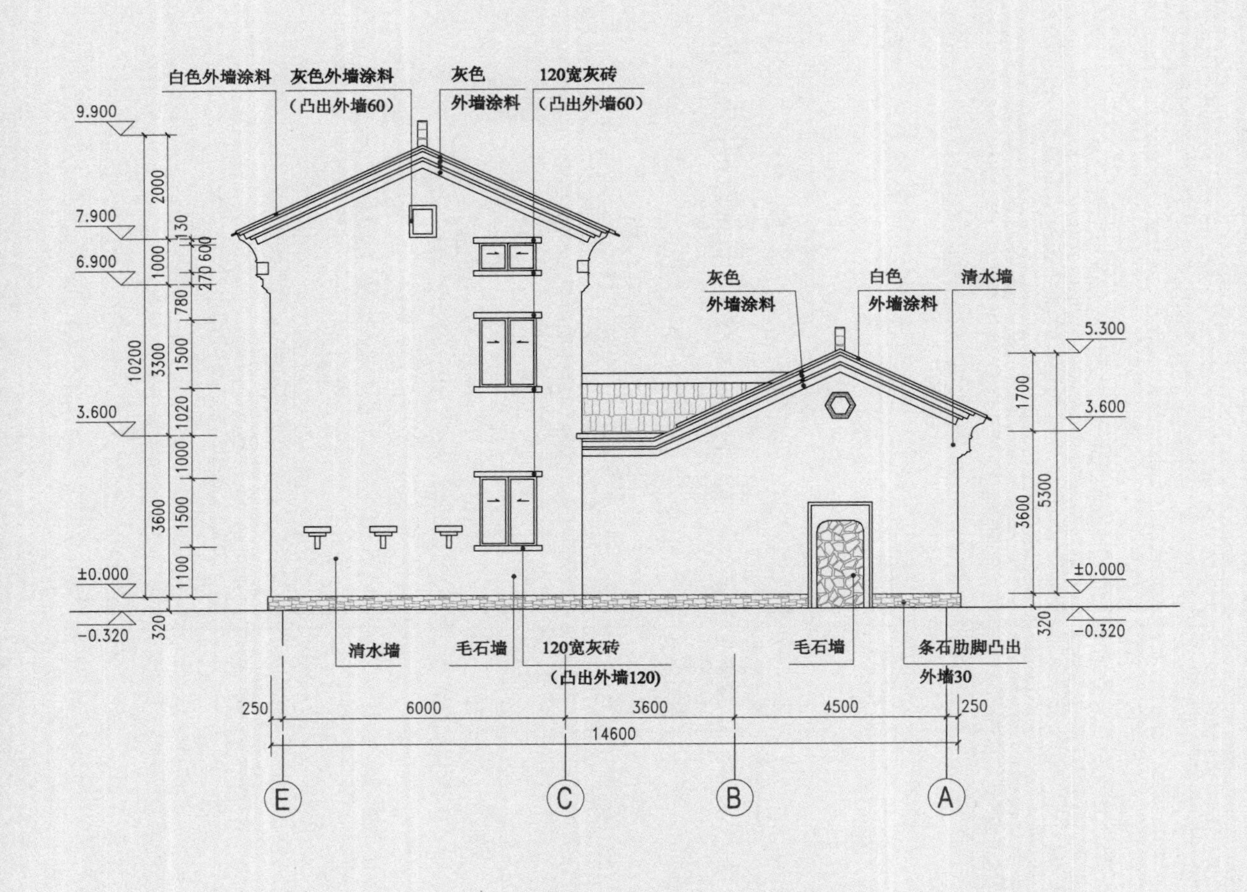

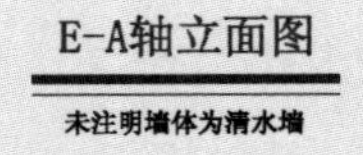

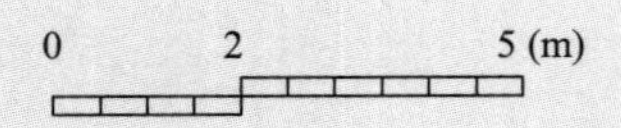

↑ 户型 5 建筑施工图 /E-A 轴立面图

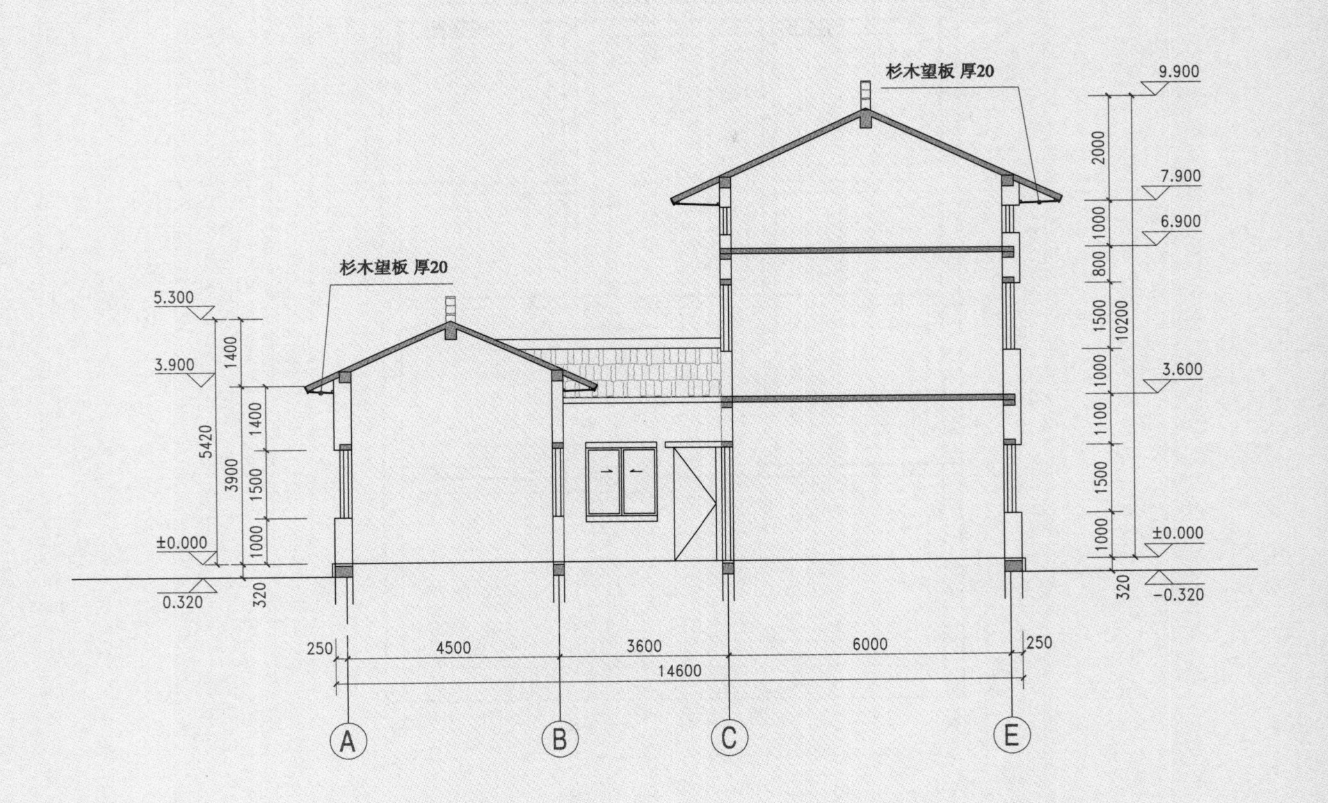

1-1剖面图

未注明墙体为清水墙

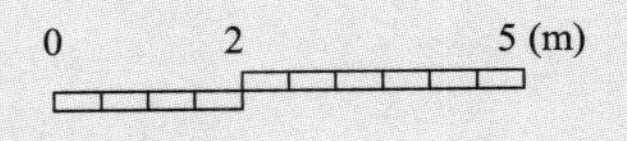

↑ 户型 5 建筑施工图 /1-1 剖面图

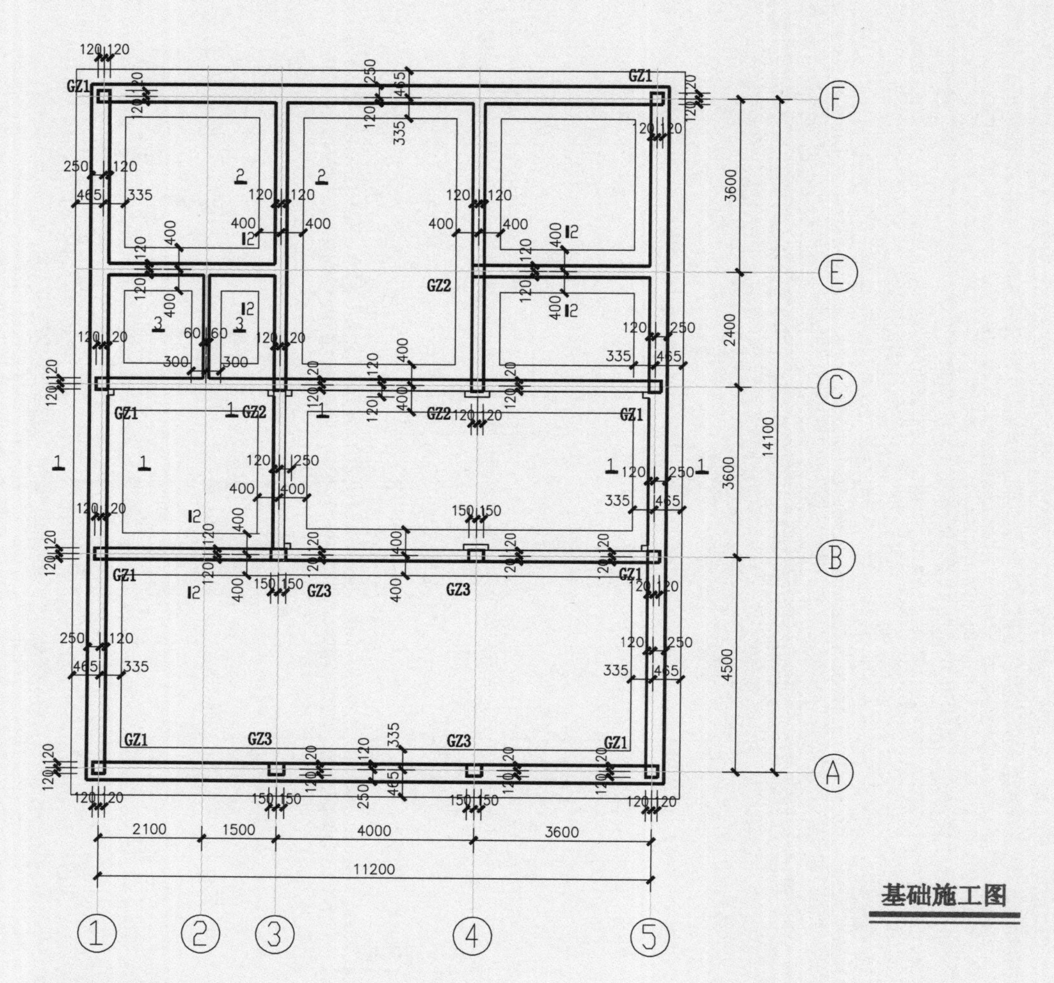

膨胀土地基设计说明：

1. 基础底部下设300厚的中粗砂垫层，每边宽于基础300,垫层压实系数不小于0.97；两侧宜采用与垫层相同的材料回填，并做好防水处理。
2. 基础施工宜采用分段快速作业法，施工过程中不得使基坑(槽)曝晒或泡水；雨季施工应采取防水措施。
3. 基础施工出地面后，基坑(槽)应及时分层回填完毕，填料可选用非膨胀土、弱膨胀土及掺有石灰或其它材料的膨胀土，每层虚铺厚度300mm,选用弱膨胀土作填料时，其含水量宜为1.1~1.2倍的塑限含水量，回填夯实土的干密度不应小于1550 kN/m^3。
4. 外墙四周设置1500mm宽散水，散水设计宜符合下列规定：
   1）散水面层采用C15混凝土，其厚度为90mm；
   2）散水垫层采用2:8灰土或三合土，其厚度为150mm；
   3）散水伸缩缝间距可为3m，并与水落管错开；
5. 未尽事宜，必须按《膨胀土地区建筑技术规范》(GBJ112-1987)施工。

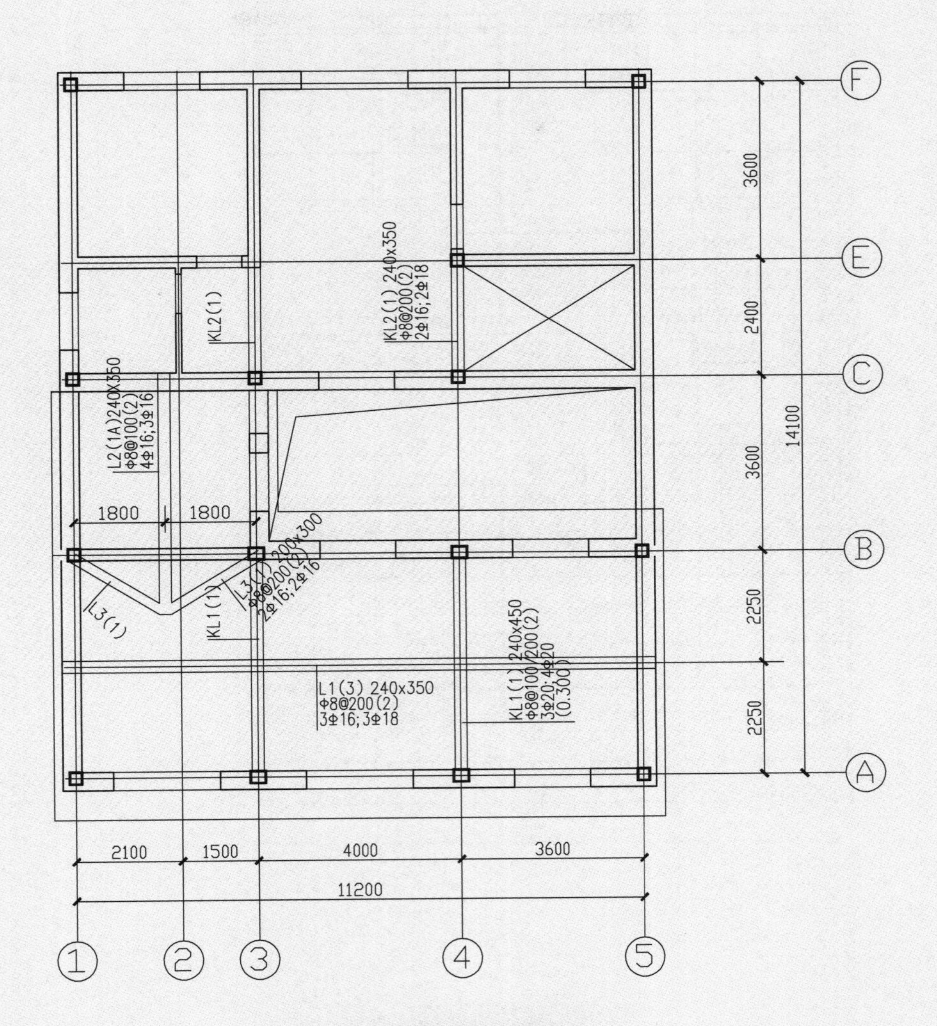

3.570层梁结构平面图

1. 构造柱注明按对应层的结构平面图执行。
2. 梁平法按国标11GB101-1施工。

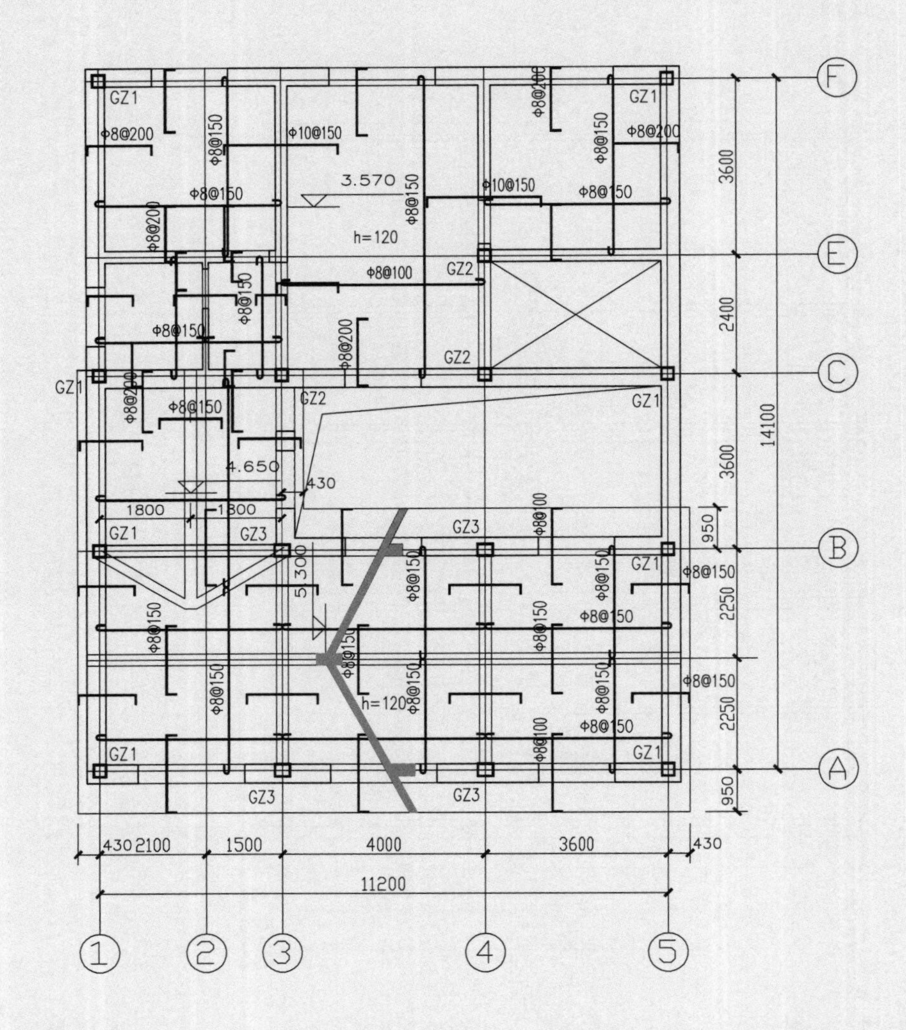

3.570层结构平面图

1. 卫生间楼板低于其它楼板90mm。
2. 现浇板厚度均为120mm.
3. 厨房、阳台楼板低于其它楼板20mm。
4. 板面高差不大于50mm时，板面负筋不必断开，可弯折而行。
5. 屋面支座钢筋间隔通长设置作为温度控制钢筋。
6. 挑檐各转角(阳角)板面均增设5根射向钢筋，长度均为2100mm。

↑ 户型 5 结构施工图 /3.570 层结构平面图

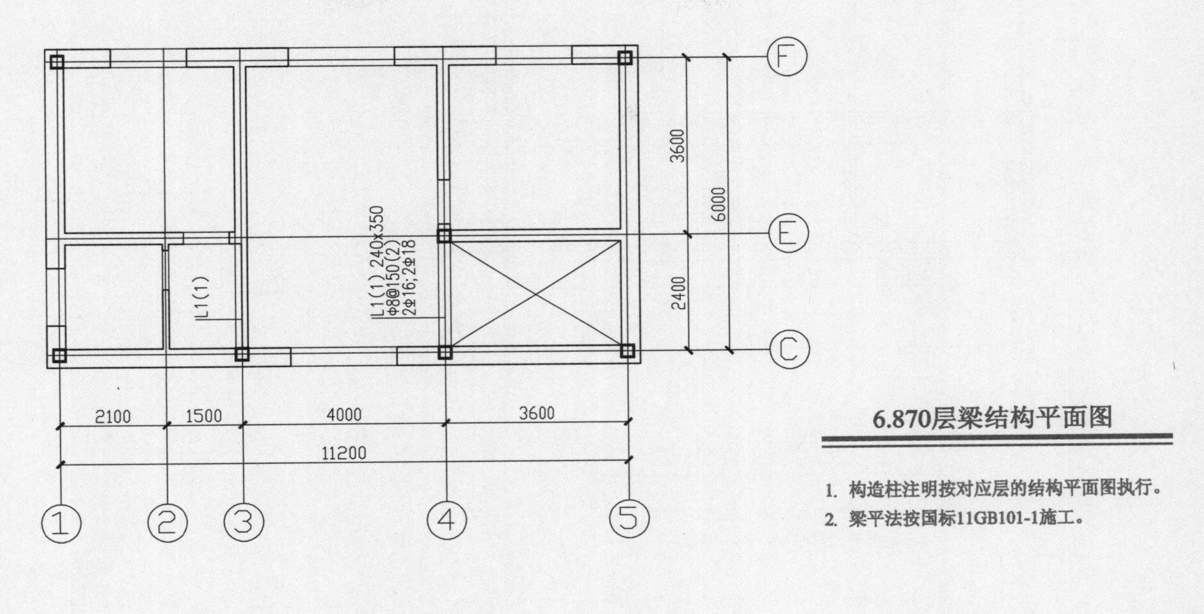

6.870层梁结构平面图

1. 构造柱注明按对应层的结构平面图执行。
2. 梁平法按国标11GB101-1施工。

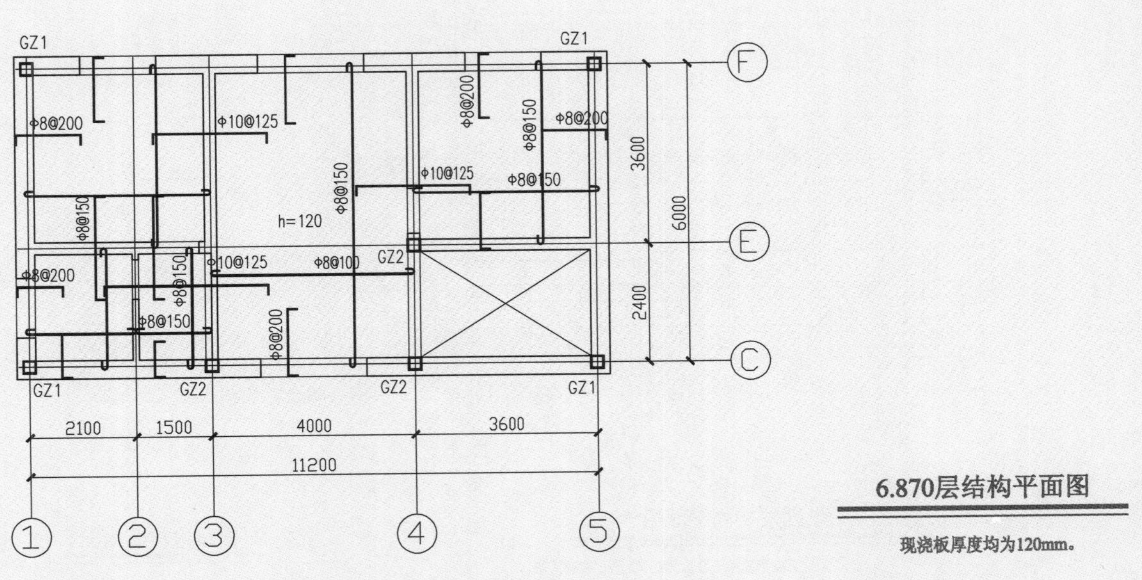

6.870层结构平面图

现浇板厚度均为120mm。

↑ 户型 5 结构施工图 /6.870 层梁结构平面图与 6.870 层结构平面图

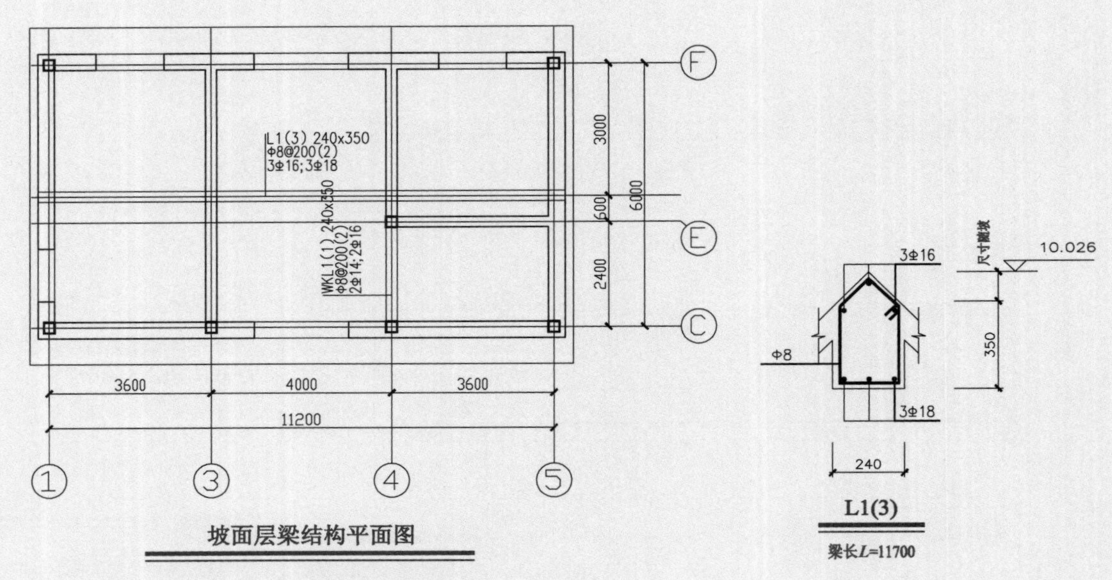

坡面层梁结构平面图

1. 构造柱注明按对应层的结构平面图执行。
2. 梁平法按国标11GB101-1施工。

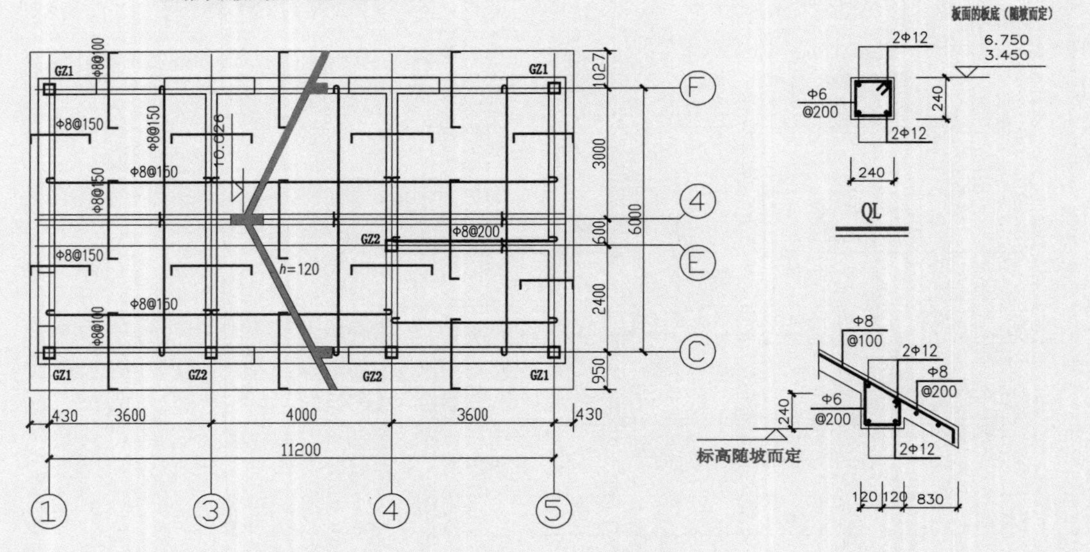

坡面层结构平面图

1. 屋面支座钢筋间隔通长设置作为温度控制钢筋。
2. 挑檐各转角（阳角）板面均增设5根射向钢筋，长度均为2100mm。
3. 现浇吧板厚度均为120mm。

檐口大样断面图

↑ 户型 5 结构施工图 / 坡面层梁结构平面图与坡面层结构平面图

户型 5 单位工程费用汇总表

建筑设计说明
1 设计依据:
1.1 根据建设单位提供的设计任务书及认可的建筑设计方案。
1.2 双方签定的工程设计合同，建设单位提供的相关技术资料。
1.3 建设单位提供的相关技术资料：
《民用建筑设计通则》 GB50352-2005
《建筑设计防火规范》 GB 50016-2006
《2003全国民用建筑设计技术措施规范.建筑》
《05系列工程建设标准设计图集》DBJT19-20-2005
以及国家和地方现行的有关设计规范和标准。
2 项目概述:
2.1 本项目名称:
淅川县九重镇陶岔新型农村社区（户型 5）
2.2 本工程每户建筑面积294.15平方米，两层住宅。
建筑耐火等级为四级;工程设计合理使用年限为50年。
2.3 本工程主要结构类型:砖混结构。
2.4 抗震设防烈度低于6度。
3 设计标高:
3.1 本工程+0.000标高现场定。
3.2 本图标高以m为单位，其它尺寸以mm为单位。
4 墙体:
4.1 (1) 本工程墙体材料采用:蒸压灰砂砖。
(2) 建筑内的隔墙应砌至梁,板底部,缝隙处应填实。
4.2 门窗或墙洞过梁选用及做法,详见结构专业有关图纸。
4.3 未标注墙体均为240厚蒸压灰砂砖,且轴线居中。
4.4 所有木构件均做防腐处理;预埋铁件除锈后刷红丹防锈漆二遍。
5 屋面:
5.1 本工程的屋面防水等级为Ⅲ级，防水层合理使用年限为10年。
5.2 屋面排水方式详见工程设计屋顶平面图。

建筑设计说明

6 门窗:

6.1 本工程设计中仅做门窗数量和立面分格及开启形式要求,塑钢门窗框料颜色为灰白色.门窗的基本性能指标（风压强度、气密性、水密性），断面系列及构造应满足有关规范要求，由生产厂家提供加工图纸及质量标准，并配齐五金零件，和校核数量经设计和使用单位认可后方可施工安装。

6.2 图中所注尺寸均为洞口尺寸，门窗加工尺寸要按照装修面厚度由承包商予以调整；

6.3 门的洞口尺寸仅开启方向不同时，本设计均采用统一编号，按平面图所示方向进行加工和安装；

6.4 所有门窗及外窗均立樘中，窗户采用塑钢单框单玻、5厚无色透明浮法玻璃.开启方式采用推拉窗,所有开启的窗扇均设纱窗。

6.5 塑钢推拉窗必须设置防脱落装置。

7 室内、外装修:

7.1 室内、外装修做法,除本说明交待外,其余均见建筑装修表及有关设计图纸；

7.2 外墙面粉刷及贴面材料部位及要求详见立面图。

7.3 各类管线及灯具等必须严格控制标高,以保证今后使用要求和有利于二次装修的进行。

7.4 装饰材料须经设计及建设单位确定,并需做小面积施工样板,共同商定后方可大面积施工。

8 油漆:

8.1 凡金属制品，露明部分除锈后用红丹（防锈漆）打底刷白色醇酸磁漆二度。非露明部分除锈后刷红丹防锈漆二度。

9 其它事项：

9.1 图中构造柱以结构为准。门窗数量以实际为准。

9.2 本工程设计中未尽事宜均应遵循有关施工规范，或与设计人员协商后方能施工。未经设计许可或技术鉴定，不得改变各功能空间使用用途。

构造做法（05YJ1）				
编 号	名 称	使用部位	索 引	备 注
坡屋面	屋21 （砂浆卧瓦、有柔性防水层）	屋面	05YJ1 屋21(F3)	SBS 应符合有关标准
地 面	陶瓷地砖防水地面	厨、卫地面	05YJ1 页19地52	300X300 防滑地砖
	大理石地面	一层其它地面	05YJ1 页14地21	
楼 面	陶瓷地砖防水楼面	厨、卫楼面	05YJ1 页32 楼28	300X300 防滑地砖
	陶瓷地砖楼面	二层其它楼面	05YJ1 页27 楼10	600X600 抛光耐磨地板砖
	水泥砂浆楼面	阁楼层楼面	05YJ1 页26 楼1	
内 墙	混合砂浆墙面（二）	所有内墙面	05YJ1 页39 内墙4	
	乳胶漆	所有内墙面	05YJ1 页82 涂24	
顶 棚	混合砂浆顶棚	顶棚	05YJ1 页67 顶3	
	乳胶漆	顶棚	05YJ1 页82 涂24	
踢 脚	面砖踢脚（一）	所有房间	05YJ1 页61踢22	
散 水	混凝土散水	所有散水	05YJ1 页113 散1	*B*=1500
外 墙	涂料外墙面（一）	其它外墙	05YJ1 页50 外墙21	颜色及分隔见立面D=10
	清水砖墙外墙面	所有外墙	05YJ1 页50 外墙20	
墙裙	面砖墙裙（一）	厨卫内墙	05YJ1 页55 裙10	300X450 面砖贴至板底
台阶	大理石台阶	所有台阶	05YJ1 页116 台6	
坡道	水泥砂浆防滑坡道	车库门口坡道	05YJ1 页117 坡6	
木构件	调和漆	所有木构件	05YJ1 第77 页涂1	
铁构件	调和漆（一）	所有铁构件	05YJ1 第80 页涂12	

图纸目录

1	建施 1	建筑设计说明　　构造作法表 图纸目录　　门窗表	A2
2	建施 2	一层平面　　二层平面	A2
3	建施 3	阁楼层平面　　屋顶平面 正立面　　背立面	A2
4	建施 4	左.右侧立面 1-1、楼梯剖面	A2
5	建施 5	节点详图	A2

门 窗 表

类别	设计编号	洞口尺寸 (mm)		数量	采用标准图集及编号	备注
		宽	高			
门	M-1	1500	2500	3	钢制防盗门	
	M-2	900	2500	7	参05YJ4-1,7PM-0924	套装门
	M-3	800	2500	2	参05YJ4-1,1PM-0824	塑钢门
窗	C-1	2100	1500	5	参05YJ4-1,1TC-1815	
	C-2	1500	1500	5	参05YJ4-1,1TC-0915	
	C-3	1200	1500	3	参05YJ4-1,1TC-1806	
	C-4	2100	600	2	参05YJ4-1,1TC-0906	
	C-5	1500	600	2	参05YJ4-1,1TC-0906	
	C-6	1200	600	1	参05YJ4-1,1TC-0906	
	注：一层外窗均采取防护措施 具体甲方自定；白框白玻，玻璃为6mm厚。					

旧房改造

陶岔村旧房改造区域集中在新移民点，这个区域共有 56 号。

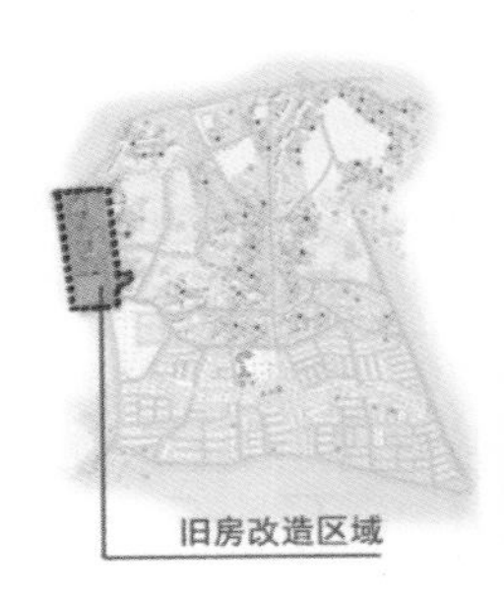

↑ 陶岔村旧房现状

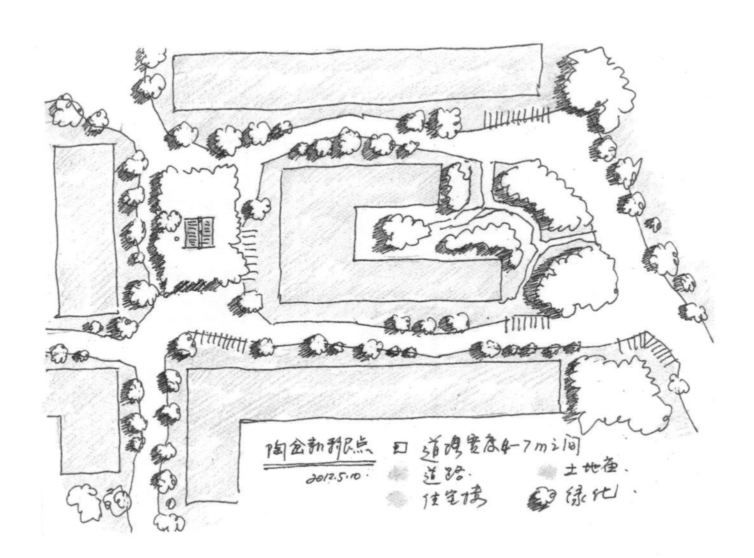

← 陶岔村改造区总平面

↓ 陶岔村旧房改造立面意向一

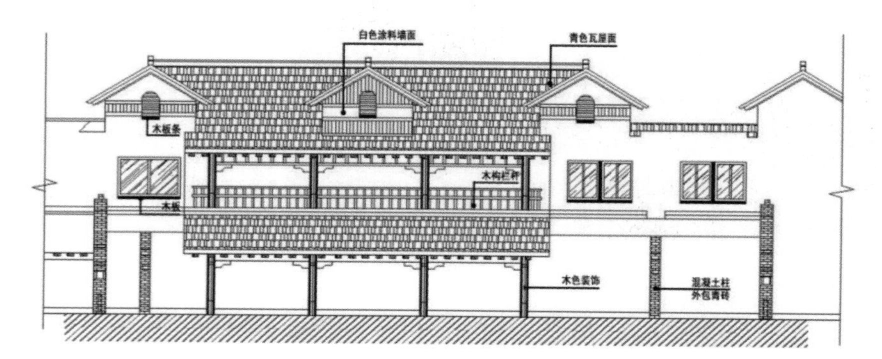

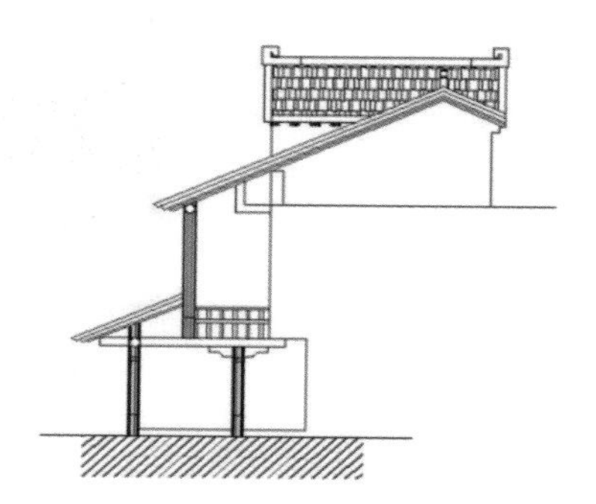

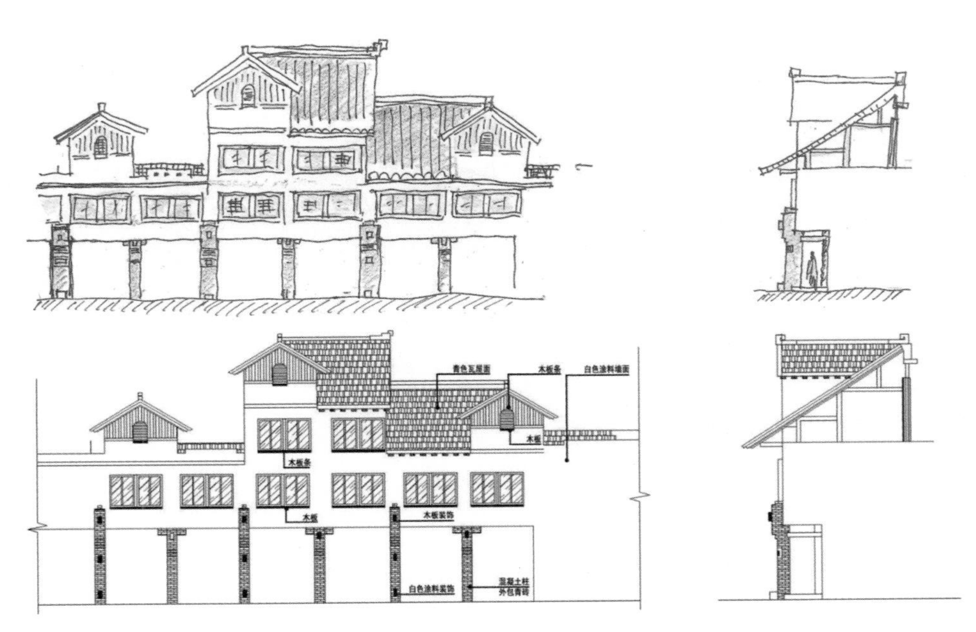

↑ 陶岔村旧房改造立面意向二

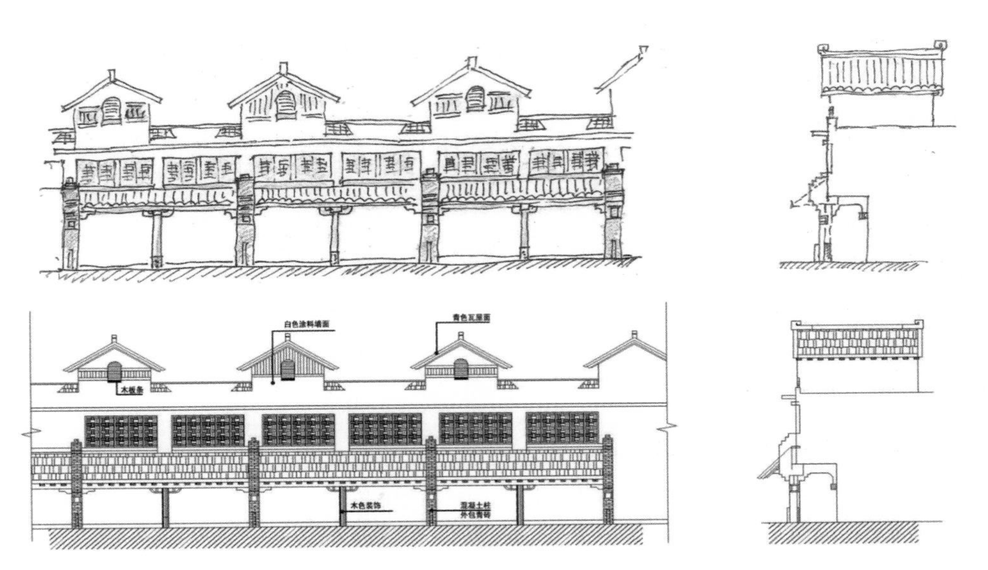

↑ 陶岔村旧房改造立面意向三

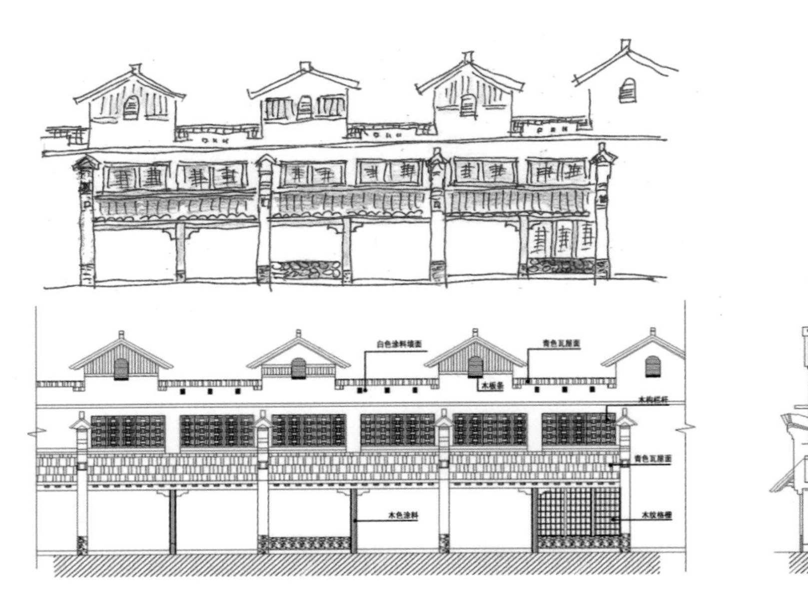

↑ 陶岔村旧房改造立面意向四

↑ 陶岔村旧房改造立面意向五

↑ 陶岔村旧房改造效果 1

↑ 陶岔村旧房改造效果 2

↑ 陶岔村旧房改造实景

陶岔建筑——建筑中的王子

陶岔村2003年因南水北调我就来过，2011年再次来，此次看到的是中线工程已进行一半了，这是一个世纪工程、影响深远，中国乡建院有幸参与这个项目中的渠首村庄和景区——九重镇改造，甚喜。我与王磊主要负责陶岔村的重建。

陶岔村的规划与建设我们是同步完成，大规划中有新村设计，旧村改造，雕塑式的公共建设，旧村的修复拆弃旧砖利用（非常现代的咖啡屋），旧村拆出的一个移民遗址公园，污水、湿地、河水一体的水治理系统等。其中建筑分为农民房屋、街道建筑和公共建筑，这三部分是全部新建、重建设计。

本文记录的是五户农户新建的民居，也是由近20套设计稿综合而成的简约版。所谓简约版，一是原设计太复杂，施工难度大；二是建筑成本高；三是施工周期长。无奈一次又一次降低要求，最终有了大家看到的房子。这五套房子在我的设计作品中属一般，不过在南阳淅川县的移民房与普通农民房中算是很好的房子。之后我也开始认真再次回味这五套房子，既然是村干部与地方设计院喜欢的，应该还是有一定的普及性，说不定还真的比我说的作品更受农民欢迎。

2010年底与2011年初，我多次来过陶岔村，这里的房子基本是20世纪60—80年代的房子，因维修不及时，质量很差。目前，村里还保留着一栋近百年的房子，房已成危房，却还有人居住。这个房子原体量较大，目前保留的不属正房，是砖与砖结合的传统民居，即使这样，这个房子也不是一般民居，应属于村中有钱的大户人家。

陶岔村的房子与郧县、紫荆关、襄阳谷城、河南信阳等地大致相同，局部有差异，这可能因为与两种文化有关，一种是楚文化，一种是汉水流域文化，这两种文化交融与融合，加上气流与降水量基本等同，故民居的院房也基本一样。陶岔地区的房子的区分在山墙排水口，这是淅川民居的细部特点。

在淅川我印象较深的还是楚文化，楚文化中还有深入到丹江口水库下面的400年楚国遗址，印象最深的是我在国家博物馆看到的出土的青铜器，这些青铜器我看多了，渐渐地也没有太多感觉，就这样三个月过去了，陶岔的房子依然没有灵感。

有一天我走进淅川丹江迎宾酒店时，在大厅看到一个仿制的青铜器，我走过去摸摸看看，停留了很久，当我用手触摸冰凉沉重的青铜鼎的一瞬间，灵感瞬间闪现，陶岔的房子有了。早饭也没有吃，我快速跑回到宾馆209房，记下来自青铜灵感的陶岔建筑。

陶岔的建筑姓陶，这批建筑是我给予的定位，说不上科学与严谨，就如同10个艺术家面对同一美女，每个画家画出的美女绝对不同，不同的就是艺术，统一的就是产品，就没有个性，就不再是艺术。同样，陶岔的房子也是如此。

我对陶岔房子的理解：陶岔房子外表感觉很重，局部精致，建筑有品位和文化味，传统与现代有融合，建筑个体有独立的雕塑画面感，这就是我对姓陶名岔房子的定位。粗有力的鼎脚我转换为房子四角的角柱，有的直接转到房前棚顶，鼎体上的乳丁我提炼为建筑的“点眼”，作为前面有节奏感的装饰，满身的精致的纹样，我用清水墙变化成有艺术性的墙体。

这批建筑从平绘到设计经历了三次，终于达到我的要求。

我设计的房子，虽然很重视外观，但前提一定是坚固与实用，这是我对建筑的要求。

建筑艺术中最难的是在普通民宅中做出经典，在平凡中设计经典，尤其是用最廉价的本地材料设计出艺术品，难度很大，我不求怪异，不求异型，而是求常态。陶岔房子设计时以堂为中心，尤其重要的建筑中心。来说问题，陶岔建筑房子是面北背阳，这是这个地区的地形造成的。这与中国传统建筑的朝向与风水是违背的。可是在山区与丘陵地形来说就不一定了。

正因为如此，陶岔建筑朝向就显得是多样性，朝向显得多变。这不是我想多变，而是特殊的地形让陶岔村的民居变得有一些多村感。我对陶岔房子充满着憧憬，原因是这些房子是经历了漫长的岁月慢慢生长出来，也是我用心设计的，更是我至今设计的最美也是最有艺术性的一批建筑，很酷，有阳刚之气，有点像孙君本人，所以我喜欢。

非常可惜的是这批建筑因为种种原因最后在标准上一降再降，降得终于都失去了原来的风采，很是可惜。现在是变得美了，变得酷了，但我的感觉是，经典变得漂亮，艺术品变成工艺品，王子变成亲王。

即使这样，陶岔建筑依然美丽。2013 年 7 月 19 日到陶岔看看，渐渐“生长”出来的工地，心里还是很欣慰，不管怎么说，这两套房子终于落地，虽然有种种不足，可是还是很漂亮的民居。我与县委书记马良全和九重镇书记徐虎说，接下来的公共建筑千万不能再降低标准。

建筑设计，我一直建议领导们与评审专家不要改我的设计，因为我是艺术创作，不是程式化的计算机设计，我的设计作品，只要修改一次，艺术品就变成工艺品。再修一次，工艺品变成产品。如果再改一次，就变成今天我们看到的火柴盒房式带罗马柱的房子。好在陶岔房子幸运地只修改了一次，由王子变成亲王，还算血统纯正，只是规格降低了点。

今天看到的五套建筑外表简洁，清水墙很干净，工艺要求严格，楚文化元素点到为止，作为 326 户，如此之大的建筑量，做到这个标准，在全国也不多，尤其是整村移民房更是难得。

建筑重要，可是建筑最重要的是居住在里面的人，或是与建筑融为一体的环境。失去这些条件，建筑就等同于建材。陶岔村民房要想成为一个有生命的、有价值的建筑艺术，关键有三点确保：一是只有确保村里住的是村民，陶岔就有可能成为真正的景区，没有了村民就不是村，而是风景区。二是能接我的图纸去落地，落地了就是艺术品，否则只是工艺品，差一点就是产品。三是村两委的服务与宏观水平，这是最核心的问题，也是中国所有乡村项目都面临的难题。

做到了就是模式，做不到未来就是一个大农家乐，生命在 10 年左右。

截至今天，能严格按我的图纸建房子并成为艺术品的有三个村：河南信阳的郝堂村、湖北广水桃源村、郧县樱桃沟村。陶岔有可能成为我的第四个艺术与环境、文化与生态、村民文化与生态旅游为一体的新试点。

我期待着陶岔村再由亲王变成王子，由工艺品转化为艺术品，一切皆有可能！

新农村，先规划。
村成团，好格局。
人抱团，气象新。
钱互助，家兴盛。
拒标语，墙洁净。
讲卫生，家和谐。
有垃圾，要分类。
村如家，要勤扫。
路要曲，河要弯。
街要窄，路牌清。
护古树，好乘凉。
村有桥，步步高。
庭院花，人更美。

生态乡村

Shengtai Xiangcun

坡有林，堰有鱼。
山禁伐，林木盛。
鸟回村，喜事来。
田集中，高效率。
果成片，高效益。
水静养，莫排污。
庄稼好，燕儿伴。
马路边，禁修房。
少围墙，多安全。
沙石路，脚感好。
房有檐，家干燥。
房无沟，寒潮重。
贴瓷砖，不透气。
清水墙，宜健康。
白玻璃，明又亮。
禁农药，人有益。
拒毒剂，积善缘。
减化肥，粮价高。
环境好，万物欣。

生活污水处理

淅川县素有“七山、一水、二分田”的俗语，田地对于淅川而言十分珍贵，既要有效解决人口聚集之后带来的饮用水安全和水环境问题，保护好现有的土地及水环境安全，又要减少污水处理设施对土地的需求和避免二次污染。因此，水的治理与使用应从就地循环出发。水资源就地循环具有以下优点：

（1）如果各小区、小城镇都形成水的就地循环并连成片，就具有湿地作用，雨、雪来时可以储水、蓄水，减轻热岛效应，改善局地气候。

（2）水资源就地循环避免了长距离管道输送污水存在的环境风险，即管道泄漏污染地下水，同时还使水脱离了下渗与蒸发的自然循环环境，破坏了水的自然循环。

（3）水资源就地循环降低了水再生与利用的成本，就地再利用方便易行。

（4）如果水资源就地循环普遍推广，由于恢复了地表水的存在，改善了水下渗、蒸发的条件，符合了水的自然循环规律，将有助于改善气候和我国整体的水环境状况。

因此，在新农村规划建设时特别强调：

（1）充分考虑排水系统建设，必须要做到雨污分流，并因地制宜与现有村镇的自然排水体系相结合，做好排水体系规划建设，尽量做到污水重力流动。

（2）污水汇集调运距离一般不要超过1千米，最好是污水就地处理，以避免污水调运过程中的污染。

（3）根据当地气候及地质特点，污水处理工艺建议采用前端深度处理后端结合人工湿地的组合处理工艺，前段技术宜采用低能耗的接触氧化生物膜技术处理方式，以减少对药剂的依赖，避免二次污染，降低运行成本。

（4）为节约用地，尽量选择地埋式的污水处理设施，设施上部可设置成人行步道、公共活动场所（广场）或停车场等。提高污水前端处理标准，减轻对地面人工湿地技术的压力，同时缩小湿地面积，节省更多土地，人工湿地可建设成湿地景观。

一、陶岔新村生活污水处理技术的选择

我国农民传统的分散式居住、分散式污染条件下，依靠自然土壤和水体的自净能力能够消纳现有条件下的人们生产生活污水。但随着新农村建设的推进，大批农户被集中到一起生活居住，人们生产生活所产生的污水远远超出了当地土壤和水体的承载极限，如不加以有效治理，必将破坏当地的环境，久而久之将使当地一定区域的土壤和水体丧失自净能力，极易诱发生态灾难。

农村污水治理技术的关键在于：经济、实用，不仅仅要求技术成熟、便于运行管理、建设和运行成本低以及免维护等，还要满足当地的实际情况，不能搞单纯的“一刀切”，更要考虑到长远的水环境安全，绝对不能以污治污，充分依靠自然的力量，借助大自然土壤和水体的净化能力加以人工辅助和诱导，来达到水污染防治的长治久安。

为此，针对淅川县特定的区域环境因素，建议在陶岔新村建设中也采用接触氧化生物膜法为预处理，人工湿地为后处理的组合处理工艺来处理新农村建设后形成的自然无法消纳的生活污水（图3-1）。

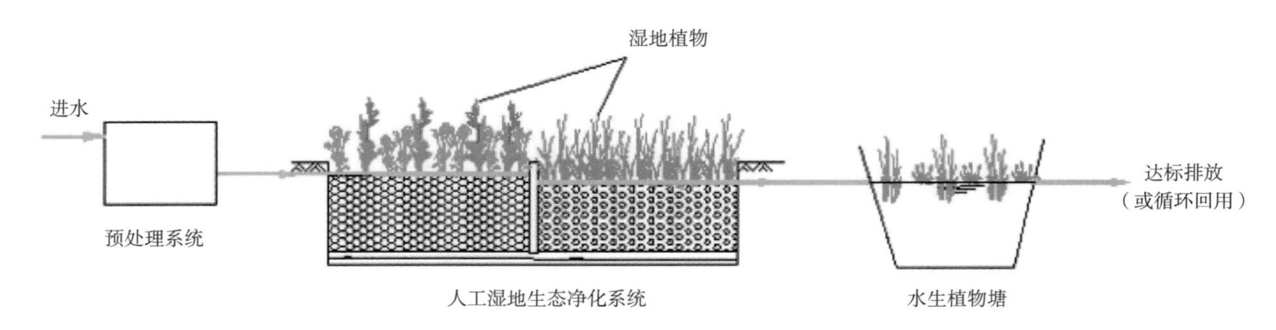

↑ 图3-1　人工湿地处理技术处理流程示意图

接触氧化法是一种兼有活性污泥法和生物膜法特点的一种新的废水生化处理法。这种方法的主要设备是生物接触氧化滤池。在不透气的曝气池中装有焦炭、砾石、塑料蜂窝等填料，填料被水浸没，用鼓风机在填料底部曝气充氧；空气能自下而上，夹带待处理的废水，自由通过滤料部分到达地面，空气逸走后，废水则在滤料间格自上向下返回池底。活性污泥附在填料表面，不随水流动，因生物膜直接受到上升气流的强烈搅动，不断更新，从而提高了净化效果（图 3-2）。

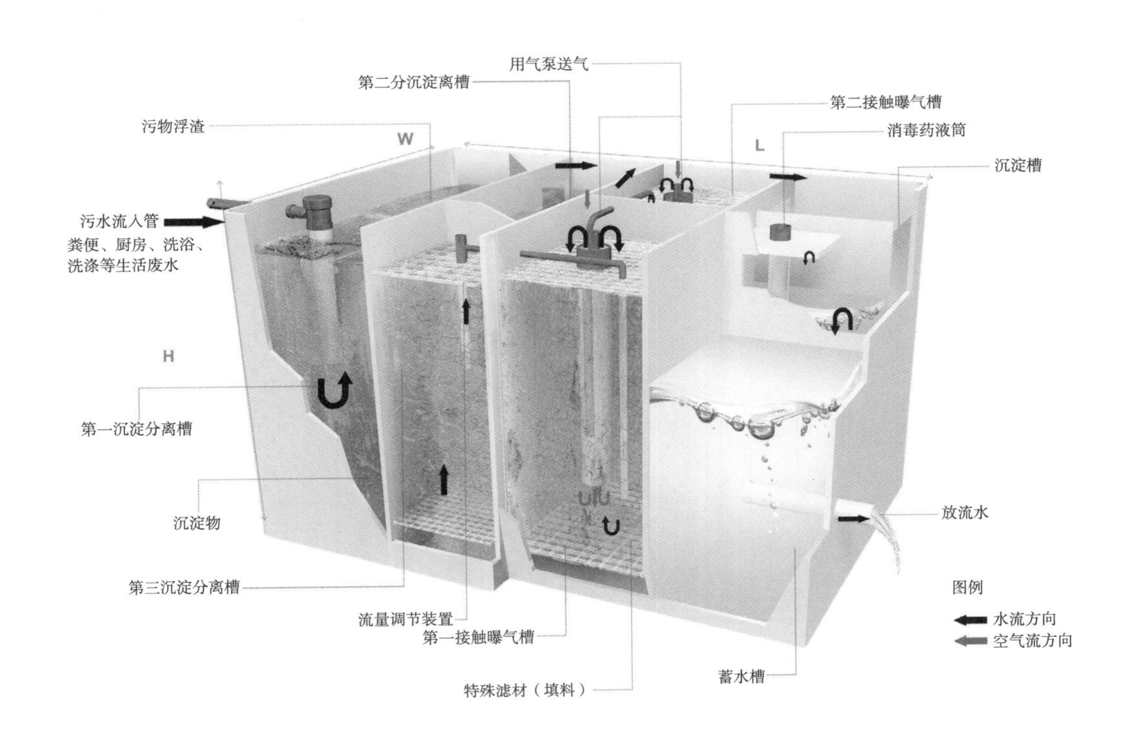

↑ 图 3-2　高性能合并净化槽剖视

高性能合并净化槽技术处理陶岔新村生活污水的优势：

（1）污水处理效率高，出水水质好　最高可达到国家要求的一级 A 排放标准，满足水的再生和循环利用标准，更好地保护水资源。

（2）投资成本低　与传统污水处理厂建设相比，具有一次性投资省，运行费用极低的特点。

（3）抗冲击负荷强　能够适应农村人口波动大的特点。具有灵活可变的特点，可扩容，可适应今后水质、水量提升的需要。

（4）全自动封闭运行　排泥和填料反冲洗均在设施外操作完成，维护操作简单便捷。运行环境友好，无恶臭产生，极少产生污泥，日常无需管理。

（5）简便的消毒装置　保护水环境的同时可最大程度避免传染病的流行。

（6）全地埋式设计　不占用耕地，最大限度节约宝贵的土地资源。

（7）长寿命设计　设施内部无任何转动及需更换部件。

接触氧化生物膜法技术的一般处理流程为（图 3-3）：

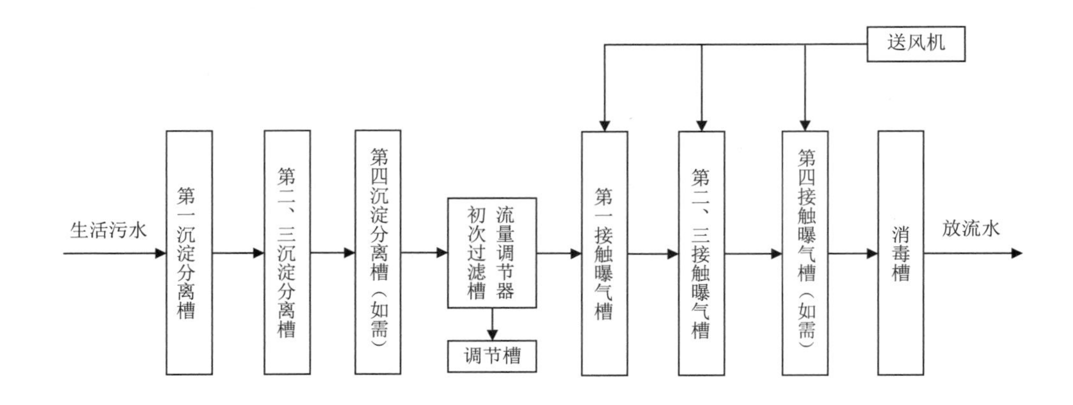

↑ 图 3-3　人工湿地处理技术处理流程示意图

生物接触氧化法具有处理时间短、体积小、净化效果好、出水水质好而稳定、污泥不需回流也不膨胀、耗电少等优点。

该类技术可广泛应用于生活污水的处理，根据处理人员数量的不同，可处理小到5人，大到2000人的不同规模排水，可建成地上也可建设成地埋式，为与周边环境相协调，结构形式多种多样。

该技术的特点：

（1）处理效果好　采用接触曝气方式的生物膜净化原理，可有效分解有机污染物。放流水中的BOD5可达到5mg/L以下，综合出水水质可达1级A标准。可实现污水的原位处理、现地放流，对防治流域污染和水土保持意义重大。

（2）投资省　可根据建设地的地形、气候特点，因地制宜，就地取材，建设成更适宜的、与周围环境更协调的设施。还可节省大量污水收集与输送管网的建设与维护费用。

（3）维护简便，运行成本低　设施运行稳定，维护方便，无需专人看管。

（4）全封闭运行，不产生臭气，极少产生污泥，对环境影响极小　由于特殊的填料设计及特殊的曝气方式，填料的BOD负荷更为合理。所以处理效率高，污泥量极少，排出的污泥经堆肥处理后可施于农田，减少化肥的使用量，对环境贡献大。

（5）抗冲击能力强　独特的流量调节装置，集成了多项专有技术，使得本技术系统具有更强的抗冲击负荷能力，非常适于农村人口波动大的特点，确保了系统的稳定运行。

（6）处理水可以循环使用　经本技术处理后的水清澈、无味，无有害物质，无需再次处理可直接用来洗衣、冲厕所、养鱼、浇花草等。

（7）适用范围广，应用灵活　根据不同的现场情况，可以建成家庭用分散处理装置，或建成数百人至数千人使用的村镇集中处理设施。

二、陶岔新村生活污水处理设施建设方案

陶岔新村已规划污水收集管网，管网总长度约1.5千米，生活污水由各民居街道统一汇集到村中间低洼部位的活动中心位置，在活动中心旁设置地埋式生活污水集中处理设施，生活污水经处理后排到下游的按人工湿地技术改造的水塘，经再次处理后，可为村庄绿化、景观河道和农业灌溉提供优质再生水（图3-4）。具体建设方案计划如下：

1. 污水处理方案的依据

《地表水环境质量标准》GB3838—2002

《城镇污水处理厂污染物排放标准》GB18918—2002

《室外排水设计规范》GBJ14—1997

《工业建筑防腐蚀设计规范》GB50046—1995

《给水排水工程结构设计规范》GBJ69—1984

《地下工程防水技术规范》GB50108—2001
《混凝土结构设计规范》GB50010—2002
《建筑地基基础设计规范》GB50007—2002
《供配电系统设计规范》GB50052—1995
《电力装置的继电保护和自动装置设计规范》GB50062—1992

↑ 图 3-4 污水处理层级示意图

2．污水处理方案的排放污染物控制目标值

根据以上国家标准，排放污染物控制目标值拟定为城镇污水处理厂污染物排放标准的分级排放标准。其主要污染物的排放标准见表 3-1。

表 3–1　基本控制项目最高允许排放浓度（日均值）　　　　单位：毫克 / 升

序号	基本控制项目		一级标准		二级标准	三级标准
			A 标准	B 标准		
1	化学需氧量 COD		50	60	100	120①
2	生物化学需氧量 BOD		10	20	30	60①
3	悬浮物 SS		10	20	30	50
4	动植物油		1	3	5	20
5	石油类		1	3	5	15
6	阴离子表面活性剂		0.5	1	2	5
7	总氮以 N 计		15	20	–	–
8	氨氮以 N 计②		5(8)	8(15)	25(30)	–
9	总磷以 P 计	2005.12.31 前建设的	1	1.5	3	5
		2006.01.01 后建设的	0.5	1	3	5
10	色度（稀释倍数）		30	30	40	50
11	pH				6 ~ 9	
12	粪大肠菌群（个 / 升）		10^3	10^4	10^4	–

注：① 下列情况下按去除率指标执行：当进水 COD> 350 毫克 / 升时，去除率应 >60%；BOD>160 毫克 / 升时，去除率 >50%。

② 括号外数值为水温 >12℃时的控制指标，括号内数值为水温≤ 12℃时的控制指标。

陶岔新村地处南水北调工程中线渠首位置，属于丹江口水库汇水区，水环境保护极其重要，水污染物排放要求非常严格。

依照陶岔新村 332 户农户，常住人口 650 人规模，按当地农村人口生活习惯，并考虑到新村建成后生活习惯的变化，按照人均排水 80 升 / 天测算，日处理污水量约为 60 吨；考虑到参观游览人员等的因素，以及新村建设布局，建议建设两座日处理能力为 40 吨总量为每天处理能力为 80 吨的生活污水处理设施。经处理后的出水的 BOD_5 达到 10 毫克 / 升，低于《城镇污水处理厂污染物排放标准》GB 18918—2002 要求的一级 B 排放标准，可以作为农田灌溉、绿化及景观补水。

本技术所用填料为我中心专利产品，其比表面积为：134.17 平方米 / 立方米，填料 BOD_5 负荷最大为 0.40 克 / 平方米 · 天，水力停留时间为 2.5 到 3 天，BOD 削减量超过 95%。

3．污水处理工艺流程（图 3-5）

4．污水处理效果

经过本装置净化后的污水其水质很好，实际处理效果见表 3-2。

三、陶岔新村生活污水处理设施建设概要

1．项目总况

建设集中地埋式生活污水处理设施两座，总处

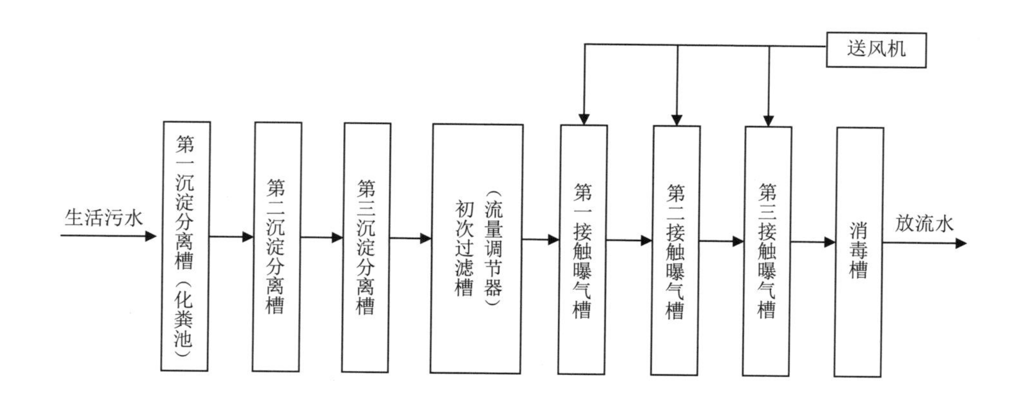

图 3-5　污水处理层级示意图

表 3–2　污水处理效果统计　　单位：毫克 / 升

	COD_{cr}	BOD_5	SS	TP	NH^4-N	TN	pH
入水	400	200	150	3	20	30	6-9
出水	50	10	10	1	8	15	6-9

理能力为 80 吨 / 天，单座设计处理能力为 40 吨 / 天（最大处理量为 50 吨 / 天），处理后出水进入不小于 200 平方米按人工湿地技术改造的水塘，进行自然净化和调蓄处理，经此程序处理后的水可用于村庄绿化、景观补水和农田灌溉。

单座污水处理主体设施占地面积约 108 平方米（处理水深度为 2 米时）；

装置外形尺寸为：长 12 米 × 宽 9 米 × 深 4 米，设施上部覆土 0.5 米，可绿化。

装置总功率：5 千瓦，日均耗电约 40 度（图 1-9）。

单座处理设施建设费用约为 41.43 万元，全村总共两座，共需 82.86 万元。

2．装置现场施工注意事项

（a）为确保污水处理质量以及减少对周边环境的影响，污水处理设施各槽体应做适当防渗处理；

（b）在污水进装置前应设置简易拦污格栅，以防止树枝、塑料等易堵管路的物质进入处理装置；

（c）混凝土的表面必须保持平整，光滑；

（d）混凝土施工要振捣密实，并适当养生直至达到所需强度为止；

（e）室外埋设管的坡度应以 1/100 分以上为宜；

（f）根据现场及使用状况，为了保护净化槽，上部混凝土盖板应做成配有适当钢筋的构造物。

3．污水处理装置的运行与维护

装置运行：本装置为自控分时段连续运行，其中送风机为保证处理效果关键设备，必须保证每天连续运行 8 ~ 10 小时，若出现故障应及时更换备机。严禁塑料袋、树枝、木棍等物质进入装置，如发现有异物进入装置，必须及时进行清理，否则将堵塞管路，造成装置不能正常运行，影响出水水质。

污水经过处理后排出设施前应进行消毒处理，消毒措施可以为：固体氯片、臭氧和紫外线光照消毒。建议选择最为简洁和经济的固体氯片消毒，用此方法需要定期（一般为 1 ~ 2 个月）向药剂桶内补充氯片。

设备检查：每日查看装置电气运行状况，清理进排水通道，每三个月仔细检查各机电装备，清理装备表面灰土等杂物；

清扫与水质检查：本项目装置须每年进行两次水质检查和清扫。每隔六个月实施一次。进行清扫污泥（本装置产生的污泥量很少），利用简易检查法检查水质。

村庄资源分类系统

资源分类，说起来简单，看起来容易，但在现实生活中实施起来，却是一个复杂艰巨的系统工程。在农村推行资源分类的难度与城市相比，有过之而无不及。

之所以这样说，是因为所谓农村的污染问题，并非单纯是表面上所看到的垃圾遍地、污水横流、满目疮痍。农村的污染局面，与多年来农村习惯养成的生产、生活方式息息相关。因此，改善村庄环境，要从改变村民的生活方式、生产方式入手，更要注重村庄未来的发展方向的规划。不仅仅是一段时间内把村庄清理干净，只做表面上的领导检查式的应付，要成为村民们生活的一种状态，一种方式，更是一种文明。文明只有融入生活，才能真正持续。

农村的垃圾成分，相对城市垃圾来说比较简单。垃圾处理方法是：每家每户进行分类，分为干垃圾、湿垃圾。湿垃圾可直接进入沼气池，把瓜果皮、草木腐殖质、灰土等可腐烂降解的垃圾分拣出来，运送到田间地头，就地沤肥。这样既可以减少垃圾转运量，又能够增加土壤肥力。农村生活垃圾中80%左右是容易腐烂可以用来沤肥的。干垃圾以村民小组为单位，配备保洁员每天清运到村的资源分类中心。把纸板、书报、塑料制品、金属器物等分拣出来，交废品变卖处理；对剩余极少量的塑料袋、废旧电池等不能降解的有害物品，装袋后放垃圾台统一转运处理（图3-6）。

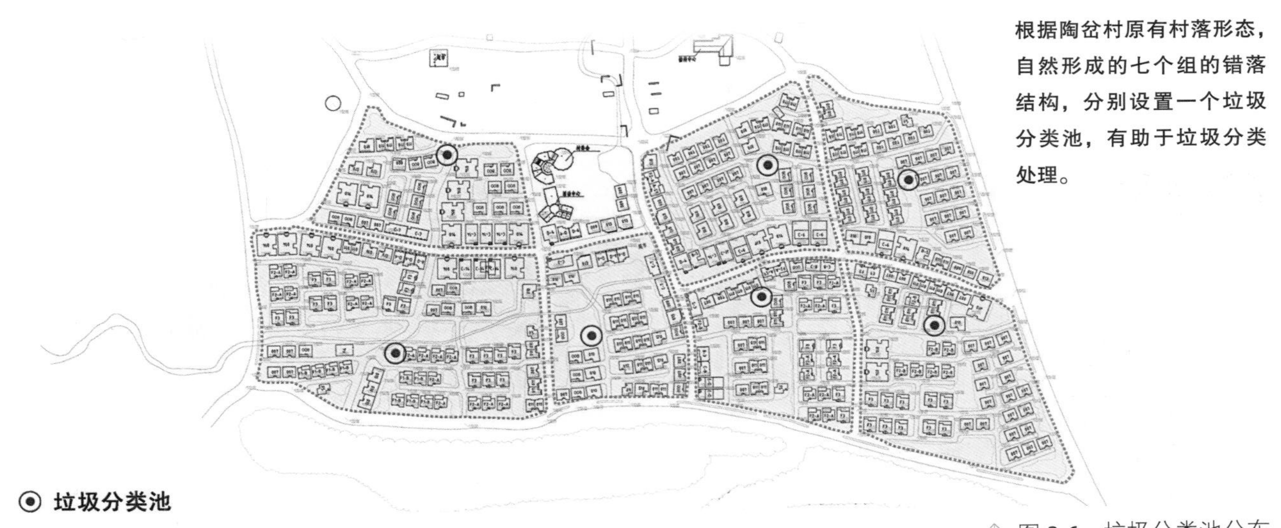

根据陶岔村原有村落形态，自然形成的七个组的错落结构，分别设置一个垃圾分类池，有助于垃圾分类处理。

↑ 图 3-6　垃圾分类池分布

按照“减量化、资源化、无害化”的要求，对日常生活垃圾进行分类处理。每户对房前屋后进行整理，不乱堆草木柴火，家禽的圈养统一规范。

其实在乡村的历史上是没有垃圾分类这一说法的，垃圾分类是城市的产品。所谓乡村垃圾其实都是乡村的资源。

垃圾分类的基本原则是干湿分离，把厨余垃圾等湿垃圾与纸张布料等干垃圾分离，干垃圾多数是可回收利用的有用资源。

垃圾分类处理：

（1）源头处理（图 3-7）　村民在家中将垃圾分为干垃圾（纸张、塑料、金属、玻璃、橡胶、泡沫材料、废纸、废日光灯管、废电池建筑垃圾等）和湿垃圾（剩饭剩菜、蛋壳果皮、菜帮菜叶）分别放在相应的垃圾桶中。

（2）分类收集（图 3-8）　村里建资源分类中心，作为可回收垃圾、不可回收垃圾、有害垃圾和厨余垃圾的分类存放处。

（3）分类处理（图 3-9）　保洁员将垃圾运至资源分类中心进行分类。可回收垃圾积累到一定量后进行变卖。菜皮果壳等有机垃圾进行堆沤发酵处理，作有机肥。建筑垃圾运至填埋场填埋处理，有害垃圾填埋或与镇县对接处理。

↑ 图 3-7　垃圾源头分类

↑ 图 3-8　垃圾收集中心

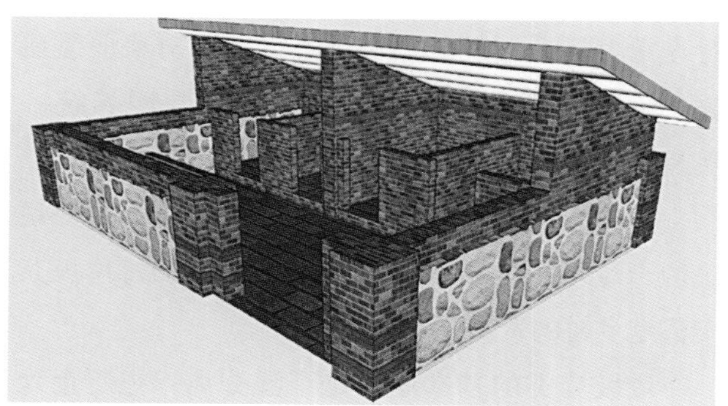

↑ 图 3-9　垃圾分类池

垃圾分类的处理的具体办法：

（1）危险废物

包括：废电池、废电瓶、废荧光灯管、废温度计、废硒鼓、废机油、废棉丝、废油漆桶、过期药品、杀虫剂容器、过期药物、医疗废物，以及废旧电器等电子垃圾。

做法：农户将垃圾投放到专用收集容器内。以组为单位收集存放，由村负责定期统一回收，交由有资质的处理单位处理。

（2）不可降解类废弃物

包括：塑料袋、农膜、废化纤织物等。

做法：农户将垃圾投放到垃圾桶内，以组为单位收集到垃圾集并点，由村统一清运到垃圾填埋场填埋。

（3）可降解类废弃物

包括：除去以上两类，包括果皮、土渣等。

可堆肥垃圾：湿垃圾，包括瓜果皮、蔬菜皮、剩饭菜、变质食品、炉灰、树叶、杂草等。

做法：投放到专用收集容器内，用于堆肥或投入沼气池制气。

（4）建筑渣土

做法：不能与普通垃圾混合，单独存放，统一清运到村垃圾集并点进行填埋。

（5）可收回物

包括废纸、废塑料、废金属、废橡胶、废玻璃等。

做法：投放到专用收集容器内，定期出售给回收商。

生态旱厕

用粉末福海代替水冲厕所，实现资源集约利用。通过将垃圾燃烧后的煤灰进行加工，细化成粉末，用来处理厕坑和粪便，使之实现无害化、防虫、无臭、不污染环境和水体，并达到节水的目的。为使粪便更好地回收用于农作物，可根据不同土壤和植被的需求选用不同类型（如壤土、沙土等）覆盖粉末，使其产生出优于化肥和改良土壤的绿色肥料的效果（图 3-10、图 3-11）。

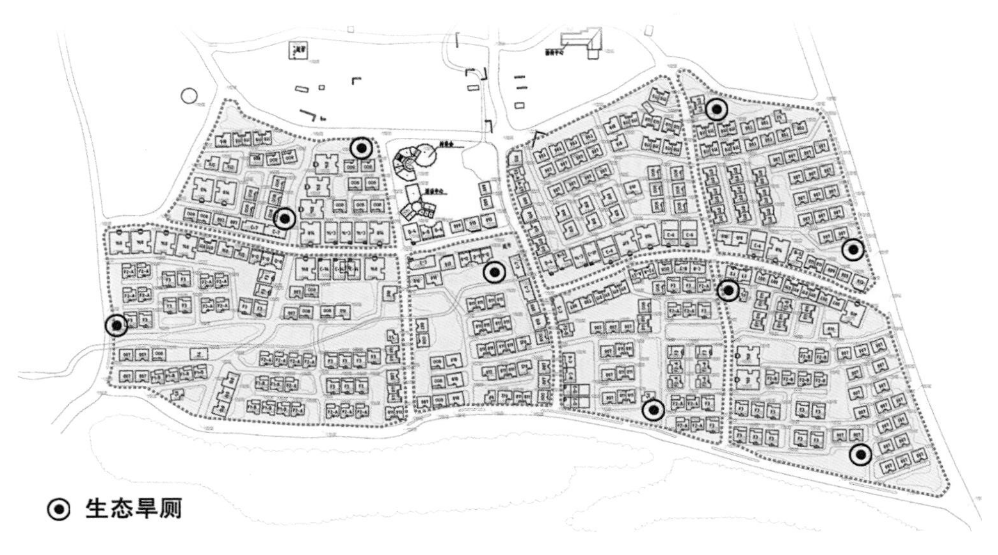

↑ 图 3-10　生态旱厕分布图

↑ 图 3-11 生态旱厕

新农村，先规划。
村成团，好格局。
人抱团，气象新。
钱互助，家兴盛。
拒标语，墙洁净。
讲卫生，家和谐。
有垃圾，要分类。
村如家，要勤扫。
路要曲，河要弯。
街要窄，路牌清。
护古树，好乘凉。
村有桥，步步高。
庭院花，人更美。

陶岔手记

Taocha Shouji

坡有林，堰有鱼。
山禁伐，林木盛。
鸟回村，喜事来。
田集中，高效率。
果成片，高效益。
水静养，莫排污。
庄稼好，燕儿伴。
马路边，禁修房。
少围墙，多安全。
沙石路，脚感好。
房有檐，家干燥。
房无沟，寒潮重。
贴瓷砖，不透气。
清水墙，宜健康。
白玻璃，明又亮。
禁农药，人有益。
拒毒剂，积善缘。
减化肥，粮价高。
环境好，万物欣。

设计小记

淅川县九重镇陶岔村，南水北调中线丹江口水库取水处，人们称这里为“渠首”。2003 年我就来过这里，那时是襄阳政府官员陪我来的，之后就开始了湖北襄阳市谷城县的“五山模式”建设，那也与南水北调有关。当时来陶岔时，这里还是很安静，现在已经起了天翻地覆的变化。九重镇徐虎书记指着我们站的地方说，这里站过很多国家领导人，这里牵动北京和天津人，这里聚集世界的目光。徐书记很会说，说得也好。

当初听说有上海复旦大学在做规划，我们就没有再想关注这个村了。不过我敢肯定，他们做的规划不是乡村规划，应该属于城市变异的规划。这个规划做得很细，也很下功夫。县委宋建副书记与九重镇徐虎感觉还是不对，需要修改。所有来淅川的人几乎都会来陶岔村，正因为陶岔村的特殊地理位置。陶岔村应该是一个有生活感的地方，有人气的地方，是中线南水北调地区的核心，因为这里有温度。

我设想这里是一个移民新区，是通过拆迁遗址、旧房改造、环保与绿色文化建设、水的艺术处理，为旅游者提供一个乡村生活与移民文化一体的体验区。更重要的是在这里感受淅川人南水北调大移民的艰苦历程，以及新时代开创性的发展姿态。

应该给人这样一种思路：走进陶岔村，先是花草环绕的很多拆迁遗址，要感人，要震撼。再向前走是这个村尚存的百年老房，大约十栋，这些旧房要改造成很高档的接待中心，要有历史时代特点。最后进入新建的陶岔村七个组，七个组要保留有自然村，这对村民自治和稳定有很大好处。这个村三面高，中间低，低的地方，不能建房，而是做水溪，做中水景观处理。淅川做水文化是必须的，这种水文化不仅是景观，一定要有实际用途，可以做成生活污水处理中心。中间是进村的小路，保留村庄现有的大树。人在大树下行走，路宽控制在 6 米，车道控制在 4 米，以人行道为主体；大车和快车从村外走，以车为主体，确保村中的安宁与行人的安静。这个村要做好规划，争取一次性拆出一个遗址公园，建一个有地域特点，村民熟悉（记忆）的村庄文化景观。

陶岔村有一个水泥厂，已经停产准备拆除，我建议保留，这样一个工厂，很有历史感，要保留下来进行改造，可以做成很有品位和时尚的建筑群，有地标作用。村里还有一座小山，因开采已经支离破碎，我感觉这个山可以建成一个山体修复、环境改造的特殊建筑群。就像很多国家把矿山改成五星级酒店一样。这样的地方会变得很有文化和时代特点，又符合 80 后和 90 后的审美。我们要做文化和旅游，一定要考虑到这部分群体，他们是消费的主体之一。这些记忆中的建筑群会与陶岔村融为一体，形成一个新的文化与生活区，当然也是一个新的城乡一体化的小镇，因为是镇的文化，整体建筑尺度不要大，要小而细腻，不易对人造成压迫感。

我接手这个设计，压力很大，这是因为大家对这个规划与设计的期望很高，于是乎中国乡建院的同仁们一起努力，最终给大家看到的设计也是我喜欢的作品。现在项目建设到 40%，建筑与规划已有一些改变，是改得不如我设计稿，问其原因，说得天花乱坠的，我很生气。不过这还不太影响大的规划，只要在以后的建筑与施工中能把握质量关，能严格按设计图施工应该还是一个难得的好作品。

为得清水进京来

“保护丹江水源地，一江清水送北京”“甘于奉献大爱报国”标语牌醒目地矗立在渠首大坝工地旁山坡上。这里是世纪工程南水北调中线工程供水区丹江口水库渠首——河南省南阳市淅川县九重镇一个叫陶岔的小村。两年后丹江口水库的水将从这里一路北上直送北京、天津、河北，近 1 亿人将享用这库清水。

一头是丹江口，一头是京津冀；一头是当地水库移民，一头是受水区上亿群众。淅川县的发展面临着巨大的转型，生态保护与未来农民的民生，两头的期望沉甸甸压在淅川县委县政府肩上。

政府请来乡建院

地处中原腹地的淅川县有丰厚历史文化和山川自然资源。800 年楚国历史中一半时间 23 位楚王在淅川建都。70% 的山区赋予淅川丰富自然生态环境资源的同时，贫瘠的土地也阻滞着当地经济发展的脚步。解放以来随着丹江口水库扩建增容，有过 4 次共 40 万人口的大规模移民。仅近几年为保丹江口水库蓄水到位，第四次移民便使 16.2 万民众离开自己祖辈生活的家园。

农村经济要发展，群众要过上小康生活，移民要安置，都随着新型农村社区建设提到县委县政府重要工作日程中。

新型农村社区建设首先是规划，当地也请了一些国内知名规划设计团队来做。县委书记马良泉、县长赵鹏、宋超副书记等县领导总觉得有些规划不到位，缺少灵魂内核。

正是这时民间社会组织中国乡建院（简称乡建院）进入领导视野。成立仅两年的乡建院是专门为农民做规划设计与实施的专业机构，主张适应逆城市化趋势“把农村建设得更像农村”、建设绿色新农村，曾在河南信阳平桥区郝堂村做过生态农村建设。院长李昌平是著名的“三农”专家，十几年前一封“我向总理说实话”直达朱镕基总理办公桌上，从此让李昌平这位乡党委书记走上研究“三农”、专做农村建设的道路。另一带头人孙君带领民间环保组织“北京绿十字”坚持九年做生态农村建设的。孙君倡导“把农村建设得更像农村”的鲜明理念把李昌平、王莹、王磊以及其他有志于为农民为农村做事的中外民间人士聚在一起。马书记说，乡建院“把农村建设得更像农村”的理念感动了我，请他们来淅川做新型农村社区的规划设计和施工指导，把新型农村社区建设的探索交给乡建院。

↑ 图 4-1　中国乡建院的实地考察

乡建院做了一个多月详尽调研后，向县委县政府报出一份 8 个乡镇 13 个村庄的规划设计方案（图 4-1）。方案以系统规划和田园乡村为目标，使规划与产业结合、生态与持续结合、文化与生活结合、农耕与旅游结合。项目按照“一点三线”展开，“一点”即是围绕县城选择示范点，选择县城所在上集镇和金河镇以及城郊乡毛堂乡；三条线分别是中线以山区自然环境旅游资源为特点的仓房镇、盛湾镇；南线以生态渠首九重镇和工业服务业为主的厚坡镇；北线以经济示范镇寺湾镇为代表。

几个月来在县委县政府先后负责此项工作的全建军副县长、顾理副县长以及陶玉霞副县长的具体指导，有关乡镇村领导和农民理解支持下，13 个村规划设计初步完成，近半项目落地施工，有的工程初见规模。

乡建院做的 13 个村庄社区规划设计，结合当地实际情况，不搞整齐划一简单复制，体现了四个特点：

其一，有文化。在整村规划、生态保护、道路交通、民居设计、建材使用等方面，把当地丰富的楚文化、移民文化以及自然资源元素融进设计方案。

其二，有绿色。重点在生态环境保护上创新。譬如，建尿粪分离厕所、家庭污水净化系统和生态湿地系统、垃圾（资源）分类中心和循环利用系统，恢复农村无垃圾传统，确保污水垃圾不出村、不下河，更不能流进丹江口水库。尽量使用节能的建筑材料，做有机农业等。

其三，有特点。规划注重恢复村庄历史文化和生态，根据不同村庄的特点和农户家庭环境，破除“千篇一律”，实现“一村一品”“一户一景”。建设有机农业村、休闲农业村、农业农村文化体验村、养老村、民俗村、移民文化村、特色农产品村。

其四，有民主。规划设计动员和鼓励村干部村民积极参与，规划设计完成后，注重村民自己动手建设自己的家园。最大力量地发掘人民群众的大智慧，增强了规划设计的科学性和操作性，为规划设计落地实施和村庄未来发展奠定了坚实基础。

受水区人梦萦之地渠首陶岔

渠首所在地九重镇陶岔村是县委县政府关注重点，也是乡建院淅川项目的重中之重。两年后清水进京，京津冀受水区人民喝到清水的同时，会把更多目光投向渠首投向陶岔。

孙君亲自负责陶岔社区项目的规划设计，后来总工王磊也加入进来，设计了有地域特色的渠首大道。

乡建院反复多次与当地镇村干部以及农民沟通协商，认为地域文化应该是规划设计的灵魂，影响当地最深的楚文化、移民文化、乡村文化等元素应融入设计理念，受水区人民不应该忘记淅川干部群众作出的巨大贡献。乡建院规划中，移民拆迁旧房保留部分遗址建移民遗址公园，让前来观光的游客都记下丹江口水库移民用心血汗水捧上一汪清水。陶岔新区将带给当地人和外来游客楚文化、移民文化的强烈视觉冲击，带来全新的精神感受。

目前新社区规划设计已经完成，徐虎书记很自信很坚定，他将全力指挥陶岔社区的全面建设，新社区将和渠首工程一道完成，调水之前一个崭新的渠首陶岔呈现世人面前。

村里 56 户旧房改造是乡建院关注的另一个重

点，对于这批建成不久的民居，乡建院不同意全部拆掉重建。他们设计了只需在外观和内部做局部修建调整的方案，完全能做到和新建住房风格一致、居住舒适，同时也保留了我们这个时代的建筑特征，还可以为农民节约大量资金。镇村干部动员老百姓在自觉自愿基础上拿出部分资金，分期分批改造原有旧房。

新淅川需要全社会共建

县委马良全书记说，淅川是京津冀的水源地，我们现在建设的淅川将是一个全新的淅川，淅川不只是淅川人民的淅川，还是京津冀人民的淅川。乡建院“把农村建设得更像农村”理念成了淅川各级领导和广大村民的共识。正是这种共识，县委县政府请来乡建院；正是这种共识，各级领导和村民们理解了乡建院的规划设计方案；正是这种共识，大家反复沟通交流，共同努力让方案扎扎实实落在淅川的土地上。

政府购买社会组织服务这一先进行政理念在淅川的践行，已经取得初步成果，淅川项目聚合了政府、社会组织、民众的力量，做出了有淅川特色的新型农村社区建设。县里表示规划设计只是第一步，如何在建设中和建设后切身实际的带动整个村庄的发展，提高农民生活水平，改善农村生活环境，我们将和乡建院这个专门研究农村，为农民服务的组织长期合作，把他们那些贴合农村的好技术好成果扎扎实实用于农村建设这个大课题。

乡建院有自己的节能建筑专利，有适用农村民居的轻钢结构新型建材，还有尿粪分离厕所、新型污水处理系统、新型节能材料及技术等看家宝。乡建院已在陶岔购地落户，准备做一个有亮点有特色有前瞻性有文化内涵的新建筑，做成陶岔新景观、当地生态经济示范点。马书记说，期待陶岔将来成为一块绿谷高地。

作者简介

孙　君

画家、乡村建筑师、社会活动家；长期致力于生态环保与农村建设。中国乡建院发起人，北京绿十字创始人。

经历

毕业于中央美术学院，先后担任北京地球村环境文化中心副主任、中国社会科学院环境与发展研究中心农村可持续发展项目负责人、国家民政部社会工作协会公益事业部执行主任、联合国教科文EPD教育项目北京可持续发展教育协会常务理事。

作品

著有《五山模式：一个建设社会主义新农村的典型标本》、《农道：没有捷径可走的新农村之路》（中、英文版本分别在中国、美国出版）。绘画作品《秋》入选全国美术作品展。

关注与行动

1998—2000年：北京地球村环境文化中心志愿者。参加第一届“中美

NGO 论坛”，对美国的环境、生态、社区、文化艺术进行考察。参与策划全球性 NGO 环保活动“世界地球日——中国行动”。

2001—2005 年：率“绿天使代表团”考察日本。将“绿色奥运绿色风——生态画展”义卖活动所获全部款项捐给“绿天使工程”；被中央电视台等媒体誉为“中国的生态画家”。作为中国 NGO 代表参加十年一次的联合国“可持续发展世界首脑会议”。获“福特汽车环保奖”提名。创建民间环保组织“北京绿十字生态文化传播中心”，其宗旨是：促进人与自然的和谐。策划“五山模式”生态文明村建设试点。设计“绿十字生态屋——中国人的未来之家”。荣获了 2005 年度“中国青年丰田环境保护奖”二等奖。

2006—2010 年：应邀赴台参加两岸环保与永续发展论坛。入围“首都环保之星”及“中国最具有行动能力三农人物”评选。参与四川灾后重建。作为唯一一位非本地人士入选“2007 感动襄樊十大人物”。被“中华慈善大会”评为“全国优秀慈善工作者”，受到胡锦涛总书记的接见。在四川成立服务于灾区的“乡村规划和重建工作室”。被中宣部、环保部等八部委评为“2009 绿色中国年度人物”。

2011—2013 年：建立中国乡建院。与河南信阳平桥区政府合作实施“郝堂茶人家”项目。参加“中国艺术跨界大展”。获评“北京市社会组织先进个人”。“乡村水卫养猪”获国家专利发明。

作者简介

王　磊

建筑师。中国乡建院总工程师。

经历

1996—2001 年，河北工业大学建筑系（学士），建筑学专业

2001—2004 年，南京大学建筑研究所（硕士），建筑设计及其理论

2004—2012 年，北京市建筑设计研究院

2012—至今，中国乡建院（总工程师），中国乡建院王磊工作室负责人

学术论文发表

1. 2005 年 03 期，南京博物院院刊《东南文化》，“石匠村”的意义——窦村的石工传统与南京传统建筑地方性的关系
2. 2013 年 12 期，《建筑学报》，逆城市化背景下的系统乡建——河南信阳郝堂村建设实践

主要项目实践

1. 2002 年参与宁波慈城古县城衙署建筑群复原项目，该项目获中国教育部勘察设计二等奖
2. 2002 年浙、闽地区传统大跨度木拱廊桥建造技术研究，参加 2002 年上海国际艺术双年展（建筑组）
3. 2004 年参与南京神策门整体复原及修缮项目
4. 2007 年中国商务部综合办公楼改造及扩建二期工程，竞标方案第一名，并作为最终实施方案
5. 2008 年主持中国商务部驻印度大使馆商务参赞办公楼及家属楼
6. 2007 年主持新疆克拉玛依市科技博物展览馆项目，中国最大的石油主题博物馆，整体项目获鲁班奖
7. 2011 年主持中共中央办公厅秘书局办公楼，该项目是中南海“西扩工程”第一个重要的中央政府办公楼项目
8. 2013 年主持河南省淅川县九重镇王家村生态社区规划和落地实施（项目在建设过程中）
9. 2013 年负责河南省信阳市郝堂村中国乡建院总部建设
10. 2013 年主持湖北省十堰市郧县鲍峡镇新农村示范区规划和落地实施（项目在建设过程中）
11. 2013 年主持广东省清远市佛冈县大田村总体规划和落地实施（项目在建设过程中）

中国乡建院简介

中国乡建院是一个专为农民服务的机构，2011 年，由生态画家孙君和著名三农问题专家李昌平等一群从事乡村建设的民间人士发起成立。机构由跨领域的专家团队引领，致力于乡村的规划设计与落地实施，并提供农村综合发展和经营的系统性、整体性解决方案与服务。

使命：以经营乡村的理念协作农民建设“三生共赢”（生产、生活、生态）的共富新农村

理念：把农村建设得更像农村

方法：和农民一起建设新农村

服务内容

规划设计：为新农村建设提供总体规划、产业规划、生态规划、道路交通、民居设计与改造、文化修复等方面的解决方案，并指导落地实施。

内置金融与社区综合发展：通过提供创新的土地、金融制度与社区发展计划，激发新农村发展的经济活力，实现农民的生产发展、生活富裕、社区文明与和谐。

乡村生态：在新农村建设的规划设计、社区生活与经济发展中，实现污水不出村，垃圾不落地。引入有效的环保技术、经验与理念，在可持续发展中创造宜居的生活环境。

养生养老村：建设生态养老村，将城市老人的财产优势转变为在农村养老的消费优势，将农民的土地、物产、生态、劳动力等优势转变为服务养老的养老产业优势，推动农业服务业化的实现。

乡建培训：以信阳郝堂村为基地，培训一批能够熟练运用群众路线工作方法的县乡村干部和乡建志愿者、协作者，促进农村、农业科学发展和有效治理。

定位咨询：根据项目的地理、区位、政府要求、农民需求以及文化特征等，协助项目主体明确其自身定位、特征，确定发展方向

规划设计：根据定位提供包括环境、建筑、生计、环保、金融、产业、组织主体性建设等在内的综合规划方案和具体设计

落地实施：帮助项目主体激活将规划设计方案落地及实施长期发展的组织体系，建立包括政府、农民、内部合作组织、和社会力量之间协同工作的组织、规则和方法

致　谢

中国终于有了专业给农村做规划的机构，有了给农民设计房子的设计师，这也算是我们这些乡村建设者的一个梦。

乡建院赶上百年以来最好的时代，从新农村建设到城乡一体化，再到今天“美丽乡村”。在这个乡村建设大发展的时代，乡建院与合作团队、乡村建设专家与学者，对我的工作给予大力支持，特别是要感谢认同我的理念、支持我的行动的各届政府。

时代成就了乡建院，历史赋予了今天的乡建院以重任，未来我的工作一定漫长而又艰巨，再次感谢长期关爱与力挺我的兄弟姐妹！

感谢特约编辑刘爽从庞杂的稿件资料中整理出思路，统筹本书的出版。感谢我的同事王磊、方洪军、马迪、彭涛等绘制施工图、景观图和建筑效果图，陈金陵、薛振冰、施晶、孟斯等进行的协调工作。感谢天津大学博士后孙晓峰承担技术顾问工作。特别感谢中国轻工业出版社对图书出版的积极推动。感谢所有为《中国乡村民居设计图集》出版给予支持和帮助的朋友们！

孙　君